U0296234

国家出版基金项目
NATIONAL PUBLICATION FOUNDATION

ARJ21新支线飞机技术系列

主编 郭博智 陈 勇

飞机运行安全
与事故调查技术

Aircraft Safety and
Accident Investigation Technologies

任 和 邱明杰 王志强 等 编著

上海交通大学 出版社
SHANGHAI JIAO TONG UNIVERSITY PRESS

大飞机读者俱乐部

内容提要

本书介绍了飞机安全性及事故调查的基本概念和方法以及相关的法律法规;阐述了飞机研发中的安全性分析与设计技术、失效分析和故障诊断技术、机队故障预测和健康管理技术、飞行数据记录与传输技术、飞行数据译码技术和飞行数据分析技术、飞行仿真与故障复现技术、航空事故调查技术等内容。同时,本书结合实例,在收集整理大量事故案例的基础上,阐述了航空安全与事故调查技术的发展趋势,以及飞行安全文化在安全管理中的作用。

全书理论结合实际,具有较强的可读性和实用性,适合从事飞机安全性分析与设计、航空安全管理及事故调查等相关专业的工程技术人员使用,也可作为航空院校师生和其他相关专业科技人员的参考。

图书在版编目(CIP)数据

飞机运行安全与事故调查技术/任和等编著. —上海:上海交通大学出版社,2017
(大飞机出版工程)
ISBN 978 - 7 - 313 - 17951 - 7

Ⅰ.①飞… Ⅱ.①任… Ⅲ.①飞机—飞行安全②飞机—飞行事故—事故分析
Ⅳ.①V328

中国版本图书馆 CIP 数据核字(2017)第 197768 号

飞机运行安全与事故调查技术

编　　著:任　和　邱明杰　王志强　等
出版发行:上海交通大学出版社　　　　　　　　　地　　址:上海市番禺路 951 号
邮政编码:200030　　　　　　　　　　　　　　　电　　话:021 - 64071208
出 版 人:谈　毅
印　　制:上海万卷印刷有限公司　　　　　　　　经　　销:全国新华书店
开　　本:710mm×1000mm　1/16　　　　　　　印　　张:18.5
字　　数:350 千字
版　　次:2017 年 12 月第 1 版　　　　　　　　　印　　次:2017 年 12 月第 1 次印刷
书　　号:ISBN 978 - 7 - 313 - 17951 - 7/V
定　　价:158.00 元

大飞机出版工程

丛书编委会

总主编

顾诵芬（中国航空工业集团公司科技委原副主任、中国科学院和中国工程院院士）

副总主编

贺东风（中国商用飞机有限责任公司董事长）

林忠钦（上海交通大学校长、中国工程院院士）

编委会（按姓氏笔画排序）

王礼恒（中国航天科技集团公司科技委主任、中国工程院院士）

王宗光（上海交通大学原党委书记、教授）

刘　洪（上海交通大学航空航天学院副院长、教授）

任　和（中国商飞上海飞机客户服务公司副总工程师、教授）

李　明（中国航空工业集团沈阳飞机设计研究所科技委委员、中国工程院院士）

吴光辉（中国商用飞机有限责任公司副总经理、总设计师、中国工程院院士）

汪　海（上海市航空材料与结构检测中心主任、研究员）

张卫红（西北工业大学副校长、教授）

张新国（中国航空工业集团副总经理、研究员）

陈　勇（中国商用飞机有限责任公司工程总师、ARJ21飞机总设计师、研究员）

陈迎春（中国商用飞机有限责任公司C929飞机总设计师、研究员）

陈宗基（北京航空航天大学自动化科学与电气工程学院教授）

陈懋章（北京航空航天大学能源与动力工程学院教授、中国工程院院士）

金德琨（中国航空工业集团公司原科技委委员、研究员）

赵越让（中国商用飞机有限责任公司总经理、研究员）

姜丽萍（中国商用飞机有限责任公司制造总师、研究员）

曹春晓（中国航空工业集团北京航空材料研究院研究员、中国工程院院士）

敬忠良（上海交通大学航空航天学院常务副院长、教授）

傅　山（上海交通大学电子信息与电气工程学院研究员）

编委会

总　序

国务院在 2007 年 2 月底批准了大型飞机研制重大科技专项正式立项,得到全国上下各方面的关注。"大型飞机"工程项目作为创新型国家的标志工程重新燃起我们国家和人民共同承载着"航空报国梦"的巨大热情。对于所有从事航空事业的工作者,这是历史赋予的使命和挑战。

1903 年 12 月 17 日,美国莱特兄弟制作的世界第一架有动力、可操纵、比重大于空气的载人飞行器试飞成功,标志着人类飞行的梦想变成了现实。飞机作为 20 世纪最重大的科技成果之一,是人类科技创新能力与工业化生产形式相结合的产物,也是现代科学技术的集大成者。军事和民生对飞机的需求促进了飞机迅速而不间断的发展和应用,体现了当代科学技术的最新成果;而航空领域的持续探索和不断创新,为诸多学科的发展和相关技术的突破提供了强劲动力。航空工业已经成为知识密集、技术密集、高附加值、低消耗的产业。

从大型飞机工程项目开始论证到确定为《国家中长期科学和技术发展规划纲要》的十六个重大专项之一,直至立项通过,不仅使全国上下重视我国自主航空事业,而且使我们的人民、政府理解了我国航空事业半个多世纪发展的艰辛和成绩。大型飞机重大专项正式立项和启动使我们的民用航空进入新纪元。经过 50 多年的风雨历程,当今中国的航空工业已经步入了科学、理性的发展轨道。大型客机项目产业链长、辐射面宽、对国家综合实力带动性强,在国民经济发展和科学技术进步中发挥着重要作用,我国的航空工业迎来了新的发展机遇。

大型飞机的研制承载着中国几代航空人的梦想,在 2016 年造出与波音 B737 和空客公司 A320 改进型一样先进的"国产大飞机"已经成为每个航空人心中奋斗的目标。然而,大型飞机覆盖了机械、电子、材料、冶金、仪器仪表、化工等几乎所有工业门类,集成数学、空气动力学、材料学、人机工程学、自动控制学等多种学科,是一个复杂的科技创新系统。为了迎接新形势下理论、技术和工程等方面的严峻挑战,迫切需要引入、借鉴国外的优秀出版物和数据资料,总结、巩固我们的经验和成果,编著一套以"大飞机"为主题的丛书,借以推动服务"大飞机"作为推动服务整个航空科学的切入点,同时对于促进我国航空事业的发展和加快航空紧缺人才的培养,具有十分重要的现实意义和深远的历史意义。

2008 年 5 月,中国商用飞机有限公司成立之初,上海交通大学出版社就开始酝酿"大飞机出版工程",这是一项非常适合"大飞机"研制工作时宜的事业。新中国第一位飞机设计宗师——徐舜寿同志在领导我们研制中国第一架喷气式歼击教练机——歼教 1 时,亲自撰写了《飞机性能及算法》,及时编译了第一部《英汉航空工程名词字典》,翻译出版了《飞机构造学》《飞机强度学》,从理论上保证了我们的飞机研制工作。我本人作为航空事业发展 50 多年的见证人,欣然接受上海交通大学出版社的邀请担任该丛书的主编,希望为我国的"大飞机"研制发展出一份力。出版社同时也邀请了王礼恒院士、金德琨研究员、吴光辉总设计师、陈迎春副总设计师等航空领域专家撰写专著、精选书目,承担翻译、审校等工作,以确保这套"大飞机"丛书具有高品质和重大的社会价值,为我国的大飞机研制以及学科发展提供参考和智力支持。

编著这套丛书,一是总结整理 50 多年来航空科学技术的重要成果及宝贵经验;二是优化航空专业技术教材体系,为飞机设计技术人员的培养提供一套系统、全面的教科书,满足人才培养对教材的迫切需求;三是为大飞机研制提供有力的技术保障;四是将许多专家、教授、学者广博的学识见解和丰富的实践经验总结继承下来,旨在从系统性、完整性和实用性角度出发,把丰富的实践经验进一步理论化、科学化,形成具有我国特色的"大飞机"理论与实践相结合的知识体系。

"大飞机出版工程"丛书主要涵盖了总体气动、航空发动机、结构强度、航电、制造等专业方向,知识领域覆盖我国国产大飞机的关键技术。图书类别分为译著、专著、教材、工具书等几个模块;其内容既包括领域内专家们最先进的理论方法和技术成果，也包括来自飞机设计第一线的理论和实践成果。如：2009 年出版的荷兰原福克飞机公司总师撰写的 *Aerodynamic Design of Transport Aircraft*（《运输类飞机的空气动力设计》）；由美国堪萨斯大学 2008 年出版的 *Aircraft Propulsion*（《飞机推进》）等国外最新科技的结晶；国内《民用飞机总体设计》等总体阐述之作和《涡量动力学》《民用飞机气动设计》等专业细分的著作；也有《民机设计 1000 问》《英汉航空双向词典》等工具类图书。

该套图书得到国家出版基金资助，体现了国家对"大型飞机"项目以及"大飞机出版工程"这套丛书的高度重视。这套丛书承担着记载与弘扬科技成就、积累和传播科技知识的使命，凝结了国内外航空领域专业人士的智慧和成果，具有较强的系统性、完整性、实用性和技术前瞻性，既可作为实际工作指导用书，亦可作为相关专业人员的学习参考用书。期望这套丛书能够有益于航空领域里人才的培养，有益于航空工业的发展，有益于大飞机的成功研制。同时，希望能为大飞机工程吸引更多的读者来关心航空、支持航空和热爱航空，并投身于中国航空事业做出一点贡献。

2009 年 12 月 15 日

序

民用飞机产业是大国的战略性产业。民用客机作为一款高附加值的商品,是拉动国家经济发展的重要力量,是体现大国经济和科技实力的重要名片,在产业和科技上具有强大的带动作用。

自新中国成立以来,中国民机产业先后成功地研制了 Y-7 系列涡桨支线客机和 Y-12 系列涡桨小型客机等民用飞机。在民用喷气客机领域,曾经在 20 世纪 70年代自行研制了运-10 飞机,国际合作论证了 MPC-75、AE-100 等民用客机,合作生产了 MD-80 和 MD-90 飞机。民机制造业转包生产国外民机部件,但始终没有成功研制一款投入商业运营的民用喷气客机。

支线航空发展迫在眉睫。2002 年 2 月,国务院决定专攻支线飞机,按照市场机制发展民机,并于 11 月 17 日启动 ARJ21 新支线飞机项目,意为"面向 21 世纪的先进涡扇支线飞机(Advanced Regional Jet for the 21st Century)"。从此,中国民机产业走上了市场机制下的自主创新之路。

ARJ21 作为我国民机历史上第一款按照国际通用适航标准全新研制的民用客机,承担着中国民机产业先行者和探路人的角色。跨越十五年的研制、取证和交付运营过程,经历的每一个研制阶段,解决的每一个设计、试验和试飞技术问题,都是一次全新的探索。经过十五年的摸索实践,ARJ21 按照民用飞机的市场定位打通了全新研制、适航取证、批量生产和客户服务的全业务流程,突破并积累了喷气客机全寿命的研发技术、适航技术和客户服务技术,建立了中国民机产业技术体系和产业链,为后续大型客机的研制打下了坚实的基础。

习近平总书记考察中国商飞公司时要求改变"造不如买、买不如租"的逻辑,坚持民机制造事业"不以难易论进退",在 ARJ21 取证后要求"继续弘扬航空报国精神,总结经验、迎难而上"。马凯副总理 2014 年 12 月 30 日考察 ARJ21 飞机时,指出,"要把 ARJ21 新支线飞机项目研制和审定经验作为一笔宝贵财富认真总结推广"。工信部副部长苏波指出:"要认真总结经验教训,做好积累,形成规范和手册,指导 C919 和后续大型民用飞机的发展。"

编著这套书,一是经验总结,总结整理 2002 年以来 ARJ21 飞机研制历程中设计、取证和交付各阶段开创性的重要成果及宝贵经验;二是技术传承,将民机研发技术专家、教授、学者广博的学识见解和丰富的实践经验总结继承下来,把丰富的实践经验进一步理论化、科学化,形成具有我国特色的民机理论与实践相结合的知识体系,为飞机设计技术人员提供参考和学习的材料;三是指导保障,为大飞机研制提供有力的技术保障。

丛书主要包括了项目研制历程、研制技术体系、研制关键技术、市场研究技术、适航技术、运行支持系统、关键系统研制和取证技术、试飞取证技术等分册的内容。本丛书结合了 ARJ21 的研制和发展,探讨了支线飞机市场技术要求、政府监管和适航条例、飞机总体、结构和系统关键技术、客户服务体系、研发工具和流程等方面的内容。由于民用飞机适航和运营要求是统一的标准,在技术上具有高度的相似性和相关性,因此 ARJ21 在飞机研发技术、适航验证和运营符合性等方面取得的经验,可以直接应用于后续的民用飞机研制。

ARJ21 新支线飞机的研制过程是对中国民机产业发展道路成功的探索,不仅开发出一个型号,而且成功地锤炼了研制队伍。参与本套丛书撰写的专家均是 ARJ21 研制团队的核心人员,在 ARJ21 新支线飞机的研制过程中积累了丰富且宝贵的实践经验和科研成果。丛书的撰写是对研制成果和实践经验的一次阶段性的梳理和提炼。

ARJ21 交付运营后,在飞机的持续适航、可靠性、使用维护和经济性等方面,继续经受着市场和客户的双重考验,并且与国际主流民用飞机开始同台竞技,因此需要针对运营中间发现的问题进行持续改进,最终把 ARJ21 飞机打造成为一款航空公司愿意用、飞行员愿意飞、旅客愿意坐的精品。

ARJ21 是"中国大飞机事业万里长征的第一步",通过 ARJ21 的探索和积累,中国的民机产业会进入一条快车道,在不远的将来,中国民机将成为彰显中国实力的新名片。ARJ21 将继续肩负着的三大历史使命前行,一是作为中国民机产业的探路者,为中国民机产业探索全寿命、全业务和全产业的经验;二是建立和完善民机适航体系,包括初始适航、批产及证后管理、持续适航和运营支持体系等,通过中美适航当局审查,建立中美在 FAR/CCAR-25 部大型客机的适航双边,最终取得 FAA 适航证;三是打造一款具有国际竞争力的喷气支线客机,填补国内空白、实现技术成功、市场成功、商业成功。

这套丛书获得 2017 年度国家出版基金的支持,表明了国家对"ARJ21 新支线飞机"的高度重视。这套书作为上海交通大学出版社"大飞机出版工程"的一部分,希望该套图书的出版能够达到预期的编著目标。在此,我代表编委会衷心感谢直接或间接参与本系列图书撰写和审校工作的专家和学者,衷心感谢为此套丛书默默耕耘三年之久的上海交通大学出版社"大飞机出版工程"项目组,希望本系列图书能为我国在研型号和后续型号的研制提供智力支持和文献参考!

ARJ21 总设计师

2017 年 9 月

《飞机运行安全与事故调查技术》
编写组

主 编

任 和　邱明杰　王志强

编写组

陈 啸　杨 路　巴塔西　庞志鹏

胡冰清　周 芊　陈 莎　熊 俊

前　　言

随着科技的进步,飞机的安全性水平有了很大的提高,乘机旅行已经成为统计学上的最为安全的交通方式。但是,纵观历史,全球范围内飞行安全事故依然层出不穷。尤其是 2014 年 3 月 8 日,马航 MH370 飞机的失踪,更引起全球的关注。2016 年 12 月 1 日,中国民航率先实施航空器追踪监控管理,要求载客运行的航空器必须在 15 min 内报告自己的"4D(经度、纬度、高度、时刻)位置信息"。历史上一个又一个血的教训,推动着民用飞机及其运行的安全性一步步提高。

大飞机项目是我国确定的 16 项重大科技专项之一(《国家中长期科学和技术发展规划纲要(2006—2020 年)》)。研制和发展大型客机成为建设创新型国家、提高我国自主创新能力、促进产业转型和增强国家核心竞争力的重大战略举措,因此,大型客机项目是新时期改革开放和建设创新型国家的标志性工程。中国商用飞机有限责任公司(中国商飞)作为实施国家大型客机重大专项的主体,肩负着统筹我国干支线飞机产业的历史重任。"更安全、更舒适、更经济、更环保"是研发国产大飞机的奋斗目标,也是中国商飞的努力方向。

本书是以我国大型客机研制工程为背景,在"工信部民机专项""上海市信息化专项发展资金项目""上海市高技能培训项目"等课题的研究成果基础上编写而成。本书不仅总结了飞机安全和事故调查技术的研究成果,跟踪了民用飞机前沿安全技术,还借鉴了部分协作单位的研究成果。藉此向中国民航科学技术研究院、上海市民用飞机健康监控工程技术研究中心、北京航天测控技术有限公司、上海交通大学、中电科航空电子有限公司等单位表示感谢。

本书主要包括航空安全统计分析、飞机安全与事故调查法规研究以及飞机安全性设计与评估方法、飞机安全与健康管理技术、飞行数据记录与传输技术、飞行数据译码和分析技术、飞行仿真与故障复现技术、航空事故调查技术、飞行运行安全管理和飞行安全文化等内容。

全书由任和负责总体构思和编写审校,共分 10 章:第 1 章由胡冰清撰写;第

2 章由陈啸撰写;第 3 章由任和撰写;第 4、9、10 章由邱明杰撰写;第 5、6 章由杨路撰写;第 7 章由巴塔西撰写;第 8 章由庞志鹏撰写。周芊、陈莎等同志承担了全书的文字、插图和表格的编排工作;王志强、熊俊等同志参与了全书的审校工作。

本书在编写过程中得到了中国商用飞机有限责任公司原董事长金壮龙、现任董事长贺东风、C919 总设计师吴光辉、副总经理赵越让、ARJ21 飞机总设计师陈勇、中国商飞上海飞机客户服务有限公司总经理徐庆宏、党委书记徐峻等同志的关怀、支持和帮助,在此一并致谢。

由于时间仓促、水平有限,错误和疏漏之处难免,敬请广大读者批评指正。

作　者

2017.12

目　　录

1　绪　　论

1.1　航空安全史

1.1.1　航空发展历程

人类对重于空气航空器的探索始于19世纪末。德国人奥托·李林达尔是先驱者,他仔细研究了鸟类的飞行,首先制成弓形翼剖面的滑翔机,通过试飞无动力的滑翔机来研究飞机设计问题并积累飞行操纵经验。在1891—1896年期间,李林达尔进行了2 000多次滑翔飞行试验,获得了大量飞行数据,基本解决了滑翔机的飞行稳定和操纵问题。不幸的是,在1896年,李林达尔在一次滑翔飞行的事故中遇难。后来,美国的莱特兄弟(威尔伯·莱特和奥维尔·莱特)在李林达尔滑翔飞行活动的鼓舞下,制造滑翔机并进行飞行操纵试验,同时设计制造了风洞并开展风洞试验,根据实验结果改进了滑翔机。1903年12月17日,莱特兄弟驾驶以内燃机为动力的螺旋桨飞机,首次进行了有动力、可持续、可操纵的载人飞行,写下了人类航空活动的新篇章[1]。

在莱特兄弟成功飞行事迹的鼓舞下,人类的航空活动越来越频繁。在民用航空领域,1914年,固定翼飞机首次投入商业定期运输。经过第一次世界大战激烈战火的洗礼,飞机的性能得到了极大的提高。战后,民用航空迅速焕发新生。在飞机制造方面,1919年,德国人荣克斯推出了第一架单翼布局且机翼采用全金属制造的4座飞机。同年,波音公司创始人威廉·波音和他的伙伴埃迪·胡巴德成功制造出波音的第一架飞机——B-1水上飞机,并用B-1飞机开始经营美国第一个国际邮运航班[2]。

20世纪20年代,欧洲的飞机制造商在民用客机制造和设计水平上处于领先地位。尤其是荷兰人安东尼·福克,从1919年首飞的4座单发飞机F-2开始,到20世纪30年代,设计生产了一系列具有影响力的飞机。1925年,福克用他的木质飞机F-7开创了三发设计的新潮流,并在其F-13飞机上首次采用波纹型金属蒙皮。

但进入20世纪30年代之后,美国逐渐赶上欧洲并最终成为世界民用航空市场的霸主。1931年,波音公司以竞标失败的B-9飞机为基础,研制出外形新颖的B-

247 飞机,该机采用了大量的新技术,被业界认为是第一种现代民机。另一家知名的美国飞机制造公司道格拉斯于 1933 推出了 DC-1,并于当年 9 月,使用他们唯一的一架 DC-1 客机(双发动机),完成了在当时令人吃惊的飞行安全性试验——单发飞行。该机在滑跑起飞时关闭了一台发动机,然后用一台发动机完成了起飞,爬升到超过 2 000 m 的高度,成功避开地面障碍物,最终安全降落。

20 世纪 30 年代崛起的多家航空公司之间的激烈竞争,使得大量新的技术、新颖的外形设计被引入,民用飞机制造水平上升到一个新的阶段。1940 年,波音公司生产了具有革命性的"同温层客机"B307,该机是世界上第一种带增压客舱的航线飞机,使得旅客在飞机飞行时不受外界气压变化的影响。

第二次世界大战结束后,喷气发动机被制造出来,并安装到民用飞机上。1949 年,英国试飞了其最先研制的涡轮喷气运输机——彗星号;1953 年,英国率先研制成功以涡轮螺旋桨发动机为动力的飞机——子爵号;1956 年苏联推出了涡轮喷气式飞机图-104;美国的航空制造商也相继推出涡轮喷气式飞机波音 B707 和 DC-8。这些飞机飞行速度达到 0.8Ma,飞行高度上万米,可以进入平流层,大大减少飞机飞行过程中受到的气流扰动。

1965 年 6 月,随着英国德·哈维兰公司推出的"三叉戟"飞机投入航线运营,通过搭载的自动飞行系统,进行了历史上第一次自动着陆。飞机驾驶模式进入了一个新的时代——自动驾驶时代。

20 世纪 60—70 年代,在航空市场迅猛发展引起的强烈需求下,航空制造技术得到突破性发展。1969 年波音公司制造的 400 座宽体客机 B747 成功首飞。1976 年,英国、法国联合研制的"协和号"超声速客机投入运营。另外值得一提的是,1968 年波音公司投入运营的 B737 飞机,后来成为民用航空史上交付数量最多的机型。该型飞机的衍生机型包括 B737-100/200/300/400/500/600/700/800/900 以及 2016 年刚刚首飞的最新型号——B737Max。截至 2016 年 2 月 29 日,波音已经向全球客户交付了近 8 920 架 B737 各种机型,其订单数更是达到了 13 298 架。B737 机群是目前全球最大的机群,现在全球不管任何时候天空中都有近 1 000 架 B737 飞机在飞行。

进入 20 世纪 80—90 年代,飞机设计制造技术进一步提高。飞行管理系统(flight management system,FMS)、液晶平板显示器(所有主要的飞行、导航及发动机信息数据都显示在 6 块大型屏幕上)的应用进一步方便了飞行员驾驶飞机。带有飞行边界保护功能(flight envelope protection)的电传操纵飞机最早于 1988 年投入使用。

进入 21 世纪,人们对飞机的环保、噪声和舒适性提出了要求,航空公司则希望飞机更加经济。作为对这些需求的回应,首先是民机制造商在气动设计中引入翼梢小翼以降低飞机飞行过程中的阻力,其次是研发更加先进的发动机以减少油耗和噪声。在驾驶舱设计方面,平视显示器(HUD)、增强视景系统(EVS)、所需导航性能(RNP)、垂直状态显示(VSD)以及全球定位着陆系统(GLS)使飞行员的驾驶更加轻松[3,4]，同时进一步增加了飞机着陆的安全性。电子飞行包(EFB)则大大简化了飞行员获取飞行信息的过程。21世纪，民用航空业更加强调"以人为本"，飞机座椅更加宽敞、座椅视频系统以及"天空内饰"使乘客的旅程更加舒适和多姿多彩。2005年4月27日，目前全球承载人数最多的飞机——空客A380首航，该机在采用最大密度载客时，能承载近900人。同时，该机起飞时的噪声远远低于当前国际民航组织(ICAO)噪声控制标准的规定。且A380是首架每乘客(座)/百公里油耗不到3 L的远程飞机(这一数值相当于一辆经济型家用汽车的油耗)。2007年10月25日，空客A380正式投入商业运营。

1.1.2　航空安全状况

从人类选择实现航空梦想的那一刻起，就不可避免地选择了与飞行事故同行。在一战结束后，航空业得到初步发展，但限于当时的航空制造水平，飞行事故频繁发生。比较能说明20世纪20—30年代航空业安全水平的事例是：美国第一批从事航空邮政服务的40名飞行员，截至1935年已有31人死于飞行事故，每位飞行员的平均飞行寿命仅有3年。航空史学家这样评述道："20世纪20—30年代，航空运输业发展缓慢的一个重要原因是当时的飞机安全系数低，飞行事故频发"[5]。

但与此同时，航空安全开始受到人们的重视和研究。1927年，飞机上开始安装地平仪、陀螺方向仪等飞行仪表；1930年，地空无线通信设备、中长波导航设备开始安装在飞机上；而且，世界上第一个交通塔台也于1935年建立起来。同时，民机制造商开始提供一些优秀安全的飞机。飞行安全水平得以控制和提升。

第二次世界大战期间，战争的需求促使航空制造水平大幅进步。20世纪40年代中期到70年代，民用航空得到了巨大发展。先进的电子技术广泛地应用于民用航空航行和管理领域：全向信标/测距机(VOR/DME)、空中交通管制(ATC)自动化系统、仪表着陆系统(ILS)、气象雷达、航管雷达、奥米加导航系统、惯性导航系统等分别在飞机、机场和航空管制上安装并投入使用，飞行员在飞行过程中可以获得更多的信息，同时，地面能够对航空器的飞行情况进行有效监控，进一步保障了飞机飞行过程中的安全。国际民航组织统计显示，20世纪40年代世界民航定期航班每亿客公里旅客死亡率约为3人，50年代降低到0.9人，60年代降到0.4人，70年代降到0.15人。

到20世纪80年代，据美国运输部公布的资料，1982年美国私用和公用汽车运输旅客周转量占总运输周转量的84%，而死亡人数却占死亡总数的95.5%；航空运输旅客周转量居第二位，占14.5%，但死亡人数仅占0.043%；铁路旅客运输周转量占0.7%，死亡人数占0.69%。民用航空已成为最为安全的运输方式。

随着人类对飞行事故的不断研究，对适航规章的不断完善，飞机设计和制造水平不断提升。到20世纪70年代后，由于技术因素引发的飞行事故的占比已经从早期的80%下降到20%，而人为因素的事故比例则从20%上升到80%。有航空专家从航空安全的角度,建议将 70 年代中期以后列入"重视人为因素时代"。

在空客公司的一份报告中,给出了 20 世纪 50 年代至今商用飞机飞行事故状况的数据统计:分别按照致死事故(fatal accident,事故中有人员死亡或者有人员由于事故中受伤于事故发生一个月内死亡)、报废事故(hull loss,飞机完全被损毁或者飞机严重受损,从经济性上来讲已经没有维修的必要)进行了统计。图 1 - 1 给出了 1958—2013 年全球商业运营飞机的飞行架次(以百万计)和这期间发生的致死飞行事故的数量,经过计算可以得到该期间每百万飞行架次致死事故的事故率(见图 1 - 2)[6]。

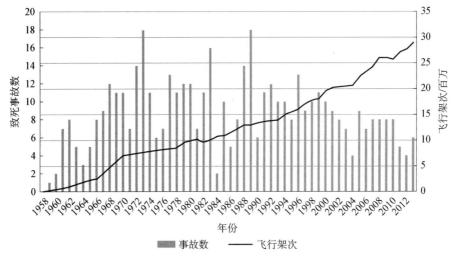

图 1 - 1　1958—2013 年飞行架次及致死飞行事故数量

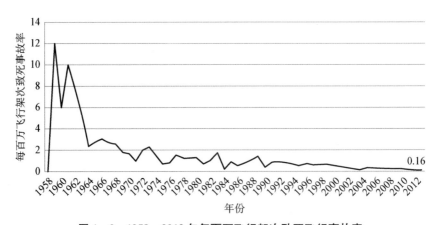

图 1 - 2　1958—2013 年每百万飞行架次致死飞行事故率

从以上统计数据来看,在 1964 年以前,虽然商用航空飞行架次较少,但由于飞机制造水平不高,仍发生了不少飞行事故。1964—1970 年,飞机制造水平有所提升,飞机安全性有了一定保证,但由于商业航空的迅速发展,年致死飞行事故数反而有所增加。1970 年后,商业航空飞行架次进入稳步增长期,随着飞机制造水平和航空公司运营能力的进一步提高,年致死飞行事故数量增长的势头得到遏制并趋于稳定。进入 21 世纪,在科学技术进步和航空公司运营能力的保障下,虽然年飞行架次相比 1970 年增长了 4 倍,但年致死飞行事故数却更低,约为 8 起左右。1964 年以前每百万飞行架次致死事故率非常高,之后该比率大幅下降并持续减小。2013 年全球商业航空每百万飞行架次致死事故率仅为 0.16。

图 1-3 和图 1-4 分别给出了 1958—2013 年飞机报废飞行事故的数量及每百万飞行架次飞机报废事故的事故率。近年来的年报废事故数在 20 起左右。

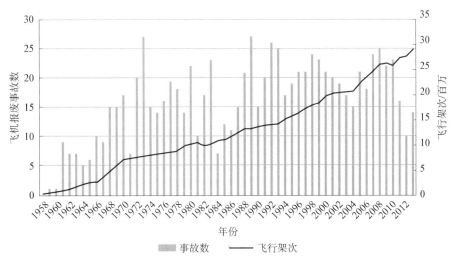

图 1-3 1958—2013 年飞行架次及飞机报废事故数量

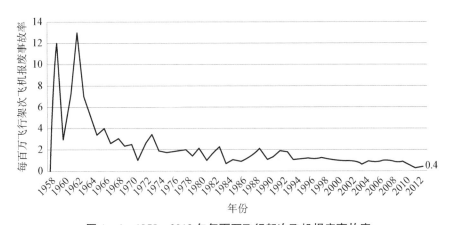

图 1-4 1958—2013 年每百万飞行架次飞机报废事故率

在空客公司的这份统计报告中,还按照历史线路对各代民用飞机飞行安全状况进行了统计。首先,根据飞机的技术特点对民用飞机划分了时代:将1952年出现的第一批喷气式飞机划分为第一代民用飞机,代表机型有"彗星"及B707;将1964年出现的搭载自动飞行系统的飞机划分为第二代民用飞机,代表机型有"三叉戟"、A300及B727;将1980年出现的搭载了飞行管理系统、座舱中应用了电子显示仪表的飞机划分为第三代民用飞机,代表机型有A310、B747-400;将1988年后使用电传操纵以及具有飞行边界保护功能的飞机划分为第四代飞机,代表机型有A380和B787。图1-5展示了1958—2013年世界商业定期航班中各代飞机的飞行架次情况(单位:百万架次)。

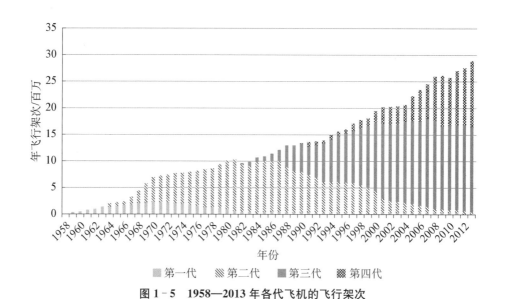

图1-5 1958—2013年各代飞机的飞行架次

图1-6和图1-7分别为1958—2013年间的各代飞机每百万飞行架次致死事故率和飞机报废事故率(图中虚线段表示当时该代飞机的年飞行架次不足一百万架)。从趋势上来说,每一代飞机,在刚开始投入运营时的事故率都很高,这是由于新技术的应用带来了新的事故风险,之后事故率逐渐降低并趋于稳定。对于第一代和第二代飞机来讲,飞机在使用了近半个世纪后,由于老旧的原因,飞机事故率再次上升。从不同代飞机来看,越先进的飞机事故率越低。第四代飞机的事故率约为第三代飞机的一半。目前,在运营的商用飞机的主力是第三代商用飞机。随着时间推移,第四代商用飞机持续投入运营以及前三代商用飞机的退役,飞机整体的飞行事故率将进一步降低[7-9]。

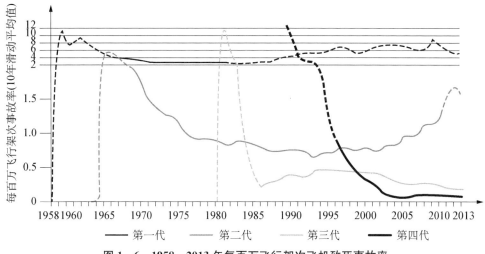

图 1-6 1958—2013 年每百万飞行架次飞机致死事故率

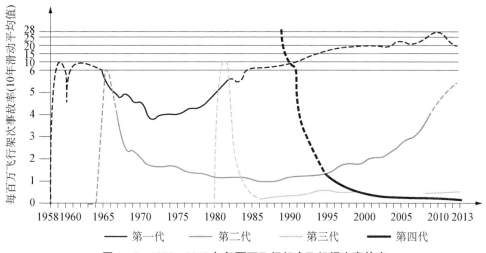

图 1-7 1958—2013 年每百万飞行架次飞机报废事故率

1.2 飞行事故调查的历史沿革

飞行事故调查主要是要解决三个问题:一是发生了什么——事故过程;二是为什么发生——事故原因;三是如何避免同类事故的发生——提出安全建议。随着民用航空的发展,人们对飞行事故的重视程度越来越高,飞行事故的原因也越来越复杂。飞行事故调查难度的增加,促使人们需要增加对飞行事故过程的了解,以及发展飞行事故调查技术以准确锁定事故的原因。

20 世纪 20—30 年代,飞机的重量和飞行速度都比较低,所以飞机坠地时释放的能量比较低,飞机残骸往往还是一整块。事故调查人员到达事故现场,根据飞机残骸来调查事故的原因。二战期间生产的中型活塞飞机,其重量、飞行高度以及飞行速度的提高,使得其失事坠地能量大大增加,飞机失事时残骸分散成若干块。这时候只是通过观察事故现场,已经无法判断事故发生的原因,需要借助进一步的试验分析确定事故原因。另外,由于缺乏对事故过程的了解,调查效率很低。也就是在这个时候起,西方国家开始在商用飞机上加装简单的飞行数据记录器。飞行数据记录器能在飞行事故调查中提供关键信息,帮助调查人员了解事故过程,锁定事故原因。最初的飞行数据记录器记录 5 个参数,分别为高度、空速、航向、垂直加速度和时间计数[10, 11]。

随着喷气式飞机投入使用,飞机重量、飞行速度和飞行高度的进一步增加,飞机坠地能量有了量级的增加。1958 年,美国航空署规定质量大于 12 500 lb 的飞机必须安装带有保护装置的飞行数据记录器(FDR)。这一时期,飞机复杂性也大大增加,事故原因可能包含结构失效、人为因素、天气原因等,已经无法从残骸中直接推断飞机失事的原因,可以说从这一时期起,飞行数据记录器已经成为确认飞机事故原因的重要途径。1965 年起,飞行数据记录器开始使用磁带作为存储介质,体积大幅度减小。舱音记录器(CVR)也得以在飞机上应用,它的引入可以为飞行事故分析提供更多信息[12]。

飞行数据记录器记录参数个数近年来大幅增加,能够为飞行事故调查提供更多信息。1991 年 10 月国际民航组织(ICAO)、美国联邦航空局(FAA)等一些民航组织机构提高了记录参数标准,强制性要求:在 1991 年以前生产的飞机上安装的记录器至少要记录 11 个(类)参数,记录参数增加了俯仰姿态、滚转姿态、侧向过载、每台发动机推力、驾驶杆位置或俯仰控制舵面位置等;1991 年以后生产的 20 座以上的运输类飞机上安装的记录器至少要记录 28 个(类)参数;1991 年 10 月以后生产的营运类 10~19 座多发涡轮发动机飞机,要求安装能记录 17 个参数的 FDR。为了充分发挥飞行数据在事故调查中的作用,ICAO 和 FAA 接受 NTSB 提出的建议(No. A - 95 - 25/A - 95 - 26/A - 95 - 27),于 1997 年再次修改了对飞行数据记录器的记录参数规范,要求:1969 年 10 月 1 日以前取证和 1991 年 10 月 11 日前制造的运输类飞机,在 2001 年 8 月 18 日前,必须至少记录通告规定要求的前 18 个(未安装飞行数据获取组件)或 22 个(安装了飞行数据获取组件)参数;1991 年 10 月 11 日以后和 2001 年 8 月 18 日前制造的运输类飞机,在 2001 年 8 月 18 日前,必须至少记录通告规定要求的前 34 个参数;2000 年 8 月 18 日以后制造的运输类飞机,必须至少记录通告规定要求的前 57 个参数;2002 年 8 月 18 日以后制造的飞机,必须至少记录通告规定要求的全部 88 个参数。

1985 年 8 月 22 日,Airtours 航空公司飞机发生引擎起火事故,英国运输部航空事故调查局(AAIB)首次提出安装机载摄像机,以供机组成员观察机外失火等情况。1990 年,美国国家运输安全委员会(NTSB)首次提出在驾驶舱内安装视频/图像记录器(CIR)的建议。由于 1996—2000 年间有多个航空事故调查因信息不足而迟迟不能解决,2000 年以后英美的航空专家多次提议在驾驶舱安装视频/图像记录器。视频/图像记录器能提供直观的飞行事故发生过程记录,将有效提高飞行事故的调查效率。未来,飞机上将有望安装视频/图像记录器[13]。

在发生飞行事故后,人们想方设法要找到导致飞行事故的原因。在这个过程中,大量科学技术成果引入飞行事故调查中,促进了飞行事故调查技术的发展。

早期的飞行事故主要原因集中在结构失效方面。20 世纪 30 年代,英国"蛾"式歼击机连续 9 次发生在大速度飞行中解体的事故。40 年代,英国"台风"歼击机在 3 年间发生 20 起空中解体事故。这一时期主要应用残骸分析、失效分析和断口分析等技术寻找事故原因。通过事故调查发现"蛾"式飞机在高亚声速时飞机机翼会发生颤振,"台风"歼击机发生的由升降舵振动引起的水平尾翼颤振也是导致事故的原因。为此制订了新的飞机设计强度规范,采用了翼尖加装配重等防颤振技术措施,使此后生产的飞机大幅度减少了这类事故的发生[14]。

20 世纪 50—60 年代,透射电子显微镜以及扫描电子显微镜的出现大大促进了断口分析技术的发展。在高倍数显微镜的支持下,通过断口分析可以得到断裂类型、断裂方式、断裂路径、断裂过程、断裂性质、断裂原因和断裂机理等结论。20 世纪 70—80 年代,人类进入微型计算机时代,残骸轨迹分析等技术得到了极大的发展。

到 20 世纪 90 年代,更多新的技术应用到飞行事故调查中,包括深入一步的人理因素分析、分析空勤人员的生理/心理状况、数字仿真计算、飞行事故/事故征候数据库和专家系统等技术,飞行事故调查技术体系越来越庞大。可以预见,随着飞行事故调查能力的提升,飞行事故的调查周期会进一步缩短[15-18]。

1.3　飞行事故对航空业的影响

从 1903 年莱特兄弟实现第一次动力飞行至今一百年里,飞行安全一直是人们关注的重点。历史上一些重大的飞行事故给人们留下了深刻的印象,恶劣飞行事故甚至能够引发战争。当发生飞行事故时,首先会对飞机所属航空公司和飞机制造商的声誉产生不利影响;在飞行事故调查完成后,调查方会给出飞行事故原因和对应的整改建议,这些整改建议会影响飞机的设计和制造、航空公司的运营以及航空相关法规。

1.3.1　飞行事故对民航业的影响

1.3.1.1　对民机制造商的影响

飞行事故带来的声誉影响可能使得飞机制造商破产,英国哈维兰航空制造公司就成了这样的例证。在 20 世纪 50 年代,英国哈维兰公司设计研制出世界上第一款喷气式飞机"彗星"客机。1952 年 5 月 2 日,"彗星"1 型喷气式客机投入从英国伦敦飞往南非约翰内斯堡的航班服务时,轰动了世界,这种高速客机令飞行成为奢华享受。1953—1954 年期间,"彗星"1 型客机接连发生了 3 次坠毁事故,导致"彗星"客机停飞。后来调查研究显示,由于"彗星"使用了增压座舱,对客舱加压的结构设计经验不足,长时间飞行以及频繁起降使机体反复承受增压和减压而引发金属疲劳是发生"彗星"1 型客机解体坠毁事故的原因。这是民航历史上首次发生因金属疲劳导致的空难事件。随后 4 年中,哈维兰公司对彗星客机进行了大量试验和重新设计,制造出新的改进机型。虽然彗星客机进行了重新设计和改进,但已经造成了不安全的形象,这也影响了彗星客机的商业前景,使哈维兰公司经营不振,最终被霍克·西德利公司(Hawker Siddeley)合并。

1.3.1.2 对民机技术的影响

回顾航空发展,会发现这样一条有意思的规律:每当飞机上应用了新的技术或者飞机性能提高时,飞行事故总会找上门来;但与此同时,人们通过分析飞行事故,找出事故原因,并为了消除事故因素开展大量研究,最终往往得到了突破性的技术进步。

20 世纪 50 年代初,对飞行事故原因的总结使人们认识到飞机系统的单一通道设计不能保证系统功能的可靠实现,必须采用多通道设计。例如,当液压系统失效不能实现飞机起落架正常操纵放下时,就可以使用备用的冷气放下系统或使用人力操纵系统来实现起落架应急放下,由此产生了系统的"余度设计技术"(冗余技术)。由于效果明显,冗余技术迅速在飞机操纵系统、机轮刹车系统、导航系统、通信系统上采用。有的系统甚至采用了多套备份的"多余度设计",从而大幅度提高了系统完成预定功能的能力,提高了飞机的整体可靠性和安全性水平。

1952 年 10 月—1954 年 4 月的英国"彗星"客机失事事件将金属疲劳概念引入了飞机设计,修改后的飞机设计规范要求飞机必须确定其整机疲劳寿命,自此也开始了各型飞机必须进行整机疲劳试验的制度[19]。

1977 年,一架使用 5 万小时的波音 B707 - 300 型客机在卢萨卡机场着陆时,因水平尾翼折断而坠毁。右水平尾翼大梁上缘条的断口显示出很大的疲劳断裂区。通过检查同型飞机,发现 33 架飞机有同样裂纹存在。进一步的深入分析认为,根本原因是当时执行的"破损-安全"概念还不能保证飞机的飞行安全。从此,飞机设计规范纳入了"损伤容限"新概念,并得到迅速推广。

1983 年 6 月 2 日,加航 797 号班机,一架 DC - 9 从达拉斯飞往多伦多,飞机飞行在 33 000 ft* 的高空。事故的最初征兆是后方洗手间飘出的缕缕黑烟,很快浓烟

---

* 1 ft(英尺)=3.048×10⁻¹ m。

开始弥漫客舱,飞行员选择紧急降落。由于烟雾太浓,飞行员无法看清仪表盘,费尽力气才将飞机降落在辛辛那提。但就在舱门和紧急出口打开后不久,未等所有人下机,客舱就着火了,造成机上 46 名人员中 23 名死亡(见图 1-8)。此次空难后,FAA强制要求为飞机的洗手间安装烟雾探测器以及自动灭火设备。耗时 5 年对所有飞机进行了改装,为客舱的座椅增加了阻火层,在地板上安装了紧急疏散的应急灯帮助乘客在浓烟中快速找到出口,及时疏散。1988 年以后生产的飞机内饰使用了更多的阻火材料。

图 1-8　加拿大航空 797 号班机空难

　　1985 年 8 月 2 日达美航空 191 航班,一架洛克希德 L-1011 飞机准备在达拉斯沃斯堡机场降落,可飞机在 800 ft 的高空遇到了风切变,使飞机在几秒钟内就失去了 54 kn* 的空速造成飞机快速下降。这架 L-1011 在距离跑道 1 mile** 处撞到地面并在高速路上反弹,撞上了一辆货车,货车司机当场死亡,飞机迅速转向撞上了机场的两个大水箱,造成机上 163 名人员中的 134 名遇难。此次空难促使 NASA 和FAA 进行了长达 7 年的研究,最终使机载雷达和风切变探测器成为标准机载装置,此后只发生过一起与风切变相关的事故。

　　1986 年 8 月 31 日,派柏 PA-28-181 进入了墨西哥国际航空机场时,DC-9飞机的进近区域后未被地面管制人员及时发现,该飞机撞掉了 DC-9 的尾翼。两架飞机都在机场东侧 20 mile 处的居民区坠毁,造成 82 人死亡,其中包括 15 名地面人员。空难后,FAA 要求小飞机在进入管制区域后使用异频雷达收发机向管制员通报位置和高度。此外,航空公司被要求使用 TCAS Ⅱ 防撞告警系统,它可以识别与装备了异频雷达收发机飞机的潜在冲突并及时向飞行员发出上升或下降的警告。

---

*　　1 kn(节)＝1.852 km/h。

**　　1 mile(英里)＝1.609 34 km。

此后,在美国没有发生过小飞机在空中撞上大型客机的事故。

1983年的加航空难后,FAA采取了一系列防止客舱着火的措施,尽管1988年NTSB(美国国家运输安全委员会)在一架货机着火成功降落后发出过安全警告,FAA并没有对客机的货舱部分采取相应的防火措施,直到1996年发生了瓦卢杰航空592号班机在迈阿密附近坠毁后,FAA才开始提高了对货舱着火的重视程度并立即采取了相应的防火措施。发生空难的DC-9飞机的火情是由于瓦卢杰航空维修的外包方Sabre Tech不按规定交付托运的氧气发生器引发。飞行途中,一个氧气发生器泄漏,产生高温着火,泄漏的氧气使火势变得更大。飞行员未能及时将这架着火的飞机降落,机上的110名人员全部遇难。此后,FAA强制要求商业航空运输运营商必须为货舱安装烟雾探测器和自动灭火系统。

1996年7月7日,环球航空800号飞机在空中毫无征兆地发生爆炸(见图1-9)。这架波音B747刚刚从纽约肯尼迪国际机场起飞飞往巴黎,空难造成机上230名人员全部遇难并引发了巨大的争议。经过调查组仔细分析飞机的残骸后,NTSB排除了恐怖袭击或者导弹攻击的可能,认为很可能是由于一小段电线出现的电火花引发油箱着火。此后,FAA强制要求减少由于搭错电线或者其他原因出现的电火花。波音公司则设计了一套燃油惰化系统,它可以向油箱释放氮气来减少爆炸的可能。这套系统从2008年开始使用在新生产的所有波音飞机上,并可以为已经投运的飞机进行改装。

图1-9 环球航空800号班机空难

1998年9月2日瑞士航空111号班机从纽约飞往日内瓦。飞机起飞后约1 h驾驶舱内出现了烟雾,4 min后,飞行员开始飞往65 n mile* 外的哈利法克斯国际机

---

* 1 n mile(海里)=1.852 km。

场紧急降落。火势逐渐变大,驾驶舱的灯光熄灭,部分仪表失效,飞机坠毁在大西洋上,机上的 229 名人员全部遇难。调查人员发现飞机起火的原因是机上的娱乐设施电线短路引起的电火花点燃了隔热层,火势沿着隔热层点燃了其他东西。空难后,FAA 要求用阻燃材料替换全部 700 架麦道飞机上的隔热层。

美国时间 2001 年 9 月 11 日上午,两架被恐怖分子劫持的民航客机分别撞向美国纽约世界贸易中心一号楼和二号楼,两座建筑在遭到攻击后相继倒塌,世界贸易中心其余 5 座建筑物也受震而坍塌损毁;9 时许,另一架被劫持的客机撞向位于美国华盛顿的美国国防部五角大楼,五角大楼局部结构损坏并坍塌。事件发生后,全美各地的军队均进入最高戒备状态。虽然塔利班发表声明称恐怖事件与本·拉登无关,但美国政府仍然认定本·拉登是恐怖袭击事件头号嫌犯。作为对这次袭击的回应,美国发动了“反恐战争”,入侵阿富汗以消灭藏匿基地组织恐怖分子的塔利班。2001 年 10 月 7 日美国总统乔治·沃克·布什宣布开始对阿富汗发动军事进攻。“9·11 事件”是发生在美国本土的最为严重的恐怖攻击行动,遇难者总数高达 2 996 人。此次恐怖劫机事件使驾驶舱安装防弹舱门提上议程[20]。

1.3.2 飞行事故对民航业的影响

1.3.2.1 对航空公司的影响

泛美航空是一家世界知名的航空公司,泛美航空公司的历史可以追溯到 1927 年创立的航空邮递公司,1930 年,泛美航空公司就已经成为世界最大的国际航空公司。1950 年改名为泛美世界航空(Pan American World Airways),通常称为泛美航空(Pan-American Airways)。泛美航空为航空业带来很多革新,包括大量使用喷气式客机,波音 B747 客机和电脑化订位系统。北京时间 1988 年 12 月 22 日 03:03(格林尼治时间 1988 年 12 月 21 日 19:03),泛美航空公司 PA103 航班执行德国法兰克福—英国伦敦—美国纽约—美国底特律航线。它成了恐怖袭击的目标,飞机在英国边境小镇洛克比上空爆炸解体。巨大的火球从天而降,狠狠地砸在苏格兰小镇洛克比的谢伍德新月广场上,航班上 259 名乘客和机组人员无一幸存,地面上 11 名洛克比居民死于非命,史称洛克比空难。这次空难被视为是利比亚针对美国的一次报复性恐怖袭击,是“9·11 事件”发生前针对美国的最严重的恐怖袭击事件。此次事件亦重挫泛美航空的营运,泛美航空在空难发生后三年宣告破产。

在 2014 年一年的时间里,马来西亚航空公司接连发生两起重大飞行事故,分别为 2014 年 3 月 8 日,马来西亚航空公司(马航)的 MH370 航班由吉隆坡飞往北京的途中失踪;2014 年 7 月 17 日,马航的 MH17 航班执行从阿姆斯特丹飞往吉隆坡的任务中,在乌克兰境内靠近俄罗斯边境被导弹袭击坠毁。在这两起事故的重挫下,马来西亚航空公司宣布 2014 年 12 月 15 日 8 时正式停牌,退出交易。后马航被马来西亚主权财富基金 Khazanah 收购。

1.3.2.2 对航空运行技术的影响

飞行事故对航空科学技术产生影响,同样对飞机运行技术产生影响。1920年12月14日发生了世界民航史上首次载客飞行事故:一架汉·佩奇客机从英国的克里克尔伍德机场起飞后坠毁,造成2名飞行员和2名旅客死亡,该起事故是大雾引起飞行员目视情况不佳所导致。受该起航空事故的影响,1923年美国的犹他州在地面建设了若干标志物,为空中的邮递运输提供导航服务(见图1-10);1929年,人类完成了第一次仪表盲降飞行:吉米杜立特驾驶一架经过改装的NY-2教练机,使用加装的无线电高度表、无线电信标和地平仪,完成了完全不依赖目视帮助的飞行全过程。仪表盲降飞行大大提高了飞机在目视条件不佳情况下着陆的安全性。基于无线电通信设备和技术的发展,1935年在美国纽瓦克机场,建立了世界上第一个空中交通管制塔台[21]。

图1-10 地面标志物

1956年6月30日,美联航718航班在从洛杉矶飞往芝加哥的途中与环球航空的一架飞机在大峡谷上空发生相撞。此次空难促使民航管理当局投资2.5亿美元用于升级空中交通管理系统。47年来,美国没有再发生大型飞机相撞事件。此次空难也推动了美国在1958年成立联航航空局(FAA)以全面监察航空安全。

1978年12月28日,美联航173号班机的一架DC-8飞机准备降落波特兰国际机场,机上共有181名乘客,机组人员试图排除起落架存在的一个故障却没有成功,飞机在机场周围盘旋了一个多小时,尽管机上的机械师温和地提醒机长燃油正在迅速减少,但是机长过了很久才开始最终的进近。这架DC-8由于燃油耗尽坠毁在郊区,造成10人死亡。此后,美联航根据当时最新的机组资源管理(CRM)的理念对其机组的培训程序进行了修改,改变了传统的"机长就是王道"的航空业阶层观念。CRM高度强调机组人员之间的团队合作和有效沟通,后来整个行业都采纳了这一标准。美联航的机长Al·Haynes表示"这真的是很有成效",1989年他依靠调整引擎推力改变飞行方向,在无舵面工作的情况下操纵DC－10飞机在衣阿华州苏城紧急迫降,机身翻覆,虽造成285名乘客中有111人丧生,1名乘务人员丧生,但总算成功迫降。他表示:"如果没有CRM训练,我们几乎不可能完成迫降"。

　　在1988年4月28日,阿罗哈航空243号班机执飞夏威夷希洛至檀香山,这是一架机龄19年的波音B737飞机,飞机在24 000 ft的高空发生爆裂性失压,导致头等舱部位的上半部外壳完全破损(见图1－11)。幸运的是,剩下的机身在飞机安全降落前并没有发生解体,只有一名乘务员被吸出机舱丧生。美国交通运输安全委员会(NTSB)归咎于裂缝氧化导致金属疲劳,这架老龄飞机已经执行了超过89 000个航班。就此,FAA从1991年开始启动了国家老龄化机队研究项目,提高了对老飞机的检查和维修要求。

图1－11　阿罗哈航空243号班机

1.3.3　飞行事故对航空法规的影响

　　航空法规是民航安全运输业的基石。纵观航空史,航空法规的丰富和完善很大程度上来自飞行事故暴露的飞行安全和运营安全问题。每一次事故发生后,人们都会详尽调查事故的发展过程、主要原因及可能的诱因,并根据调查结果发布规章制度或技术标准的修改建议。航空法规就在不断总结教训的过程中不断完善。

　　《国际民航公约》是国际通用的民用航空法规,其包含18个附件,涵盖对飞机运行、飞机合格审定、飞行事故调查、飞行安全保卫以及环境保护等各个方面的要求。除此以外,各个国家制定有自己的航空法规,如美国有《美国联邦航空条例》(*Federal Aviation Regulations*,FAR)。我国涉及民用航空的法律法规有多部。最高等级的法规为全国人大会议审议的《中华人民共和国民用航空法》,其次为由国务院颁布的《中华人民共和国航空器适航管理条例》。具体指导航空活动的法规,包括由民用航空局发布的《民用航空管理规章》(CCAR)以及一些由民航局下属的相关司局发布的规范性文件,包括管理程序(AP)、咨询通告(AC)及工作手册(WM)等。由于我国的民航运输业起步较晚,在航空运营、航空设计制造、飞行事故调查方面的经验不够丰富,所以我国的航空管理条例基本是参照航空发达国家(如美国)制定形成的。

FAR-25 部是美国联邦航空局发布的运输类飞机适航标准。从 2001 年 1 月—2008 年 9 月,美国联邦航空局对 FAR 25 共发布了 25 项修正案,即修正案 25-101 至修正案 25-125,其修订内容涉及 24 项(见表 1-1)。这些修订案基本都来源于飞行事故[22]。

表 1-1　2001.01—2008.09 美国联邦航空局发布的对 FAR-25 部的修正案

修正案编号	标　　题	条数	生效日期
Amdt. 25-101	安装动力装置的防火要求	1	2001.01.18
Amdt. 25-102	燃油箱系统设计评估,抑制可燃性,维修和检查的要求	2	2001.06.06
Amdt. 25-103	起落架减震试验要求	4	2001.06.15
Amdt. 25-104	液压系统适航标准	1	2001.06.15
Amdt. 25-105	飞机运营限制规定和飞机飞行手册要求	5	2001.07.26
Amdt. 25-106	驾驶舱设计的保安事项	2	2002.01.15
Amdt. 25-107	刹车系统适航标准	2	2002.05.24
Amdt. 25-108	失速速度	24	2002.12.26
Amdt. 25-109	空速指示系统要求	1	2003.01.13
Amdt. 25-110	下层服务舱	1	2003.07.21
Amdt. 25-111	隔热隔音材料的可燃性标准	4	2003.09.02
Amdt. 25-112	材料强度性能和设计许用值要求	1	2003.09.04
Amdt. 25-113	电气设备和装置,蓄电池装置,电子设备和电气系统部件的防火保护	3	2004.04.15
Amdt. 25-114	舱门设计标准	5	2004.06.02
Amdt. 25-115	飞行要求;动力装置安装要求;公共广播系统;配平系统及氧气设备防护和动力装置控制	12	2004.08.02
Amdt. 25-116	客舱安全要求	7	2004.11.26
Amdt. 25-117	应急撤离演示程序	1	2004.12.17
Amdt. 25-119	飞行制导系统标准	2	2006.05.11
Amdt. 25-120	多发飞机的延程运行(ETOPS)	5	2007.02.15
Amdt. 25-121	飞机结冰条件下的性能和操纵品质	18	2007.10.09
Amdt. 25-122	航空器电子电气系统的 HIRF 防护	2	2007.09.05
Amdt. 25-123	飞机系统的适航大纲/燃油箱安全	33	2007.12.10
Amdt. 25-124	驾驶舱录音机和数字飞行记录器标准	2	2008.04.07 2009.07.09
Amdt. 25-125	降低燃油箱爆炸的概率	10	2008.09.19

比如 Amdt. 25-104 修正案——液压系统适航标准(生效于 2001 年 6 月 15 日),就来源于表 1-2 中所示的由同一原因引起的 3 起飞行事故。

表 1-2　Amdt. 25-104 修正案关联事故

事故名称	事故日期	死亡人数	机型	事故原因	备注
联合航空 585 号班机事故	1991/3/3	25		垂直尾翼液压装置设计有缺陷，因极端温差卡住	调查历时 1 年 9 个月未查出事故原因
全美航空 427 号班机事故	1994/9/8	132	B737		与联合航空 585 号并案调查，但仍未确定原因
东风航空 517 号班机事故	1996/6/9	0			3 起事故并案调查，最终确定事故原因。历时四年半，成为史上时间最长的航空事故调查

飞行事故除影响飞机适航条例外，对涉及航空的方方面面的法律和规定都会产生影响。受全美航空 427 号班机事故飞行事故影响，为了安抚遇难者家属，并解决与航空公司的冲突，美国国会通过了《空难家庭援助法案》。受"9·11 事件"的影响，国际民航组织建议增加一些安全要求到各国的航空公司运行合格审定条件文件中。根据国际民航组织的建议，我国在对《大型飞机公共航空运输承运人运行合格审定规则》进行升版时，就增加了对"机组成员的保安训练要求"的条款。

1.4　飞行安全和事故统计分析

人们从各种各样的角度对民用航空进行统计，这些统计数据非常有意义。至今，每年无论是官方的国际组织如国际民用航空组织（ICAO），还是非官方的国际组织如国际航空运输协会（IATA），包括一些地区的机构如欧洲航空安全局（EASA）以及各国的民用航空管理部门如中国民用航空管理局（CAAC）都会发布民用航空运输和飞行安全状况的统计报告。另外，一些主要飞机制造商如波音和空客公司也会不定期发布统计报告。对全球各地区的航空安全状况统计有助于发现全球航空安全管理的"薄弱区"。对飞行事故因素和飞行事故发生阶段的统计，给航空从业者和航空安全运营起警示和参考作用。关于全球最安全的 10 家航空公司给出了航空安全运营的榜样。惨痛的飞行事故构成了航空安全的历史。

1.4.1　地区航空安全状况的统计

由于各地区经济发展状况和航空运营水平的不同，各地区的飞行安全状况有所差异。国际民航组织在统计地区飞行安全状况时，先综合考虑地理、经济和文化等因素，对全球的所有国家和地区进行了划分，共分为 5 个统计区（见图 1-12）：①美洲区，②欧洲区，③中东区，④非洲区，⑤亚洲和太平洋区。这 5 个地区近四年的飞行事故数如图 1-13 所示，飞行事故率（每百万架次事故率）如图 1-14 所示。近四年，美洲发生的飞行事故数最多，这主要是基于美洲庞大的航空运营规模。从事故率上讲，非洲地区的飞行事故率最高，且远远高于其他地区。其他 4 个地区的飞行事故率基本持平[23]。

图 1-12　地区的划分

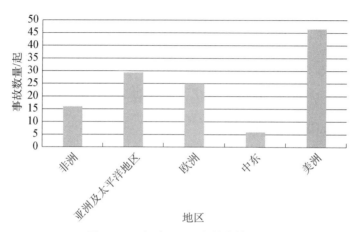

图 1-13　各地区近四年的事故数量

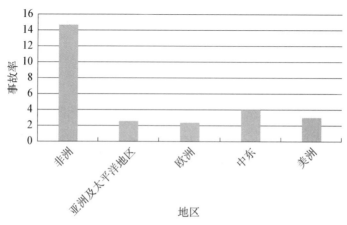

图 1-14　各地区近四年的事故率

各地区安全状况之间的巨大差异,正是执行航空安全标准存在差异的体现。进入 20 世纪 70 年代中期以后,航空运输成为大众出行和全球运输的重要交通工具,地区安全水平之间的差异已成为影响全球航空安全的重要因素。为进一步提高全球的航空安全水平,需要重点督促飞行安全状况较差的地区做好安全运营工作。1990 年以来,国际民航组织和发达国家推出了一系列措施提高各地区航空公司的安全运营水平。通过对发生过重大飞行事故的航空公司施加压力,迫使其提高航空安全执行标准。如 1992 年美国联邦航空局建立了国际航空安全评定计划,检查与美国签订双边航空协定国家民航局的安全监督计划。1998 年,国际民航组织对成员国民航局及其全部永久性航空设施进行了强制性安全检查,对存在的问题提出意见并限时改正。

1.4.2　飞行事故发生阶段的统计

本条按照飞机的飞行阶段,对近 20 年各飞行阶段的事故发生比例做了统计。

首先是飞机飞行阶段的定义:

停机　这个阶段的结束和开始分别对应飞机开始或停止前进的动力。

滑行　这个阶段同时包含飞机的滑出和滑入。滑出阶段开始于飞机在自己动力下向前滑行,结束于飞机到达起飞位置。滑入一般开始于飞机着陆滑跑结束,结束于飞机到达停机区域。

起飞　这个阶段开始于机组人员为了起飞而增加推力,结束于到达安全高度或者中断起飞。

中断起飞　这个阶段开始于机组人员减小推力以终止起飞。

初始爬升　这个阶段开始于飞机到达安全高度,结束于飞机爬升至巡航段的开始。

爬升至巡航　这个阶段开始于机组人员控制飞机向巡航高度爬升,结束于到达巡航高度。

巡航　这个阶段开始于飞机到达最初的巡航高度,结束于飞机开始下降。

初始下降　这个阶段开始于飞机离开巡航高度开始下降,结束于机组人员改变飞机构型准备着陆。

进近　这个阶段开始于机组人员改变飞机构型准备着陆,结束于飞机开始着陆。

复飞　这个阶段开始于机组人员终止着陆计划,结束于飞机爬升到一个指定的高度。

着陆　这个阶段开始于机组人员控制飞机进行着陆,结束于飞机的速度减小到滑行速度。

图 1-15 和图 1-16 分别为致死飞行事故和飞机报废飞行事故发生在各飞行阶

段的比例。致死事故中有 32% 的事故发生在进近阶段；飞机报废事故中有 44% 的
事故发生在着陆阶段。

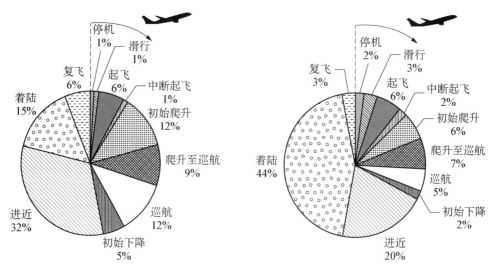

图 1‑15 致死事故中发生在各飞行阶段的 比例

图 1‑16 飞机报废飞行事故发生在各飞行阶 段的比例

总的来说，无论是致死飞行事故还是报废飞行事故，进近和着陆阶段的事故比例
非常高，两者之和占到了一半。航空安全工作需要重点关注飞行的进近和着陆阶段。

1.4.3 引发飞行事故主要因素的统计与分析

引发飞行事故的因素有很多，航空安全网（https://aviation-safety.net）归纳了
以下 13 项引发飞行事故的主要因素。

1) 飞机系统（airplane system）

飞机系统引发的因素包括机身失效、设计错误、发动机、操纵舵面、仪表、增压
舱、系统、起落架等。

2) 空中交通管制和导航（ATC & navigation）

空中交通管制和导航引发的因素包括空中交通管制和导航中语言/通信、仪表
气象条件下目视飞行、错误或没有理解指令等问题。

3) 货物（cargo occurrences）

货物引发的因素包括货物装配、起火、过载等问题。

4) 碰撞（collisions）

引发飞行事故的碰撞包括在地面和飞行中与其他飞机的碰撞、鸟撞及与其他目
标的碰撞。

5) 外部因素（external factors）

外部因素包括外来物损坏、尾流等原因。

6) 飞行机组(flight crew)

飞行机组引发的因素包括其成员受酒精/药物作用、精神状态不佳、不遵守程序、疲劳等问题。

7) 火灾(fire)

引发飞行事故的火灾包括机库、地面及飞行中发生的火灾。

8) 起飞/着陆(take off/landing)

起飞/着陆引发的因素包括重着陆、擦尾、错误起飞构型、中断起飞、跑道错误等问题。

9) 维修(maintenance)

维修引发的因素包括错误安装部件、适航指令或服务通告失效等原因。

10) 意外结果(unexpected result)

意外因素包括可控飞行撞地(CFIT)、应急着陆、失控等问题。

11) 安保(security)

安保引发的因素包括劫机、爆炸物等事故。

12) 天气(weather)

天气引发的因素包括冰、闪电、暴雨、湍流、风切变等问题。

13) 未知因素(unknown)

不能确定的因素。

《民用飞机事故/事故征候统计与分析手册》收集了美国国家地理纪录片 Air Crash Investigation 第 1 季～第 10 季(2003—2011 年)、民航安全科学研究所《世界民航事故调查跟踪》第 1～42 期(2010—2012 年),以及民航官方网站共计 345 起飞行事故/事故征候。按照以上 13 类事故因素进行了归类统计,结果如图 1 - 17 所

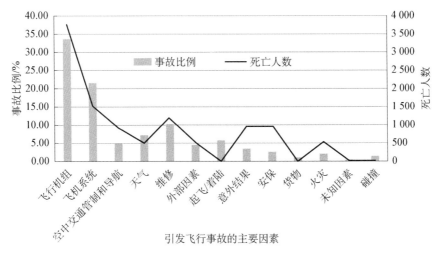

引发飞行事故的主要因素

图 1 - 17　各影响因素下发生事故的比例以及死亡人数

示。其中影响航空安全的主要因素有飞行机组、飞机系统、空中交通管制和导航、天气和维修[24]。

　　图 1-17 统计的飞行事故包括一定量的早期的飞行事故。实际上,随着航空制造水平的提高以及航空运行能力的提升,近些年来,影响航空安全的主要因素已经发生了变化和转移。1994—2013 年这十年间飞行事故发生因素的数据如图 1-18 所示,在致死飞行事故的统计结果中,影响飞行安全的主要因素有失去对飞机的控制(loss of control in flight,LOC-I,占 34%)、可控接地(control flight into terrain,CFIT,占 21%)、偏离跑道或冲出跑道(runway excursion,RE,占 11%)。在飞机报废事故的统计结果中,影响飞行安全的主要因素有偏离跑道或冲出跑道(runway excursion,RE,占 29%)、非正常着陆(abnormal runway contact,ARC,占 20%)、失去对飞机的控制(loss of control in flight,LOC-I,占 11%)、飞机结构或者系统失效(system/component failure or malfunction,SCF,占 10%),可控接地(control flight into terrain,CFIT,占 10%)。

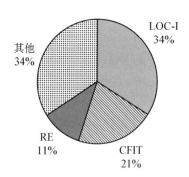 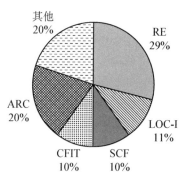

图 1-18　致死事故中各影响　　　　图 1-19　飞机报废事故中各影
　　　　　因素占比　　　　　　　　　　　　响因素占比

　　图 1-18 和图 1-19 是 1994—2013 年 10 年内总体的统计结果,图 1-20 和图 1-21 则分别统计了 1994—2013 每年致死事故和飞机报废事故中 CFIT(可控接地)、LOC-I(失去对飞机的控制)以及 RE(偏离跑道或冲出跑道)这 3 种主要事故因素的比例。在致死事故统计结果中,截至 2013 年,3 项主要因素的事故比例之和由 1994 年的 50% 减小至 20% 以内,且每项的事故比例都小于 10%。在飞机报废事故统计结果中,3 项主要因素的事故比例和由 1994 年的 80% 减小至 45% 左右,除失去控制外,其余两项的事故比例均减小至 10% 以内。实际上,事故比例高的因素会受到重视,人们会想方设法降低这类因素引起的飞行事故,随着时间的推移,这类飞行事故比例会逐渐减小至 10% 以内。也就是说,随着航空技术和商业航空运营水平的进一步提高,各因素的事故比例均会逐渐减少至 10% 以内,影响航空安全的主要因素将越来越少。

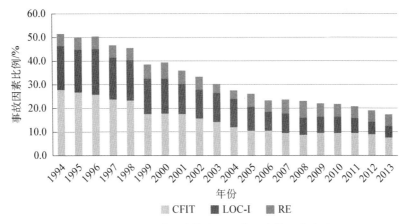

图 1‐20　飞机致死事故中 3 项主要事故因素占比

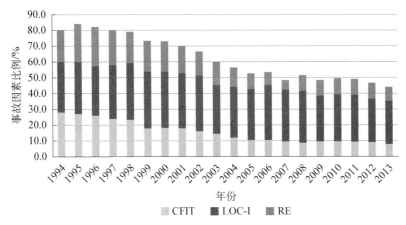

图 1‐21　飞机报废事故中 3 项主要事故因素占比

1.4.4　全球最安全航空公司前 10 名

基于全球 449 家航空公司的飞行安全数据,以及国际民航组织(ICAO)等航空监管机构和各国政府的安全审计,非商业营利的国际独立航空评级网站 www. airlineratings. com 评选出了最安全的 10 家航空公司和 10 家廉价航空。最安全航空公司的运营和管理模式值得业界的其他航空公司借鉴[25]。

NO. 10　美国航空(American Airlines)

美国航空是世界最大的航空公司,共飞往 50 多个国家和地区的 260 多个城市。机队由近 900 架飞机组成,每日从芝加哥、达拉斯、沃斯堡、洛杉矶、迈阿密和纽约五大枢纽起飞的航班数量超过 3 500 个,国际航线接近 100 条。

NO. 9　荷兰皇家航空(KLM)

荷兰皇家航空总部设于阿姆斯特丹,是天合联盟成员之一。以经营收入计算,

Air France-KLM 是世界上最大的航空公司,而以收入-乘客-公里计算,则是世界第三以及欧洲最大的航空公司。荷航有较好的安全记录,仅发生过个别空难。

NO.8　长荣航空(EVA Air)

我国台湾地区的长荣航空自 1989 年成立至今未发生任何致人死亡的飞行事故。该公司也因此连续 10 年被德国知名航空杂志 *AERO International* 评选为"十大最安全航空公司"。长荣航空为旅客提供遍及全球 195 国、将近 1 400 个航点,以及每天超过 21 900 个航班的便捷服务。

NO.7　阿提哈德航空(Etihad)

阿提哈德航空是阿联酋第二大航空公司,仅次于总部位于迪拜的阿联酋航空。阿提哈德航空的飞机往返于中东、非洲、欧洲、亚洲、大洋洲和北美洲的 86 个客运和货运目的地。其航班至今也没有造成过任何生命损失。

NO.6　阿联酋航空(Emirates)

阿联酋航空是全球发展最快的航空公司之一,是世界为数不多的清一色大型飞机的航空公司。除此之外,阿联酋航空拥有最年轻及现代化的机队,客机平均机龄只有 55 个月,被称为航空界的"土豪"。重点是阿联酋航空经营以来仅发生过两起事故。

NO.5　国泰航空(Cathay Pacific Airways)

我国香港地区的国泰航空成立于 1946 年,该公司最近的一次航班事故发生在 1972 年,此后几十年间,国泰航空保持着完美的飞行记录。国泰航空强调把乘客安全放在首位,一旦出现任何怀疑令航班不适合运作情况都不会飞行,机队的维修及保养工作严谨。

NO.4　全日空航空(All Nippon Airways)

日本全日空是亚洲最大的航空公司之一,是一家 5 星级航空公司。全日空经营理念其中有一条是"在安全可靠的基础上,全日空集团将保持对安全性的最高重视";自 1999 年,机长被劫机者杀害之后没有造成其他伤亡事故。

NO.3　新西兰航空(Air New Zealand)

新西兰航空公司从 1965 年开始运营,最后一次事故发生在 1979 年,从那以后,在 150 万次的客运飞行中没有发生过任何事故。新西兰航空提供新西兰国内和往返澳大利亚、西南太平洋、亚洲、北美和英国等国际航线的旅客和货物航空运输服务。

NO.2　新加坡航空(Singapore Airlines)

新加坡航空成立于 1947 年,枢纽机场在新加坡樟宜国际机场,在东南亚、东亚、南亚和"袋鼠航线"拥有强大的市场。新加坡航空一直被誉为最舒适和最安全的航空公司之一,被称为最安全的航空公司的主要原因是公司拥有最年轻的飞机群,飞机的平均机龄为 6.6 年。

NO.1 澳大利亚航空(Qantas)

澳大利亚航空公司击败全球 400 多家航空公司,连续三年蝉联桂冠。澳大利亚航空公司于 1920 年在澳大利亚昆士兰州创立,是全球历史最悠久的航空公司之一,自运行喷气式客机以来从未发生过导致死亡的意外事故。澳大利亚航空的袋鼠标志,象征着可靠、安全、先进技术及优质服务(见图 1-22)。

图 1-22 澳大利亚航空运营想象图

1.4.5 死亡人数最多的飞行事故前 20 名

在航空发展的这一百年间,发生民用航空定期航班飞行事故上千起,死亡人数达数万人。飞行事故给人们敲响了警钟,使人们高度重视飞行安全问题。事故死亡人数是表征飞行事故严重程度的重要指标,航空安全网按照飞行事故死亡人数(这里统计的死亡人数只包括死亡的乘客和机组人员人数,不包括地面死亡人员数量)统计了航空史上死亡人数最多的 20 起飞行事故[26]。

NO.20 230 人——1996 年美国

1996 年 7 月 17 日,环球航空公司一架波音 B747 客机在美国纽约长岛附近爆炸,坠入大西洋,230 人丧生。最终的调查报告在 2000 年 8 月 23 日公布。该报告总结客机坠毁的原因有可能是油箱内的燃油气雾被电线短路所产生的火花点燃而导致爆炸;爆炸的冲击力破坏油箱附近的机身结构,最终导致飞机解体。

NO.19 234 人——1997 年印尼

1997 年 9 月 26 日,印度尼西亚鹰航(嘉鲁达航空)一架空客 A300 航班在印尼棉兰机场附近坠毁,234 人死亡。失事与棉兰上空烟雾弥漫、能见度低等因素有关。

NO.18 239 人——2014 年南印度洋

2014 年 3 月 8 日,马来西亚航空公司的一架 B777 飞机由吉隆坡前往北京的过程中失踪。2015 年 1 月 29 日,即客机失踪 10 个月后,马来西亚民航局代表马来西亚政府正式宣布航班失事,机上 239 人全数罹难。该空难为商业航班空难事故史上,唯一未能确定具体失事地点的事故。

NO.17　256 人——1985 年加拿大

1985 年 12 月 12 日,一架飞箭航空的 DC-8 型飞机从加拿大起飞前往坎贝尔堡不久即失速坠毁,机上 256 人全部罹难。负责对此次空难进行调查的加拿大航空安全局(CASB)认为,事故原因很有可能是机翼前缘产生了大气结冰,从而使飞机出现出乎意料的阻力增加而升力降低的情况。

NO.16　257 人——1979 年新西兰

1979 年 11 月 28 日,新西兰航空的一架 DC-10 飞机在进行定期的南极洲观光时,在埃里伯斯火山山腰坠毁,机上 257 人全部死亡。事后官方调查指出机长把飞机下降至低于飞行安全条例规定的下限导致意外。

NO.15　259 人——1988 年苏格兰

1988 年 12 月 21 日,一架泛美航空的 B747 正在执行法兰克福—伦敦—纽约—底特律航线上的飞行任务。该飞机成为恐怖袭击的目标,飞机在苏格兰边境小镇洛克比(Lockerbie)上空时发生爆炸事故,共造成 259 名机上人员死亡。

NO.14　260 人——2001 年美国

2001 年 11 月 12 日,一架美国航空的空客 A300 客机从纽约肯尼迪国际机场出发前往多米尼加共和国首都圣多明哥,飞机起飞后不久即坠毁,造成机上 251 名乘客以及 9 名机组人员死亡。事后官方调查指出飞机进入了前面一架飞机的尾流而飞行员操纵失误造成了空难。

NO.13　261 人——1991 年沙特阿拉伯

1991 年 7 月 11 日,一架尼日利亚航空的 DC-8 客机从沙特阿拉伯阿卜杜勒-阿齐兹国王国际机场起飞时,由于机轮充气不足引发轮胎摩擦自燃。飞机机轮收起后引燃飞机液压和电力系统,并最终使飞机结构失效。事故导致机上 261 人全部遇难。

NO.12　264 人——1994 年日本

1994 年 4 月 26 日,一架中国台湾中华航空公司的空客 A300 客机从台北飞往日本名古屋。当飞机到达名古屋上空准备着陆时,由于飞行员误操作造成飞机坠毁。机上全部 271 名乘客和机组人员中,有 264 名死亡。

NO.11　269 人——1983 年苏联

1983 年 9 月 1 日,一架大韩航空公司的波音 B747 客机从美国返回韩国途经苏联库页岛上空时,被苏军米格-23 战斗机发射空对空导弹击落。机上 269 名乘客和机组人员全部死亡。

NO.10　271 人——1979 年美国

1979 年 5 月 25 日,一架美利坚航空公司的 DC-10 客机在芝加哥机场起飞准备飞往洛杉矶。飞机起飞并飞到 100 多米高时，一台发动机脱落导致飞机失速坠毁。机上 271 名乘客和机组人员全部死亡。

NO.9 275 人——2003 年伊朗

2003 年 2 月 19 日，一架伊朗陆军航空兵部队的 IL－76 运输机从扎黑丹飞往克尔曼时坠毁于克尔曼东南 35 km 处。当时坠毁区域曾发布强风预告，大约同一时间当地村民听到巨大爆炸声。此次事故共造成 275 人死亡。

NO.8 290 人——1988 年阿联酋

1988 年 7 月 3 日，一架伊朗航空公司的 A300B 型客机在飞往阿拉伯联合酋长国迪拜途中，被美国海军误认为是一架军用飞机，发射地空导弹将其击中坠毁。机上 290 名机组人员和乘客全部死亡。

NO.7 298 人——2014 年乌克兰

2014 年 7 月 17 日，一架马来西亚航空公司的 B777 型客机执行从阿姆斯特丹飞往吉隆坡的任务中，在乌克兰境内靠近俄罗斯边境发生坠毁事件。乌克兰官员称，坠毁的马来西亚客机在乌克兰东部大约 1 万米高空遭击落，击落它的是"布克"地对空导弹。机上 298 人（包括 3 名婴儿在内的 283 名乘客和 15 个机组人员）全部遇难。

NO.6 301 人——1980 年沙特

1980 年 8 月 19 日，一架沙特阿拉伯航空公司的洛克希德 L－1011 客机从巴基斯坦卡拉奇出发经沙特阿拉伯首都利雅德前往吉达。在利雅德机场起飞后，货舱着火，接着一台发动机也起火。飞机在返回机场迫降后滑行期间，机舱内起火。这次事故 301 名乘客和机组人员全部死亡。

NO.5 329 人——1985 年大西洋

1985 年 6 月 23 日，一架印度航空公司的波音 B747－237B 型飞机从加拿大多伦多机场起飞，准备飞往英国伦敦。飞机在大西洋上空因爆炸坠毁，329 名乘客和机组人员全部死亡。

NO.4 346 人——1974 年法国

1974 年 3 月 3 日，一架土耳其航空公司的 DC－10 客机在巴黎机场起飞后不久，两台发动机先后停机，飞机坠毁，共有 346 名乘客和机组人员死亡。

NO.3 349 人——1996 年印度

1996 年 11 月 12 日：沙特的一架波音 B747 飞机离开新德里后，在空中与一架哈萨克斯坦航空公司的伊尔-76 飞机相撞，两架飞机上的 349 人全部死亡。

NO.2 520 人——1985 年日本

1985 年 8 月 12 日，一架日本航空公司的波音 B747SR 飞机在东京机场起飞 12 min 后发生撞山坠毁事故，机上 15 名机组人员和 509 名乘客中 505 名死亡，总死亡人数为 520 名。

NO.1　583 人——1977 年西班牙

1977 年 3 月 27 日发生了航空史上最严重的一次事故，一架美国泛美航空公司的波音 B747 和一架荷兰皇家航空公司的波音 B747 飞机在西班牙洛斯罗德奥斯机场发生地面相撞事故，致使 583 人死亡。

2 飞机安全与事故调查相关法规

2.1 飞机安全相关法规概述

世界各国对飞机安全相关的立法规定各不相同。本书仅对中国的飞机安全法规体系进行概括。

中国飞机安全相关法规的基础是《中华人民共和国民用航空法》。《中华人民共和国民用航空法》是维护国家的领空主权和民用航空权利、保障民用航空活动安全有秩序进行、保护民用航空活动当事人的合法权益、促进民用航空事业的发展而制定的法律。该法由第八届全国人民代表大会常务委员会第十六次会议1995年10月30日经审议通过,自1996年3月1日实施。当前有效版本经2015年4月24日第十二届全国人民代表大会常务委员会第十四次会议修正。

以《中华人民共和国民用航空法》为基础,中国国务院制定了《中华人民共和国飞行基本规则》《中华人民共和国民用航空安全保卫条例》《中华人民共和国民用航空器国籍登记条例》《中华人民共和国民用航空器权利登记条例》《中华人民共和国民用航空器适航管理条例》《通用航空飞行管制条例》《民用航空运输不定期飞行管理暂行规定》等多部行政法规,进一步细化了空域使用、航空器登记、管理、管制等规定。

以《中华人民共和国民用航空法》以及国务院颁布的行政法规为基础,中国民航局进一步细化了航空器审定、运行等多方面管理的民航规章。民航规章统一以China Civil Aviation Regulations的首字母为缩写,加阿拉伯数字表示编号,再加R和阿拉伯数字表示改版。如CCAR - 21 - R3表示《民用航空产品和零部件合格审定规定》的第3次改版。民航规章分为行政程序规则、航空器、航空人员、一般运行规则、民航企业合格审定及运输、其他单位的合格审定及运行、民用机场建设和管理、委任代表规则、航空保险、综合调控规划、航空基金、航空运输规划、航空安保、科技和计量标准、航空器搜寻救援和事故调查等大类。具体规章条款如表2-1所示。

表 2－1　中国民航规章列表

规 章 编 号	规 章 名 称
行政程序规则(1~20部)	
CCAR－11LR－R2	中国民用航空总局规章制定程序规定
CCAR－12LR－R1	中国民用航空总局职能部门规范性文件制定程序规定
CCAR－13	民用航空行政检查工作规则
CCAR－14－R1	民用航空行政处罚实施办法
CCAR－15	民用航空行政许可工作规则
CCAR－17	民航行政机关行政赔偿办法
CCAR－18－R2	中国民用航空监察员规定
CCAR－19	民航总局行政复议办法
航空器(21~59部)	
CCAR－21－R3	民用航空产品和零部件合格审定规定
CCAR－23－R3	正常类、实用类、特技类和通勤类飞机适航规定
CCAR－25－R2	运输类飞机适航标准
CCAR－25－R4	运输类飞机适航标准
CCAR－26	运输类飞机的持续适航和安全改进规定
CCAR－27－R1	正常类旋翼航空器适航规定
CCAR－29－R1	运输类旋翼航空器适航规定
CCAR－31	载人自由气球适航规定
CCAR－33－R1	航空发动机适航标准
CCAR－34	涡轮发动机飞机燃油排泄和排气排出物规定
CCAR－35	螺旋桨适航标准
CCAR－36－R1	航空器型号和适航合格审定噪声规定
CCAR－37AA	民用航空材料、零部件和机载设备技术标准规定
CCAR－39AA	民用航空器适航指令规定
CCAR－43	维修和改装一般规则
CCAR－45－R1	民用航空器国籍登记规定
CCAR－49	中华人民共和国民用航空器权利登记条例实施办法
CCAR－53	民用航空用化学产品适航规定
CCAR－55	民用航空油料适航规定
航空人员(60~70部)	
CCAR－60	飞行模拟设备的鉴定和使用规则
CCAR－61－R2	民用航空器驾驶员、飞行教员和地面教员合格审定规则
CCAR－62FS	中国民用航空飞行人员训练管理规定
CCAR－63FS	民用航空器领航员、飞行机械员、飞行通信员合格审定规则
CCAR－65FS－R1	民用航空飞行签派员执照管理规则
CCAR－65TM－Ⅲ－R3	民用航空情报员执照管理规则
CCAR－65TM－Ⅱ－R2	民用航空气象人员执照管理规则

（续表）

规 章 编 号	规 章 名 称
CCAR-65TM-I-R2	民用航空电信人员执照管理规则
CCAR-65TM-TV	民用航空航行情报人员岗位培训管理规定
CCAR-66-R1	民用航空器维修人员执照管理规则
CCAR-66TM-I-R3	民用航空空中交通管制员执照管理规则
CCAR-67FS-R1	中国民用航空人员医学标准和体检合格证管理规则
CCAR-69	航空安全员合格审定规则
CCAR-70TM	中国民用航空空中交通管制岗位培训管理规则
空域、导航设施、空中交通规则和一般运行规则（71～120部）	
CCAR-71	民用航空使用空域办法
CCAR-73	民用航空预先飞行计划管理办法
CCAR-85	民用航空空中交通管理设备开放、运行管理规则
CCAR-87	民用航空空中交通通信导航监视设备使用许可管理办法
CCAR-91-R2	一般运行和飞行规则
CCAR-91FS-II	中国民用航空仪表着陆系统II类运行规定
CCAR-93TM-R3	中国民用航空空中交通管理规则
CCAR-93TM-R4	关于修订《中国民用航空空中交通管理规则》的决定
CCAR-97FS-R1	航空器机场运行最低标准的制定与实施规定
CCAR-97FS-R2	中国民用航空总局关于修订《航空器机场运行最低标准的制定与实施规定》的决定
CCAR-98TM	平行跑道同时仪表运行管理规定
CCAR-115TM	中国民用航空通信导航雷达工作规则
CCAR-116	民用航空气象探测环境管理办法
CCAR-117-R1	中国民用航空气象工作规则
CCAR-118TM	中国民用航空无线电管理规定
CCAR-119TR-R1	外国航空运输企业不定期飞行经营许可细则
民用航空企业合格审定及运输（121～139部）	
CCAR-121-R4	大型飞机公共航空运输承运人运行合格审定规则
CCAR-121AA	民用航空器运行适航管理规定
CCAR-129	外国公共航空运输承运人运行合格审定规则
CCAR-135	小型航空器商业运输运营人运行合格审定规则
CCAR-135TR-R3	通用航空经营许可管理规定
CCAR-137CA-R2	民用机场专用设备使用管理规定
CCAR-139CA-R1	民用机场使用许可规定
CCAR-139-II	民用运输机场应急救援规则
CCAR-139SB	中国民用航空安全检查规则
学校、非航空人员及其他单位的合格审定及运行（140～149部）	
CCAR-140	民用机场运行安全管理规定

（续表）

规 章 编 号	规 章 名 称
CCAR - 141	民用航空器驾驶员学校合格审定规则
CCAR - 142	飞行训练中心合格审定规则
CCAR - 145 - R3	民用航空器维修单位合格审定规定
CCAR - 147	民用航空器维修培训机构合格审定规定
民用机场建设和管理（150～179 部）	
CCAR - 158	民用机场建设管理规定
CCAR - 165	民航专业工程质量监督管理规定
委任代表规则（180～189 部）	
CCAR - 183AA	民用航空器适航委任代表和委任单位代表的规定
CCAR - 183FS	民用航空飞行标准委任代表和委任单位代表管理规定
CCAR - 183SE	中国民用航空计量技术委任代表和委任单位代表规定
航空保险（190～199 部）	
暂未发布	
综合调控规划（201～250 部）	
CCAR - 201	公共航空运输企业经营许可规定
CCAR - 201LR	外商投资民用航空业规定
CCAR - 201LR - R1	《外商投资民用航空业规定》的补充规定
CCAR - 201LR - R2	《外商投资民用航空业规定》的补充规定（二）
CCAR - 201LR - R3	《外商投资民用航空业规定》的补充规定（三）
CCAR - 209	国内投资民用航空业规定（试行）
CCAR - 212	外国航空运输企业常驻代表机构审批管理办法
CCAR - 229	民用航空企业机场联合重组改制管理规定
CCAR - 241 - R1	中国民用航空统计管理办法
CCAR - 243	民用航空财经信息采集办法
航空基金（251～270 部）	
CCAR - 252FS	民用机场和民用航空器内禁止吸烟的规定
航空运输规划（271～325 部）	
CCAR - 271TR - R1	中国民用航空旅客、行李国内运输规则
CCAR - 271TR - R2	中国民用航空总局关于修订《中国民用航空旅客、行李国内运输规则》的决定
CCAR - 272TR - R1	中国民用航空旅客、行李国际运输规则
CCAR - 274	中国民用航空货物国际运输规则
CCAR - 275TR - R1	中国民用航空货物国内运输规则
CCAR - 276	中国民用航空危险品运输管理规定
CCAR - 277TR	定期国际航空运输管理规定

(续表)

规 章 编 号	规 章 名 称
CCAR - 285	非经营性通用航空登记管理规定
CCAR - 287	外国航空运输企业航线经营许可规定（附英文译稿）
CCAR - 289TR - R1	中国民用航空国内航线经营许可规定
CCAR - 312 - R1	民用航空运输凭证印制管理规定
航空安保（326～355 部）	
CCAR - 331SB - R1	民用机场航空器活动区道路交通安全管理规则
CCAR - 332	公共航空旅客运输飞行中安全保卫规则
科技和计量标准（356～390 部）	
CCAR - 359SE	民用航空科学技术成果鉴定办法
CCAR - 359SE - I - R1	中国民用航空总局科学技术奖励办法
CCAR - 375SE	中国民用航空标准化管理规定
CCAR - 379SE	中国民用航空计量管理规定
CCAR - 381SE	中国民用航空部门计量检定规程管理办法
航空器搜寻救援和事故调查（391～400 部）	
CCAR - 395 - R1	民用航空器事故和飞行事故征候调查规定
CCAR - 396 - R3	民用航空安全信息管理规定
CCAR - 397	民用航空应急管理规定
CCAR - 399	民用航空器飞行事故应急反应和家属援助规定
	国际航班载运人员信息预报实施办法
	国内航空运输承运人赔偿责任限额规定
	中国民用航空总局关于修订《民用航空器驾驶员、飞行教员和地面教员合格审定规则》《大型飞机公共航空运输承运人运行合格审定规则》的决定

在民用航空日常运行中,民航规章的规定仍不能足够覆盖和指导运营人、监管人、制造商、运营支持商等各方面工作。民航局各司局通过发布咨询通告、管理程序、工作手册等文件,对技术要求进行具体、详细的约束。

综上所述,法律、行政法规、民航规章、咨询通告/管理程序/工作手册构成了中国民用航空法规体系的金字塔结构。从各个法律法规文件的功能上区分,则可分为适航审定、运行监管两方面。由于本书重点陈述运行安全分析相关技术,因此仅对运行安全分析法规进行详细介绍。

2.2 运行安全分析法规

国际民用航空业非常重视运行安全分析工作在整个航空运输安全管理体系中的作用。运行安全分析的主要工作即为飞行品质监控。飞行品质监控指收集和分析日常飞行中飞行数据,用于提高飞行机组的操纵品质,改进标准操作程序、完善飞行训练大纲、优化空中交通管制(ATC)程序、改善空中航行服务或航空器维修和设计,减少运行和维护成本,以及为安全管理中的风险管理提供数据和信息支持。

ICAO 附件 6 规定,最大审定起飞重量超过 27 000 kg 的飞机的运营人应制定并实施飞行品质监控方案,作为其安全管理体系的一部分。作为全球民航运输市场中的主要适航当局之一,中国民航局从 1993 年开始研究飞行品质监控技术,于 1997年条件成熟后印发了《关于成立 QAR 改装工作领导小组的通知(民航飞发【1997】112 号文件)》,成立了 QAR 改装工作领导小组,标志着中国民航飞行品质监控工作正式起步。中国也成为世界上第一个强制航空公司进行飞行数据分析工作的国家。2000 年 12 月 15 日中国民航局航空安全办公室颁布《飞行品质监控工作管理规定》,从"设备和监控要求""机构设置和人员""运行"三方面提出了工作要求,对飞行品质监控工作进行了规范。2010 年 1 月 4 日颁布的中国民用航空规章《大型飞机公共航空运输承运人运行合格审定规则》(CCAR-121-R4)以规章的形式对飞行品质监控提出了如下要求:

第 121.352 条　快速存取记录器或等效设备

(a) 合格证持有人应当对所有运行的飞机安装一个经局方批准的快速存取记录器(QAR)或等效设备,并制定飞行品质监控程序,作为其安全管理体系的组成部分。

(b) 合格证持有人可与另一方签订合同,由其负责飞行品质监控具体工作,但本条(a)要求的符合性责任则由合格证持有人负责。

(c) 合格证持有人应当定期向负责合格证管理的地区管理局职能部门报告其通过飞行品质监控得到的统计数据和趋势分析报告,局方认为必要时可随时查阅或分析快速存取记录器(QAR)或等效设备的原始数据。

(d) 飞行品质监控程序应是无惩罚性的,该程序应包含保护数据的妥当措施。

2012 年 2 月 15 日,民航局颁布了《运输航空承运人飞行品质监控(FOQA)实施与管理》咨询通告,详细规定了航空公司飞行品质监控工作相关的程序、系统构成、工作流程、实施步骤、管理职责、运行要求、数据报告、信息共享等事项。

2.3　国际民航组织事故调查法规

2.3.1　历史背景

国际民航组织(International Civil Aviation Organization, ICAO)成立于 1944年,其目的是解决国际民用航空运输发展面临的政治和技术标准问题。最初由 52

个国家共同签订了《国际民用航空公约》（又称《芝加哥公约》），根据公约规定成立了临时国际民航组织。1947 年 4 月 4 日，《芝加哥公约》正式生效，国际民航组织也正式成立，于同年 5 月 6 日召开了第一次大会。经过近 70 年发展，如今国际民航组织的缔约国已经有 191 个。

国际民航组织对民航飞行器的设计、制造、运行、空中交通管理等方方面面制定了专业的"标准和建议措施"（standards and recommended practices，SARP's），相关文件作为公约的附件发布。目前国际民航组织共有 19 份附件，分别是：

附件 1：人员执照的颁发；

附件 2：空中规则；

附件 3：国际空中航行气象服务；

附件 4：航图；

附件 5：空中和地面运行中所使用的计量单位；

附件 6：航空器的运行；

附件 7：航空器国籍和登记标志；

附件 8：航空器适航性；

附件 9：简化手续；

附件 10：航空电信；

附件 11：空中交通服务；

附件 12：搜寻与援救；

附件 13：航空器事故和事故征候调查；

附件 14：机场；

附件 15：航空情报服务；

附件 16：环境保护；

附件 17：保安：保护国际民用航空免遭非法干扰行为；

附件 18：危险品的安全航空运输；

附件 19：安全管理。

国际民航组织的附件本身不具备法律约束力，但缔约国根据公约第三十八条的规定，必须将附件中的标准、建议措施和程序吸收纳入本国的航空法规，使之具有法律效力。"任何国家如认为对任何上述国际标准和程序，不能在一切方面遵行，或在任何国际标准和程序修改后，不能使其本国的规章和措施完全符合此项国际标准和程序，或该国认为有必要采用在某方面不同于国际标准所规定的规章和措施时，应立即将其本国的措施和国际标准所规定的措施之间的差别，通知国际民用航空组织。任何国家如在国际标准修改以后，对其本国规章或措施不作相应修改，应于国际标准修正案通过后六十天内通知理事会，或表明它拟采取的行动。在上述情况下，理事会应立即将国际标准和该国措施间在一项或几项上存在的差别通知所有其他各国。"

根据《国际民用航空公约》第三十七条,国际民航组织于 1946 年组织召开了第一届事故调查专业会议,提出了民航事故调查的建议方案,并在 1947 年 2 月第二届专业会议上做了进一步的解释。最终由国际民航组织理事会于 1951 年 4 月 11 日首次通过了用于航空器事故调查的标准和建议措施,定为公约的附件 13《航空器事故和事故征候调查》。附件 13 自推出以来经过了十次版本更改,目前最新版本为第十版。最新修订时间是 2013 年 11 月 14 日。

2.3.2 主要内容

附件 13 规定了国际民航组织各缔约国在民航事故和事故征候调查时应遵循的共同原则,明确了事故和事故征候相关国家在调查中的权利和义务,制订了调查报告的发布期限、必备内容和必要格式,为各缔约国制订本国的调查程序提供了标准和建议,对推动国际合作、提高调查效率和可靠性、加强调查信息的传递共享起到了积极的作用。下面对附件 13 各章节进行简要概括。

第一章"定义"可分为四类名词的解释,如表 2-2 所示:

表 2-2　附件 13 相关定义介绍

分类	名词	定义概括
对象 等级	事故	从发生的时间、原因、结果等方面解释何为事故
	事故征候	不是事故,与航空器操作使用有关,影响或可能影响飞行安全的事件
	严重事故征候	有很高的概率可能引发事故的事故征候
相关 角色	授权代表	一国指派参加另一国进行的调查的人员
	顾问	由一国任命协助该国授权代表的人员
	调查负责人	组织、执行、控制某一调查活动的人
	经营人	从事或拟从事航空器经营的个人、组织或企业
责任 国家	设计国	对负责飞机设计的组织具有管辖权的国家
	制造国	对负责航空器最后组装的组织具有管辖权的国家
	出事所在国	在其领土内发生事故或事故征候的国家
	经营人所在国	经营人主要业务所在国家,如无主要业务地点则为永久地址所在国
	登记国	登记该航空器的国家
调查 报告 相关 名词	航空器	不利用地面效应即可在大气中获得支撑的任何机器
	原因	导致事故或事故征候的行为、失职、情况、条件或其组合
	促成因素	若消除、避免,可降低事故或事故征候发生概率,或减轻后果严重性
	飞行记录仪	装在航空器内为辅助事故/事故征候调查用的任何型别的记录仪

（续表）

分类	名词	定 义 概 括
	调查	为预防同类事故所进行的某一过程，包括收集和分析资料、做出结论等
	最大重量	最大核准的起飞重量
	初步报告	用以及时传播在调查初期所获资料的通信
	安全建议	根据调查所得资料而提出的用以预防事故或事故征候的建议
	重伤	在事故中人员所受伤害的等级达到重伤的对应标准
	国家安全方案	旨在提高安全的一套完整的规章和活动

国际民航组织还发布了调查的支持性技术手册《航空器事故和事故征候调查手册》（Doc 9756 号文件）与之配合使用。

第二章"适用范围"给出了附件 13 适用的场合如下[27]：

2.1 本附件的各项规定，除另行说明者外，适用于在任何地方发生事故或事故征候后的各项活动。

注：本规定对发生在非缔约国领土内、主权未定地区或公海上的事故或严重事故征候的适用在 5.2 和 5.3 中述及。

2.2 本附件中对经营人所在国的规定只适用于租用、包用或交换航空器的情况以及当该国虽非登记国但根据本附件在部分地或全部地履行登记国的职能和义务。

第三章"总则"强调了调查的目的具有唯一性：防止事故或事故征候，不能存在分摊过失或责任的目的。"总则"规定了出事所在国在保护证据和航空器方面的责任，当登记国、经营人所在国、设计国或制造国提出合理、合规的要求时，出事所在国必须对所有证据维持原状以等待他国委任的授权代表检验。仅在个别情况下可以在必要的范围内移动航空器。规定了监护解除的条件。

第四章"通知"规定了在事故和事故征候调查前，各相关国家通知或提交资料的责任。事故或事故征候分为两类："一缔约国的航空器在另一缔约国领土内的"和"在登记国领土内、非缔约国领土内或任何国家领土以外的"。"一缔约国的航空器在另一缔约国领土内的"事故或事故征候调查中各方的责任如表 2-3 所示。"在登记国领土内、非缔约国领土内或任何国家领土以外的"事故或事故征候调查中，登记国承担表 2-3 中出事所在国的全部责任。

表 2 - 3　一缔约国的航空器在另一缔约国领土内的事故或事故征候调查

国家	责任事项	详 细 要 求
出事所在国	发送通知	目标方包括：登记国、经营人所在国、设计国、制造国、国际民航组织（仅事关航空器最大质量在 2 250 kg 以上或是涡轮喷气飞机）
		建议使用以下一种以上的联络方式：电话、传真、电子邮件或航空固定电信网
	通知的格式和内容	尽可能包括以下内容：识别简码，航空器制造厂、型号、国际、登记标志、生产序列号，所有人、运营人、租用人的名称，机上人员信息，发生时间、地点，原起飞地点和预定着陆地点，相关死伤情况，已知事故过程，航空器损伤，将要进行的调查范围（或建议委托进行的调查范围），事故或事故征候地点的物理特征和特殊情况说明，发通知单位和调查负责人和调查部门的联系方式，航空器上是否有危险品及危险品描述
	通知的文字	考虑接收国的语言情况
		以民航组织的一种工作语言草拟
	补充资料	通知中遗漏的以上细节或资料应在获取后及时补充发送
登记国、经营人所在国、设计国、制造国	提供资料并参加调查	建议在收到事故或事故征候的通知后予以确认
		将相关航空器和机组的资料提供给出事所在国
		必须决定是否任命授权代表，并通知出事所在国该代表的姓名、联系方式、预计到达日期（如有）
		经营人所在国在接到通知后向出事所在国提供航空器上危险品信息

第五章"调查"规定调查的组织过程。首先确定调查的组织国：

对于缔约国领土内的事故或严重事故征候的调查应由出事所在国首先发起，但可将全部或部分调查工作委托另一国或地区事故调查机构进行。在部分委托的情况下，出事所在国一般保留调查的责任。全部委托时被委托国负有调查责任。

在非缔约国领土内的事故或事故征候，优先由登记国与出事所在国合作组织调查。登记国没有条件完成工作时，由经营人所在国、设计国或制造国与出事所在国合作并组织调查。确实没有合作的可能，则由登记国利用一切可用资料自行调查。

在任何国家领土外的事故和事故征候优先由登记国组织调查。如登记国非缔约国且无意按附件 13 组织调查，则由经营人所在国、设计国/制造国合作组织调查。

在事故调查中，相关国家的责任如表 2 - 4 所示。

表 2 - 4 调查中各国的责任

国家	责任事项	详 细 要 求
进行调查的国家	调查的工作内容	调查必须是独立的,与司法或行政程序区分开的。包括以下内容:搜集、记录、分析所有相关资料;如需要,发布安全建议;如可能,查明原因与促成因素;完成最终调查报告
	调查的地位	建议调查部门制定成文的政策和程序
		建议国家应保证调查可不受限的获得全部证据,不受行政或司法阻碍
	调查负责人	进行调查的国家指定调查负责人
		调查负责人有权不受限制的控制、接近残骸、各种材料和资料
	飞行记录仪	必须毫不拖延地安排判读飞行记录仪
		可按需利用其他国家的设备进行飞行记录仪判读
	尸体剖检	如果事故中出现死亡,最好由具有事故调查经验的病理学家进行尸体剖检。至少必须对受致命伤死亡的机组人员进行剖检,按需对旅客和乘务员进行剖检
	体检	立刻安排内科医生对事故或事故征候相关人员进行体检
	协调司法部门	及时记录和分析各种证据,协调避免事故调查与司法部门的矛盾
	通知航空安保部门	调查中得知或怀疑受到非法干扰,必须让调查国的航空安保部门知悉
	不公布记录	调查国不得公布下述记录,除非司法部门认为有必要:证人的所有陈述、参与航空器操作的人之间的通信、事故或事故征候涉及人员的医疗或私人资料、驾驶舱语音记录及其文本、空管记录、在各种分析资料中涉及的意见。这些记录与事件有关时才可纳入最后报告或附录中。任何情况下,事故调查部门不得公布事故或事故征候涉及人员姓名
	重新调查	调查结束后发现新的重要证据,则可发起重新调查
登记国、经营人所在国	飞行记录仪	如果航空器在出事国以外降落,需将飞行记录仪(或记录)交给调查国
	组织资料	必须根据调查国的要求提供各种资料
	授权代表	有权任命一名授权代表参加调查(最大重量在 2 250 kg 以上的航空器事故调查国要求时,必须任命授权代表)
	顾问	必须任命一名或多名经营人建议的顾问协助其授权代表
设计国、制造国	授权代表	有权任命一名授权代表参加调查(最大重量在 2 250 kg 以上的航空器事故调查国要求时,必须任命授权代表)
	组织资料	必须根据调查国的要求提供各种资料

（续表）

国家	责任事项	详　细　要　求
事故中公民死亡或重伤国	专家	在事故中有公民死亡或重伤的国家可指派一名专家参与调查,其权限包括:查看现场,接收有关调查进展情况的信息,查看公开资料,接收一份最后报告的副本
其他国家	授权代表	按要求提供资料、设备或专家的任何国家有权任命一名授权代表

第五章中还专门规定了调查代表及其顾问的权力与义务,如表2-5所示。

表2-5　授权代表及其顾问的权限和义务

国家	责任事项	详　细　要　求
顾问	任命	有权任命授权代表的国家也有权任命一名或多名顾问协助其调查
	权限	只能在授权代表的监督下参加必要范围的调查;但登记国、经营人所在国、设计国和制造国以外的国家只限于参加部分调查
授权代表	权限	在调查负责人的管理下参加调查的所有方面
	组织资料	必须根据调查国的要求提供各种资料
设计国、制造国	授权代表	有权任命一名授权代表参加调查(最大重量在2 250 kg以上的航空器事故调查国要求时,必须任命授权代表)
	组织资料	必须根据调查国的要求提供各种资料,且未获得调查国同意不得泄露调查相关资料

第六章"最后报告"规定了各相关国家在最后报告编制发布中的责任,总结如表2-6所示。

表2-6　各相关国家在最后报告中的责任

国家	责任事项	详　细　要　求
普适于所有国家	保密	在调查国发布之前,未经调查国明确同意,任何国家不得泄露报告草案及调查过程中获得的任何文件
调查国	协商	最后报告的草案副本需发给发起调查的国家、登记国、经营人所在国、设计国、制造国和其他按附件13要求参加调查的国家。建议副本也发给经营人和航空器设计制造机构,使其能够提出意见
	修改	如果调查国在发出副本的60天内收到意见,则应将其改入最后报告中,或者经提议国家同意,附在最后报告。60天内无意见则直接发布,除非有关国家同意延长期限

（续表）

国家	责任事项	详　细　要　求
	发布	调查的最后报告必须在事发后 12 个月内公开发布。否则需每周年日发布一份临时声明详述调查进展情况。接收方包括：组织调查的国家、登记国、经营人所在国、设计国、制造国、参加调查的国家、有公民死亡或重伤的国家、提供资料设备或专家的国家。如航空器最大重量超过 5 700 kg，还需要向国际民航组织送交一份副本
	安全建议	调查产生的安全建议必须通过标有日期的转发函发给其他有关国家，如涉及国际民航组织，还要发给国际民航组织
安全建议接收国	反馈拟采取的行动	转发函发出 90 天内，接收国需反馈已采取或拟采取的预防行动，或不采取任何行动的理由

第七章"提出事故/事故征候资料报告"规定了 3 种额外的报告：初步报告、事故资料报告、事故征候资料报告。初步报告用于在事故调查初期及时传递调查进展情况，应在事故发生日起 30 天内发出，2 250 kg 以下航空器只需要送交登记国或出事所在国、经营人所在国、设计国、制造国和其他提供资料、设备和专家的国家。2 250 kg 以上的航空器还需要提交给国际民航组织。事故资料报告适用于 2 250 kg 以上的航空器事故，调查国需在完成调查后尽早将事故资料报告送交国际民航组织。事故征候资料报告适用于 5 700 kg 以上的航空器事故征候，调查国需在完成调查后尽快将事故征候资料调查报告送交国际民航组织。

第八章"事故预防措施"规定了各国必须建立并保持事故和事故征候数据库，以便于确定事故预防行动。

除以上正文内容外，附件 13 附录中提供了最后报告的格式，附篇 A 提供了经营人所在国对涉及租用、包用或交换的航空器在事故和事故征候方面的权利和义务，附篇 B 提供了通知和报告检查单，附篇 C 提供了严重事故征候实例清单，附篇 D 提供了飞行记录仪判读和分析指导材料，附篇 E 提供了保护安全数据搜集和处理资料的法律指导，附篇 F 提供了关于确定航空器损坏的指导材料。

2.4　国外民航事故调查法规

国外民用航空发达国家如美国、加拿大、英国、法国、德国等都建立有较完备的事故调查法律体系。其中以美国的法律制度最具有典型性，被其他各国的民航事故调查体系广泛借鉴，因此本书将详细介绍美国民航事故调查法规的相关信息。

美国的航空事故调查一般涉及 3 个主要机构：美国国家运输安全委员会（National Transportation Safety Board，NTSB），美国联邦航空管理局（Federal Aviation Administration，FAA），美国联邦调查局（Federal Bureau of Investigation，

FBI)。在航空事故的调查中三个机构各司其职，具体分工如图 2-1 所示。首先判断事故是否涉及犯罪，一旦涉及即由 FBI 主导调查。若不涉及犯罪，调查都由 NTSB 主导。NTSB 如因经费不足或人力不足等原因无法完成调查，则可通过运输部长授权 FAA 进行调查，且过程中运输部长和 FAA 无权召开事故公开听证会，也无权决定造成事故的可能原因，只能向 NTSB 报告与事故有关的事实证据。事故的可能原因和安全建议仍然由 NTSB 决定。NTSB 的工作至提出安全建议为止，随后由 FAA 负责确定具体的整改措施。

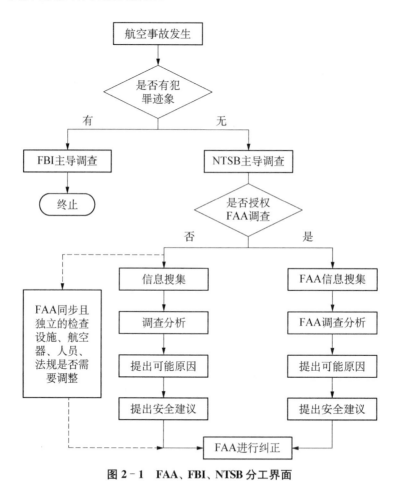

图 2-1   FAA、FBI、NTSB 分工界面

2.4.1   FAA 职权及相关法规

美国民用航空起步于 20 世纪初。第一次世界大战结束后，美国空军将退役的一万余架战斗机以低廉的价格向民众出售，带来了通用航空的极大繁荣。早先由于缺乏管制，民航飞行的安全问题较多。1926 年，美国颁布"商用航空法案(U. S. Air

Commerce Act)",在全球率先提出了民航事故调查的要求。1958年11月,通过"联邦航空法案(U. S. Federal Aviation Act)",正式成立联邦航空局,负责管理民用航空业。

FAA的主要职责是保障民用航空的安全运行,促进民航事业发展,但不直接经营民航企业。FAA的组织结构设为总部、地区机构、地方机构三级。总部位于华盛顿,是国家行政立法机构,领导各分支机构的工作。地区机构是FAA管理各地区民用航空业的分支,负责审查、办理各地区民航领域相关企业和人员的资质、执照,管理并技术指导地区内地方机构的工作。地方机构是各种业务面的基层管理组织,包括空中交通管制中心、航空保安机构、飞行服务站、各类质量检查和标准审定办公室等,直接负责空中交通管制、飞行事故和违章事件调查、合格证审定工作。

FAA中负责飞行事故调查和处理与NTSB有关事务的机构是航空安全办公室。指导其开展工作的国家政策是FAA指令8020.11C《航空事故及事故征候的通知、调查和报告》和1220.2F《NTSB建议措施的处理程序》,具体调查工作由地区飞行标准办公室(Flight Standards District Offices,FSDO)的监察员实施[28]。

2.4.2 NTSB职权及相关法规

美国国家运输安全委员会(National Transportation Safety Board,NTSB)成立于1967年,负责美国国内的航空、公路、铁道、水路及管线等事故的调查。NTSB的工作模式体现了国际民航公约附件13设定的对航空事故调查的4大基本原则:独立调查原则、客观调查原则、深入调查原则、全面调查原则。其体制有鲜明的美国分权制特色。

1) 权力来源

NTSB的权力在美国法典49集的830(Notification and Reporting of Aircraft Accidents or Incidents and Overdue Aircraft,and Preservation of Aircraft Wreckage,Mail,Cargo,and Records)、831(Accident/Incident Investigation Procedures)两部中予以确认。其中831部明确了对任何一起交通运输事故的调查,NTSB均有优先于其他联邦机构的权力。

从组织机构上来看,NTSB不隶属于美国交通运输部或美国联邦航空管理局(FAA),是一个独立的机构。它的正副主席、董事会委员均由美国总统直接提名,国会任命。日常运行经费也由国会拨款,因此是一个直接对美国国会负责的单位。其余任何政府机构都无权干涉NTSB的工作。

2) 职责分工

根据美国国会的授权,NTSB有事故调查的优先权,但无处置权。对事故相关的组织、个人、设施设备和规章采取纠正行为的单位是运输部、FAA。NTSB的责任是代表国家和公众判定事故原因,提出预防措施建议。NTSB的建议无强制性。但运输部、FAA若不予采纳,NTSB可以直接报告国会。运输部或FAA需要向国会陈述拒绝采纳的理由。

除事故调查之外，NTSB的职责还包括对运输安全技术的研究，如事故调查技术、事故预防技术、危险品运输的保障措施和操作规程等。

3) 工作目标

NTSB和FAA均可参与航空事故的调查，但目的不同。NTSB调查的目标是提高国家交通运输安全水平，主要工作包括：揭露事实信息并通过分析得出专业结论；派遣相应行业专家协助调查；定期将调查得出的客观结论告知公众；制订并推广安全建议。由上文对NTSB权力、职责的描述可见，NTSB只提供安全建议，其建议对象包括交通工具制造商、运营人以及国家监管机构。

NTSB的运作充分贯彻了ICAO附件13的技术要求。在调查原则、运作机制、调查理念等方面都能为其他国家的事故调查单位提供较强的借鉴意义。

一是调查原则的先进性：航空事故发生后，追责、整改是无可厚非的。但对调查而言，整个过程应该避免追责的思想，如此才能避免为逃避责任而做虚假掩饰的可能，更有利于发现事故原因。NTSB的成功经验中最重要的一条就是集中注意力寻找事故可能原因。在整个事故调查过程中，致力于从设计、生产、培训、飞行、维修、运行、机场、空管等方方面面入手，确定可以避免事故发生的办法，并建议各方面将挽救手段固化在日常工作流程中，从而杜绝类似事故再次发生。

二是运作机制的先进性：NTSB的成功经验很大程度上源自其运作的独立性。独立运作有如下优点："独立的事故调查机构能最大限度地维护公众利益，对事故进行全面、客观的调查。它不但对事故所涉及的安全生产事故责任单位进行调查，而且对行业主管部门进行调查。这保证了调查的公正性和全面性，有利于对生产安全进行客观评价。

独立的经济支持能解决事故调查人员的后顾之忧，有利于采用先进的技术和设备对事故发生原因进行研究，因而能够保证事故调查结论的客观性和科学性。

技术调查与司法调查一起进行，难免由于各种人为因素干扰阻止调查的深入和全面进行，掩盖了事故的真相，起不到预防事故的目的。"

三是调查理念的先进性：NTSB已经形成了一些独特的调查理念，对提高运输安全水平具有重要的意义。其一，NTSB认为只要没有故意破坏，运输事故调查中就不存在行政责任追究问题。事故的发生是人的行为过失或设备设施缺陷或其他外界因素所致。在这种调查理念的支持下，NTSB的一切调查行为都是为了揭露事实信息，制订并推广安全建议，防止事故的再发生。如此才能从已发生的事故中总结教训，最大限度提高行业安全水平。其二，NTSB严格遵守重事实而不重口供的原则。NTSB认为，在事故发生的瞬间，当事人容易受到各种因素的影响而无法确保感知到真实的事故信息。在各专业技术团队的支援下，NTSB更倾向于通过科学的调查方法、装备齐全的实验室以及先进的技术得出结论。其三，事故调查的任务是查找事故的可能原因,而不是确切原因。尤其对航空运输业而言,经过近百年的发展之后各项科技应用已经十分发达。任何事故的产生都不再是单一因素的作用结果,因此事故的确切原因已经很难判断。以查找可能原因为调查目标,不仅能够避免以追责为目的影响调查公正性、深入性,而且能够更有效对未发生事故的个体提供预防建议。

2.5　中国民航事故调查法规

我国的民航事故调查法律体系依托于全国安全生产事故调查,基石是《中华人民共和国安全生产法》《中华人民共和国民用航空法》《生产安全事故报告和调查处理条例》。这三部法律从国家层面确定了在安全生产事故调查活动中各部门的职责、义务、权力等界面。以此为基础,民用航空局制定了民航事故调查工作的规章体系:《民用航空器事故和飞行事故征候调查规定》(CCAR - 395)、《民用航空安全信息管理规定》(CCAR - 396)、《民用航空器不安全事件的处置程序》(MD - AS - 2004 -01)、《民用航空器飞行事故调查程序》(MD - AS - 2001 - 001)。其中,《民用航空器事故和飞行事故征候调查规定》(CCAR - 395)作为中国民航事故和事故征候调查的指导性规章,基本落实了国际民航组织附件13的标准,对调查的组织、人员、事故信息通报、调查程序、目标等做出了细致的规定。

但是基于我国的基本国情,民航事故调查受限于国内体制,还是与国外调查理念存在一些不一致。参考文献[29]有详细准确的描述。本书不再赘述。

2.6　事故调查法规关于主制造商的权利与义务

飞机主制造商作为民用飞机初始适航的主要责任人,对飞机安全性负有重要责任。事故调查的主要法规要求来自国际民航组织(ICAO)制定的《国际民航公约》附件13:《航空器事故和事故征候调查》。相关条款如表2 - 7所示。CCAR - 395中也有类似规定。

表 2 - 7　主制造商在事故调查中的责任

条款号	条　款　内　容	权利/义务
5.18	登记国、经营人所在国、设计国和制造国有权各任命一名授权代表参加调查	权利
5.20	设计国和制造国应有权指定一个或多个由负责航空器型号设计和最后组装的机构建议的顾问以协助其授权代表	权利
5.21	建议:当登记国和经营人均未任命授权代表时,进行调查的国家应在不违反进行调查的国家的程序情况下,邀请负责航空器型号设计和最后组装的机构参加	权利

（续表）

条款号	条款内容	权利/义务
5.22	当对最大重量在 2 250 kg 以上的航空器事故进行调查的国家特别要求登记国、经营人所在国、设计国和制造国参加时，有关的国家必须各任命一名授权代表	义务
6.3.2	建议：进行调查的国家应该通过设计国和制造国向负责航空器型号设计和最后组装的机构送交一份"最后报告"草案副本，使这些机构能就"最后报告"草案提出意见	话语权

主制造商能够协助事故调查负责人，为事故原因的排查提供必要的技术和实验条件支持。尤其在新型号飞机事故或事故征候调查中能够体现其技术优势。事故调查人员在短时间内难以对事故或事故征候相关型号的设计原理形成深入认识，需要主制造商提供的技术支持。事实上，在最后报告发布之前，主制造商对事故调查结论的意见通常会被考虑。

作为国际知名主制造商，波音、空客公司都经历过非常困难的空难事故。

（1）1988 年 4 月 28 日，美国阿罗哈航空公司的一架波音 B737 - 200 飞机在飞行途中发生爆裂性失压事故，前机身左侧蒙皮突然爆裂，导致由驾驶室后方一直到机翼附近的一块长约 5.4 m 的蒙皮撕裂，脱离机体。幸运的是，客机在事发 10 min 后安全迫降机场。这次事故造成一名乘务员死亡，另有 8 人重伤，57 人轻伤。美国国家运输安全局（NTSB）组织调查并查明该事故是由于飞机蒙皮的腐蚀和疲劳损伤造成的，波音公司的技术支持、阿罗哈航空公司的维修、美国联邦航空管理局（FAA）的监管都存在不同大小的问题[30]。

（2）1988 年 6 月 26 日，法国航空使用刚问世的 A320 飞机在米卢斯-阿布塞姆机场航展中执行低空飞越表演时来不及拉高高度以致在树林中坠毁，3 人罹难。这次出事的 A320 飞机是全世界第三架出厂的全新飞机，事发前两天才完成交机。法航和空客公司借此想展示新机种达到宣传效果，空难的发生对新诞生的 A320 机型无疑是灭顶之灾。空难调查原因是飞行员操纵失误，但一直存在争议。

以上空难事故，波音、空客公司都参与了事故调查，并积极应对空难造成的负面影响，从而平稳渡过了危机。这只是众多空难事故的一个缩影，波音、空客公司等主流飞机主制造商，在历次事故调查中，早已熟练地运用规章规则，在查明事故事实真相中发挥了其重要作用，同时也最大限度地维护了其飞机主制造商的声誉，使得其民机事业长盛不衰，值得国内新兴的飞机主制造商学习、深思和借鉴。

3 飞机安全性分析和评估方法

3.1 概述

为确保飞机飞行安全,一些国家的适航部门颁布了相应的各类适航条例和适航指令,并要求强制执行。当前国际上主流的适航法规体系主要指的是 FAA 和 EASA 颁布的适航法规及其相应的咨询通告体系,欧美两家略有差异但要求大致相似。我国的适航法规体系主要借鉴 FAA 的法规体系,内容基本相同。这些适航法规,规定了民用飞机的最低安全标准。各国适航当局及其他机构颁发的咨询通告与工业标准为飞机安全性设计与评估提供了有效的指导。

本章对关于系统安全性的条款 25.1309 及其对应的咨询通告 AC 25.1309 进行详细的介绍,并对系统安全性相关几个主要的分析评估方法进行介绍。

较早的民用航空器安全性分析是利用一些专业要求、"单故障"标准或失效安全设计概念进行的。而后,随着民用航空器的发展,航空器安全性要求更加严格,航空器设计也越来越复杂,这就促进了安全性分析的进一步发展。

民用飞机安全性分析方法及标准是随航空工业发展而不断变化的,大致经历了以下若干转化过程:

(1)"安全性试验"到"故障模式及其影响分析"。

(2)"功能危害性分析、故障模式及其影响分析、故障树分析",并提出了对软件的审查。

(3)FAA/EASA 又建议采用包括"功能危害性分析、初步系统安全性分析、系统安全性分析、故障模式及影响以及共因故障分析"的工具,进行系统安全性分析。目前工业界和适航当局基本都按这一最新要求及其提供的方法进行安全性分析和评估。

航空器发展的早期主要是用于军用飞行,在此阶段没有开展相关的安全性分析。航空器的设计方式的发展过程经历了从绝对安全到失效安全的设计理念实施,大致可以区分为如下三个阶段,即追求完整性及其在完整性基础上增加有限设计特征冗余的阶段、单故障概念引入阶段、失效安全设计概念引入阶段。安全性分析方法按照普遍使用年代的先后次序,大致可以划分为以下五种:失效模式及其影响分析、故障树分析、功能危害性分析、系统安全性分析和共因故障分析。

3.2　安全性试验与验证

第一代商用喷气式飞机是采用安全性试验的方法进行安全性设计和验证的。这一代飞机的典型为 B707、Comet4、DC - 8、Caravelle 和 Convairs 机型。安全性试验的实施结果是显著降低了飞机事故的发生率,并因此进一步增加了社会公众的信心,促进了民用航空的发展。安全性评估方法是源自于"完整性"的设计思想,其安全性评估内容主要是以专业要求的方式给出,也就可以通过安全性试验加以评估验证。这种方法是后续安全性评估的基础。

3.2.1　失效模式及其影响分析

在第二代商用喷气式飞机上正式使用了故障模式及其影响分析的方法进行安全性设计和验证。这一代的代表性飞机有 B727、B737 - 100/200、B747"classics"、DC - 9、L - 1011、DC - 10、A300 等机型。失效模式及其影响分析是在 20 世纪 50 年代针对战斗机油压装置频繁导致失事的现象而由格鲁曼飞机公司首先用于飞机主操纵系统失效分析。到 60 年代中期,失效模式及其影响分析已经发展得比较成熟,美国 NASA 发布了名为 NPC250 - 1 的可靠度计划,确定制造商必须实施设计审查,在设计审查中必须应用失效模式及其影响技术,并应用于美国的太空计划中。直到 1974 年美国军方出版标准 MIL - STD - 1629 中规定失效模式及其影响分析的程序,说明失效模式及其影响分析在方法上已经完全成熟,并普遍应用于安全性评估过程中。

3.2.2　故障树分析和功能危害性分析

故障树分析(FTA)很早就应用在航空航天的设计中,在安全性分析方面的发展主要经历了以下三个阶段。首先是 1967 年阿波罗 1 号发射台火灾后,波音公司为整个阿波罗项目做了一个全新的和全面的安全项目。其中,故障树分析是项目安全性分析的一部分,故障树分析因为阿波罗计划的顺利实现而备受瞩目。其次,是在 1979 年三里岛核泄漏事故后,一些事故在调查分析过程中使用的就是故障树分析。这是由于在之前的几年中,为了审查核设施设计的安全性,并向市民保证核事故的发生概率非常小,所使用的方法就是故障树分析。由于采用故障树分析的范围比较广泛,这就帮助故障树分析尽快发展为合法化的工具并进一步促进在事故调查和安全性评估中使用。最后是在 1986 年挑战者号航天飞机事故发生后,调查委员会利用故障树分析的方法来评价主发动机,以确保其具有足够的安全设计要求。这次调查中,充分显示了采用故障树分析进行安全性评估所带来的优越性,故障树分析在系统安全性评估中开始得到普遍应用。

第三代商用喷气式飞机使用了功能危害性分析(FHA)、失效模式及其影响分析、故障树分析等安全性分析工具。这一代飞机的典型机型为 B737 到 B777 所有系列型号,以及 MD-80、MD-90、MD-11、A319 到 A340 等机型。相关系统的事故率出现实质性地降低,并且导致这些机型出现事故的原因主要存在于其他领域,而非机载系统的故障。例如操作者的错误、维修错误、对预期故障情况的非预期驾驶员反应等。这些新出现的故障现象,逐渐得到航空界的重视。特别是在 1995 年,世界航线飞机中发生了 44 起航空事故。其中美国有 11 起事故共造成 251 人伤亡。这些事故大多是由机组人员错误所引起的。另外,空中相撞、巴尔干战争中射击击落、机身结构损伤、飞控系统失效和其他的一些组合失效也是造成事故的因素。

3.2.3 系统安全性分析和共因故障分析

到了 21 世纪,为了满足更高的安全要求,增加了更多的安全紧急功能,逐步扩大使用复杂的电子硬件及软件。原来在飞机研制过程中通过"试验—改进—试验"的"试错"方法后获得可接受的安全性水平的理念遇到了挑战,此时,要求在整个寿命周期中都要识别、分析和控制危险,强调在系统设计阶段应把要求的安全性设计到系统中,以保证系统在以后的试验、制造、使用和保障以及退役处置中都是安全的。这样,仅仅安全试验、失效模式及其影响分析和故障树就难以满足这种要求。

在此背景下,FAA/EASA 以发布咨询通告、认可相关工业标准等形式建议采用包括"功能危害性分析、初步系统安全性分析、系统安全性分析、故障模式及影响以及共因故障分析"的工具,进行系统安全性分析,以符合 CCAR/FAR/CS 25.1309。相关规章、咨询通告、工业标准的描述详细见后续章节。

3.3 系统安全性相关法规和工业规范

中国民用航空规章(CCAR)在条款上与 FAR/CS 规章体系基本一致,在 CCAR-23(正常类、实用类、特技类和通勤类飞机适航规定)、CCAR-25(运输类飞机适航标准)、CCAR-27(正常类旋翼航空器适航规定)、CCAR-29(运输类旋翼航空器适航规定)四部适航标准中,均在 F 分部 XX.1309 条(XX 指 23、25、27、29)"设备,系统及安装"中对系统安全性需求进行了规定。此处针对运输类飞机需满足的条款25.1309 进行详细介绍。

3.3.1 现行 CCAR/FAR/CS 25.1309 条款内容[31]

3.3.1.1 CCAR 25.1309

2011 年 11 月 7 日正式颁布的 CCAR25 R4《运输类飞机适航标准》F 分部25.1309 条"设备、系统和安装"关于安全性方面的要求如下:

（a）凡航空器适航标准对其功能有要求的设备、系统及安装，其设计必须保证在各种可预期的运行条件下能完成预定功能。

（b）飞机系统与有关部件的设计，在单独考虑以及与其他系统一同考虑的情况下，必须符合下列规定：

（1）发生任何妨碍飞机继续安全飞行与着陆的失效状态的概率为极不可能；

（2）发生任何降低飞机能力或机组处理不利运行条件能力的其他失效状态的概率为不可能。

（c）必须提供警告信息，向机组指出系统的不安全工作情况并能使机组采取适当的纠正动作。系统、控制器件和有关的监控与警告装置的设计必须尽量减少可能增加危险的机组失误。

（d）必须通过分析，必要时通过适当的地面、飞行或模拟器试验，来表明符合本条（b）的规定。这种分析必须考虑下列情况：

（1）可能的失效模式，包括外界原因造成的故障和损坏；

（2）多重失效和失效未被检测出的概率；

（3）在各个飞行阶段和各种运行条件下，对飞机和乘员造成的后果；

（4）对机组的警告信号，所需的纠正动作，以及对故障的检测能力。

（e）在表明电气系统和设备的设计与安装符合本条（a）和（b）的规定时，必须考虑临界的环境条件。中国民用航空规章规定具备的或要求使用的发电、配电和用电设备，在可预期的环境条件下能否连续安全使用，可由环境试验、设计分析或参考其他飞机已有的类似使用经验来表明，但适航当局认可的技术标准中含有环境试验程序的设备除外。

（f）必须按照 25.1709 条的要求对电气线路互联系统（EWIS）进行评估。

3.3.1.2　FAR 25.1309 条修订历史

修正案是指国家立法机关通过一个法律案对宪法或基本法律部分条文做出修改的一种立法形式，主要用于法典化程度高、稳定性强的宪法和基本法律的修改。通过对 25.1309 相关的历次修正案的分析，可以了解该条款的修订历史，将有利于发现系统安全性评估方面的发展趋势。

CCAR 25 部基本上跟踪了 FAR 25 部。FAR 25 部自从 1965 年由美国 CAR4b 整体改版为 FAR 25 部以来，共经历了 134 次修订（截至 2011 年 8 月 15 日）；但是我国的 CCAR 25 部于 1985 年制定，1990 年第一次修订，1995 年第二次修订，2001 年第三次修订（相当于 FAR 25 部第 100 号修正案水平），目前的有效版本 CCAR 25 R4 版也只相当于 FAR 25 部第 128 号修正案水平。因此，关于 25.1309 条款修订历史，需要对 FAR 25.1309 相关的若干次修正案进行研究，这样可以更完整地体现民机安全性法规要求的演变过程。

　　FAR 25.1309 条共经历了五次修订,分别是第 25 - 0、25 - 23、25 - 38、25 - 41 和 25 - 123 号修正案,现行有效版本是 2007 年第 25 - 123 号修正案修订后的内容。

3.3.1.3　修正案 25 - 23

　　该次修订强化了失效安全的设计原则,提出以预测概率评估为基础的设计评估的附加措施。

　　使用经验表明,在由许多部件组成的复杂系统中,同一次飞行可能发生一次以上的失效。新飞机的设计对复杂系统的功能变得更加依赖,例如,没有手动备份的全电动控制系统,此种系统功能完全丧失的后果将是灾难性的。所以,必须考虑由于共因引起的组合故障和多重故障,以保证充足的可靠性、冗余度和隔离,使其与机身一样不可能造成灾难性系统失效。此外,有些失效可能会导致飞机性能严重下降,机组工作量大幅增加,或应急程序难以实现,这类情况与不利的运行条件结合,也可能产生危险。因此,应尽量为关键系统提供足够的可靠性和冗余度,以减少这种失效的发生,保证在使用中可以预期发生的常见失效类型不会导致降低机组处理不利运行条件的能力。

　　使用经验还表明,适当考虑警告提示、系统控制和操作程序是必要的,这可以尽量减少机组差错。同时建议采用合适的测试方法来支持全面的系统失效分析,这可以确保安全目标得以实现。这些概念最初源于超声速运输机 SST 的试行适航标准,在该修正案前已在工业界会议中多次讨论,FAA 认为这些概念可以普遍适用于所有类型的运输类飞机。

　　该修正案通过修订 25.1309(c),增加和强化了失效安全的设计原则,要求对于系统的不安全工作状态应在飞行机组仍能采取合适纠正措施时向机组提供告警。通过修订 25.1309(b)和(d),明确了消除所有危害的系统实际上不可能实现,因此,提出了一个条例性的标准,以失效的严重性和可接受的发生概率目标来控制风险。

3.3.1.4　修正案 25 - 41

　　25.1309(b)(2)中防止人员受伤的问题已在条款(25.785,25.787,25.789,25.801)中有详细的论述,该修正案删除短语"导致人员受伤,或者"。

　　该修正案认为任何使机组差错概率进行量化来表明"它们是不大现实的"的企图是不大现实的,并且事实上该要求的还从未被强化到要求量化的程度。因此,将 25.1309(c)由"⋯⋯机组差错是不大可能的"改为"⋯⋯机组差错降至最小"。

　　在修正案 25 - 23 中,25.1309(e)(3)规定中,三发飞机的系统在两台发动机失效后不必为重要负载提供能量。此次修订升级了这个要求,规定在三发飞机的两个发动机失效后仍能够向重要负载供能。通常,三发飞机中的一个发动机有效可以实现姿态控制,因此在一个发动机有效的情况下,应对控制飞行的重要设备提供能量。25.1309(e)、(f)也有相应的修订。

3.3.1.5 修正案 25-123

该次修订主要为配合新增的 H 分部,强调了 EWIS 安全性需求,删除了 25.1309 条的(e)款,将原来的(g)款修改为(e)款,并修改(f)款,进一步强调和明确了本条规定的线路系统设计和安装必须按照 25.1709 条要求进行安全性评估,并提供了相应的评估指南,同时将对电源容量和分配要求移到了新增的 25.1310 条,达到了与欧洲适航标准的协调。

3.3.1.6 25.1309 条款的解释

25.1309 条款作为一个通用要求,应适用于任何安装的设备或系统,是除以下条款外,对特定系统要求的补充要求。

(1) 虽然 25.1309 不适用于 B 分部的运行性能和飞行特性以及 C 分部和 D 分部的结构要求,但是它适用于以符合这些要求为基础的任何系统。例如,该条款不适用于飞机的本征失速特性或这些失速特性的评估,但是它适用于符合 25.207 条款的失速警告系统。

(2) 25.671(c)(1) 和 25.671(c)(3) 覆盖的某些单个失效或卡阻无需满足 25.1309(b)(1)(ii)的要求。无论失效概率大小,FAR 25.671(c)(1)都要求考虑单点失效。如果能表明单点失效概率是极不可能的,并且失效满足 CS 25.571(a) 和 (b)的要求,则 CS 25.671(c)(1)可以不考虑单点失效的影响。

(3) 25.735(b)(1)所包含的单点失效无需满足 25.1309(b)的要求。原因是刹车系统的需求(即将单点失效影响限制到刹车滚动距离加倍),该需求已经提供了一种令人满意的安全性水平而无需分析单点失效发生时的特定情况和条件。

(4) 25.810(a)(1)(v)和 25.812 包含的失效影响无需满足 25.1309(b)的要求。与客舱安全设备安装相关的失效状态与不同的撤离方案相关,而这些撤离方案的概率无法确定。这些情况下无法证明能够符合 25.1309(b)的要求。所以,应考虑比较实用的特定设计特征或专用可靠性证明,不考虑 25.1309(b)要求的设备。传统上,已经证明这种方法是可接受的。

(5) 25.1309 条款的要求一般适用于发动机、螺旋桨和推进系统的安装。具体的适用性和例外情况在 25.901(c)条款中进行了说明。

(6) 某些系统和某些功能已经接受了评估以表明对特定失效状态特定要求的符合性。因此无需对这些特定失效状态进行附加分析,即可满足 25.1309 的目的。

除上述特殊要求以外,ARAC 建议将该条款的适用范围从之前的"航空器适航标准对其功能有要求的设备、系统及安装"扩大到"任何安装在飞机上的设备或系统"。

3.3.2 AC 25.1309

AC 25.1309 是对 25.1309 条款的解释和说明性文件。

FAA 曾于 1982 年 3 月 9 日颁布了 AC 25.1309 - 1,阐明了 FAR 25.1309 的分析要求,提供可接受的符合性分析方法。1988 年 6 月 21 日又颁布了 AC 25.1309 - 1A,同时撤销 AC 25.1309 - 1。尽管在此期间 FAR 25.1309 并未做任何修改,但在 AC 25.1309 - 1A 中给出了以下内容:系统设计及分析的定义和安全性原则;满足 FAR 25.1309 的方法;定义了失效状态、失效状态严重类别和概率术语;要求分析的深度;关于飞行机组错误和维修人员错误的考虑;环境方面的考虑;研制错误方面的考虑等;正在征求意见的 AC 25.1309 - 1B(草案版)综合了新的失效状态分类和概率要求;阐明符合性方法并提供更多的细节;强调了特定风险;强调了一架飞机潜在灾难性失效状态的总概率水平;允许环境条件的概率;认可了 SAE ARP4754 和 ARP4761;认可了 RTCA DO - 178B 和 RTCA DO - 254。

随着民机复杂性及安全性技术的发展,AC 25.1309 - 1A 版本较老,已经不能完全适用当前民机系统安全性的要求。虽然目前 AC 25.1309 - 1B 尚未由 FAA 正式发布,但 FAA 已经在型号审定工作中使用。同时,与 FAA AC 25.1309 - 1B 内容相似的 EASA AMC 25.1309 已经正式发布。因此事实上,当前国际航空工业和审定部门都采用 AC 25.1309 - 1B 对 25.1309 进行解释,以下对该文件进行介绍。

3.3.2.1 失效安全设计

失效安全设计的基本原理是任何一次飞行期间,单故障或可预知的组合故障不会阻止飞机的继续安全飞行和着陆。根据对失效状态严重程度的划分,可以理解为任何一次飞行期间,单故障或可预知的组合故障不会导致灾难性失效状态的发生。

以失效安全设计概念为基础,适航标准 25 部综合了安全性的目标和技术。在定义一种安全设计时,常需要考虑失效或多种失效相结合产生的影响。下面对这些安全性目标和技术分别介绍。

综合失效安全设计中的安全性目标主要有两条,具体如下:

(1) 对于任何系统或子系统,在任何一次飞行期间发生的任何单一元件、组件或线路失效都应当得到假定,而不考虑它的概率。这种单一失效应当不是灾难性的。

(2) 在同一飞行期间并发的失效无论是被发现的还是潜在的,或是两者结合的,也应得到假定,除非它们与首次失效相结合的概率表明是极不可能的。

为了确保安全设计,常需要在设计过程中使用各种技术。使用过程中,为解决某一问题常单独使用某一种技术,或者综合使用多个技术。下面列出一些常用的技术以供借鉴:

a. 设计的完整性和性质,包括寿命限制,用以确保预定的功能实现和预防失效;

b. 在某单一(或其他定义的数量)失效后,冗余或备份系统能够使功能继续;例如,两个或更多发动机、液压系统、飞行控制系统等;

c. 系统、组件和元件的隔离或分离目的是使一种失效不会引起其他的失效；

d. 证明可靠性的目的是使多重、独立的失效不可能在同一飞行期间发生；

e. 失效警告或失效指示提供检测；

f. 在失效检测后，飞行机组纠正措施的详细清单；

g. 检查能力，即检查组件状态的能力；

h. 设计的失效影响限制，包括抵御损坏的能力，限制安全性影响或失效影响；

i. 设计失效路径来控制和指示在限制安全性影响过程中的某一失效影响；

j. 安全性的裕度或安全性因素允许存在一些未被定义或未被预见的不利状态；

k. 在飞机设计、测试、制造、使用和维修期间，差错公差是考虑到已预见差错的不利影响。

3.3.2.2 失效状态的分类及安全性目标

安全性是风险低于风险边界的状态。因此，如需判定民机系统是否符合安全性，则要为其确定风险边界，并计算得出该系统的风险值。而确定的风险边界即为民机系统安全性目标。

3.3.2.3 失效状态分类

失效状态是被一个或多个包括直接和相继发生的失效所引起或促使的，并考虑相关不利的运行或环境条件，且具有对飞机和其成员影响的状态。

失效状态根据其影响的严重程度可以划分为：

（1）无安全影响：失效状态对安全无影响，如失效状态对飞机使用能力和机组成员的工作无影响，并且不增加机组成员的工作量。

（2）轻微的：失效状态对安全性没有显著影响，机组成员的工作也在其能力范围内。次要的失效状态包括在安全裕度或功能性能方面轻微降低，机组成员的工作负担轻微增加，如常规飞行计划的改变，对乘客或客舱内人员造成一些身体不适。

（3）重大的：失效状态会降低飞机的性能或机组人员处理飞机不利运行状态的能力，例如在安全裕度和功能性能显著降低，机组人员的负担显著增加或在这种状态下降低机组人员的效率，对飞行机组人员造成身体不适，对旅客造成危险，可能受伤。

（4）危险的：失效状态降低飞机的性能，降低机组人员处理飞机不利运行状态的能力，包括：

a. 急剧降低飞机安全裕度或功能性能；

b. 造成身体伤害或工作负担增加使飞行机组人员不能准确或完整地完成工作；

c. 除飞行机组人员外，相当少的旅客受到严重或致命的伤害。

（5）灾难性的：妨碍飞机继续安全飞行和着陆，将会导致多人死亡，通常会使飞机坠毁。

3.3.2.4 概率术语

失效状态的定性概率术语：当使用定性的分析来决定符合 CCAR/FAR/CS 25.1309(b)要求时，下面在 CCAR/FAR/CS 25.1309 和 AC/AMJ 中使用概率术语的叙述一般已经被工程上所接受。

（1）可能的(probable)失效状态是指那些预见在每架飞机的整个寿命期间会发生一次或更多次。

（2）较小的(remote)失效状态是指在每架飞机的总的寿命期间内不太可能发生，但是当考虑到该类型飞机的许多飞机的总的运行寿命则可能发生几次。

（3）微小的(extremely remote)失效状态是指在每架飞机的总的寿命期间内没有预见到会发生，但是当考虑到该类型所有飞机的总的运行寿命时则可能发生几次。

（4）极不可能的(extremely improbable)失效状态是指在某型飞机的所有飞机的整个运行寿命期间不太可能发生。

失效状态的定量概率术语：当使用定量的分析来帮助决定符合 CCAR/FAR/CS 25.1309(b)要求时，下面在 CCAR/FAR/CS 25.1309 和 AC/AMJ 中使用概率术语的叙述一般用来协助工程进行判断。对于平均概率/飞行小时的可接受范围而言，其表达如下：

（1）可能的失效状态是指那些平均每飞行小时失效概率超过 1×10^{-3} 的失效状态；

（2）微小的失效状态是指那些平均每飞行小时失效概率等于或小于 1×10^{-5}，但是大于 1×10^{-7} 的失效状态；

（3）极微小的失效状态是指那些平均每飞行小时失效概率等于或小于 1×10^{-7}，但是大于 1×10^{-9} 的失效状态；

（4）极不可能的失效状态是指那些平均每飞行小时失效概率等于或小于 1×10^{-9} 的失效状态。

3.3.2.5 安全性目标

在民机行业中，25.1309 条款对安全性目标提出了要求，以确保安装在飞机上的设备和系统有一个可接受的安全性水平，其安全性目标可用图 3-1 表示。图中黑带为制订的安全性目标风险（工程上也可将黑带简易认为是公差带，黑带的带宽由工程经验和特定条件等因素决定，不同的型号可以有不同的黑带带宽），黑带以下为可接受的风险，黑带以上为不可接受的，黑带之内的风险是否可接受需借助工程经验进行判断。平均每飞行小时失效概率和失效状态影响的严重程度之间存在一种符合逻辑的可接受的反比关系：

（1）无安全性影响的失效状态无概率要求；

（2）轻微失效状态发生的概率是可能的；

（3）重大的失效状态发生的概率是较小的；

（4）危险的失效状态发生的概率是较小的；

（5）灾难的失效状态发生的概率必定是极不可能的。

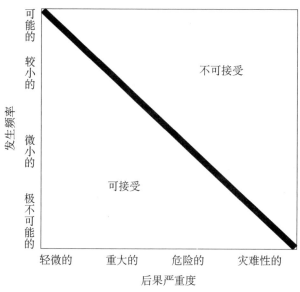

图 3 - 1　概率与失效后果严重程度之间的关系

为提高衡量安全性目标的可操作性，AC 25.1309 - 1B 综合考虑失效状态对飞机的影响、乘客和机组人员的影响，共同定性确定失效状态的严重程度。表 3 - 1 明确提出各种影响严重程度的判断标准。同时，对不同程度的失效状态概率目标进行量化。

表 3 - 1　概率与失效状态严重程度之间的关系

对飞机的影响	对操纵能力或安全性没有影响	操纵能力或安全裕度轻微地降低	操纵能力或安全裕度显著地降低	操纵能力或安全裕度大幅降低	通常会机体受损
对乘客和飞行人员的影响	不方便	身体不适	身体遇险可能包括受伤	少数乘客或机组人员受伤严重或致命	严重的灾难
对飞行机组的影响	对飞行机组没有影响	轻微增加工作量	身体不适或工作量显著增加	身体遇险或过度的工作量，减弱完成任务的能力	灾难或丧失工作能力
允许的定性概率	无概率要求	可能的	较小的	微小的	极不可能的

允许的定量概率：平均每飞行小时失效概率	无概率要求	≤10^{-3*}	≤10^{-5}	≤10^{-7}	≤10^{-9}
失效状态分类	无安全性影响	轻微的	重大的	危险的	灾难性的

* 这里提供的数字概率范围仅供参考。申请人不必完成定量的分析，也不用通过这种分析证明。对于轻微失效状态，这个数字标准已经得到满足。目前对运输类飞机产品，仅仅采用当前普遍接受的工业惯例即认为满足这个标准。

与灾难性失效状态相关的安全性目标可以通过证明以下内容得到满足：

（1）不存在单一失效导致灾难性失效状态；

（2）每个灾难性失效状态是极不可能的。

可能有个别情况不能满足灾难性失效状态的定量目标。对于这种情况，申请人可以提出一些替代方法以满足 FAA 的要求。一种可接受的替代方法应完成下述内容：

（1）表明所考虑系统的设计和构造所采用的是已充分证明的方法；

（2）使用故障树分析、马尔可夫分析、相关图分析等结构化方法来确定每一失效状态的平均每飞行小时失效概率；

（3）证明所有由系统引起的灾难性失效状态的平均每飞行小时失效概率的总和是极微小的。

3.3.2.6　AC 25.1309 条款符合性过程概述

AC 25.1309 - 1B 给出了系统安全性评估方法和过程概述。

（1）定义系统及其接口，确定系统要完成的功能。确定系统是否复杂，是否常规，是否与其他飞机上使用的系统相似。评估多个系统及其功能时，需考虑多个安全性评估之间的关系。

（2）确定和划分失效状态：所有相关的工程活动，如系统、结构、推力、飞行测试都应当包含在本过程中。可以通过进行功能危害性评估来确定和划分失效状态，通常使用下面的方法之一：

如果系统不是复杂的，且它的相关属性和应用与其他飞机上的系统相似，那么失效状态确定和分类可能由设计和安装评估以及由相似系统和已通过审定系统的使用经验得出。

如果系统是复杂的，有必要系统地假定任何可能的失效对飞机及其人员的安全性造成的影响，则既需要考虑单个失效或事件，也需要考虑与其他失效或事件组合。

（3）选择符合 25.1309 的方法。分析的深度和范围取决于系统功能的类型、系统失效状态的严重程度和是否为复杂系统（见图 3 - 2）。对于重大的失效状态而言，有经验的工程判定和运行判定、设计和安装评估以及类似系统的相关使用经验都可以接受，或者仅使用上述方法，或者与定性分析一起使用，或者选择性地使用定量分析。对于危险性或灾难性失效状态,应进行详细的安全性评估。申请人应尽早与局方就可接受的符合性方法取得一致。

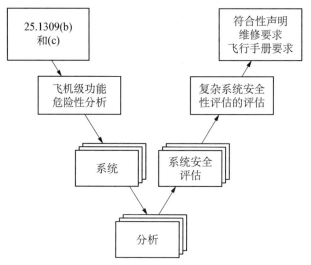

图 3-2　25.1309 条款符合性过程概述

（4）进行分析,产生局方同意接受用作表明符合性的数据。为表明符合性,一个典型分析应包括下述信息:

a. 系统功能、边界和接口的介绍。

b. 组成系统的零件和设备清单,如有可能,应包括它们的性能规范或设计标准和研制保证等级。该清单可以参考其他文件,例如技术标准规定、制造商规范或军方规范等。

c. 包括失效状态及其分类和概率（如果可以,应用定性的或定量的方法表示）陈述的结论,以表明符合 25.1309 的要求。

d. 建立正确性和完全性、并追溯得出该结论工作的一个描述。描述应该包含每个失效状态划分的依据（如分析、地面测试、飞行测试或模拟器测试）,还应当包括对所采用的共因失效预防措施的描述,提供一些诸如组件的失效率及其来源和适用性的数据,支持所作的假定,确定飞行机组人员或地面人员必要的措施。

（5）对于所有飞机级失效状态,通过评估多个安全性评估的分析和结论以确定符合要求。

（6）准备符合性陈述、维修要求和飞行手册要求。

3.3.3　系统安全性相关工业标准

为满足系统安全性评估的目标,就要飞机符合 CCAR/FAR/CS 25.1309 条款。对于简单系统,通过常规的详尽测试、直接检查、直接验证的方式就可以完成其对 CCAR/FAR/CS 25.1309 条款符合性的检查。由于大量复杂新技术的使用,这些直接技术难以审定其对 CCAR/FAR/CS 25.1309 的符合性,从而出台了相应的工业标准。下面主要针对这些内容进行分析。

在 CCAR/FAR/CS 25.1309(a)条款中要求"凡航空器适航标准对其功能有要求的设备、系统及安装,其设计必须保证在各种可预期的运行条件下能完成预定功能",其中的"可预期的运行条件"包括外部环境和内部环境。针对这些环境严重程度及其环境实验程序等内容,出台了 RTCA DO - 160G/EUROCAE ED - 14G,即《机载设备的环境条件和试验程序》。

为了满足 CCAR/FAR/CS 25.1309(b)条款,对于包含许多复杂或综合系统的飞机,可能需要设计某一方案来描述一种特定的程序。这个方案应当包括三方面的内容:一是系统间的功能干扰和外形的干扰;二是符合性详细方法的决定,包括设计保证技术的使用;三是确定完成该方案的方法。对复杂或综合系统而言,因为系统的所有状态还不能确定,所以对这些系统进行详细测试是不可能的,另外这些大量的测试也是不切实际的。对于这类型的系统,符合性可以通过设计保证技术的使用给出。为此,出台了工业标准 SAE ARP4754/ED - 79 和 SAE ARP4761,特别针对软件、复杂电子硬件和综合模块化航电系统设计分别出台了工业标准 DO - 178B/ED - 12B、DO - 254/ED - 80 和 RTCA DO - 297。同时,为保证飞机安全飞行,还制定了运营阶段飞机安全性评估标准 SAE ARP5150/ARP5151。这些标准的相互关系如图 3 - 3 所示。

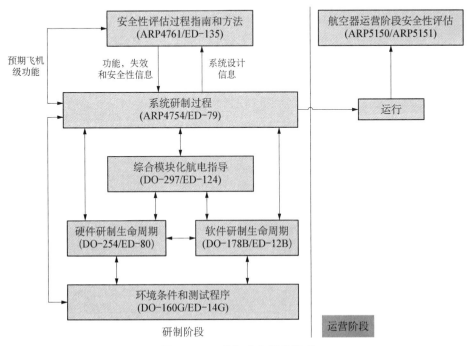

图 3 - 3　工业标准之间的关系

3.3.3.1　SAE ARP4754[32]

SAE ARP4754《关于高度综合或复杂飞机系统的合格审定考虑》指导高度综合或复杂系统的开发,为局方和申请人在高度综合或复杂系统的审定方面提供指南。

对高度综合或复杂系统的合格审定需要考虑下列问题(ARP4754 含有为这些项目提供的指导):

(1) 制订需求;

(2) 分配需求;

(3) 考虑架构;

(4) 综合;

(5) 安全评估过程(高层级的);

(6) 确定具体系统的研制保证等级;

(7) 确认需求(完整性和正确性);

(8) 设计、实施和验证等情况考虑。

针对高度综合和复杂的系统,ARP4754 中建议制订的合格审定文件有:合格审定计划、研制计划、架构及其设计、需求、确认需求的计划、验证设计符合需求的计划、构型管理计划、过程保证计划、构型(配置)索引、功能危害性分析、初步系统安全性评估、系统安全性评估、共因分析、确认需求的资料、验证设计符合要求的计划、构型管理证据、过程保证证据、合格审定摘要。其中,合格审定计划、构型索引和合格审定摘要是需要提交给局方的资料。申请人应该编制上述所有资料。其中的一些资料可能还需要供应商编制。对于供应商编制的资料,局方也可能要求提供。

自 1996 年发布以来,SAE ARP4754 已经广泛应用于民用航空器高度综合复杂系统适航审定过程中。但是随着系统设计中功能综合复杂性不断提高,该标准已经无法完全满足当前的技术需求。因此,SAE 于 2010 年 12 月发布 ARP4754A,扩展了标准适用范围、完善了研制过程、重新制订了研制保证等级分配原则,并优化了文档大纲结构,将原来的第 4 到 10 章合并成现在的两章。其中,ARP4754A 中的研制保证等级分配方法在 3.7 节详细说明,以下具体介绍适用范围和研制过程方面的不同。

1) 标准的适用范围

SAE ARP4754 主要针对高度综合复杂的电子系统,即执行或影响多个飞机级功能的,且无法仅通过测试来表明安全性的系统。然而,其也可适用于发动机系统和相关设备。ARP4754A 对标准适用范围进行了扩展,增加了飞机级开发生命周期过程模型,因此同时适用飞机和执行飞机级功能的系统的研制。

此外,SAE ARP4754A 在 SAE ARP4754 的基础上针对综合模块化航电(IMA)的新技术,提出了符合 RTCA/EUROCAE DO-297/ED-124 的要求。同时补充服役阶段安全性评估内容,提出满足 ARP5150"服役中运输类飞机的安全性评估"和 SAE ARP5151"服役中通用航空飞机和螺旋桨航空器的安全性评估"的要求。这表明 SAE ARP4754A

不仅仅包含飞机和系统研制阶段的内容,同时也包含运营维护阶段的相关要求。

2)研制过程

SAE ARP4754A 进一步强调了在进行航空器或系统研制之前,需要完成计划过程,以确定通过何种方式使生产的航空器或系统满足相关需求,同时也可以提供与适航要求一致的置信度。与 SAE ARP4754 相比,研制计划阶段确定所有的计划内容,包括研制计划、安全性项目计划、需求管理计划、确认计划、实现验证计划、构型管理计划、过程保证计划和合格审定计划,为研制阶段的开展做了至关重要的准备。

此外,SAE ARP4754A 中要求的研制阶段包括概念设计阶段、研制阶段和生产/运营阶段,因此通过扩展研制阶段,确保和提高了航空器和相关产品的可靠性、安全性。

3.3.3.2 SAE ARP4761[33]

1979 年 SAE 颁布了 SAE ARP926A《零件失效模式及其影响分析和故障树分析》,并于 1986 年颁布了 SAE ARP1834《数字系统的故障和故障分析》。然而从目前的需求来看,SAE ARP926A 和 SAE ARP1834 已经明显不能适应新技术的发展,其存在着诸如为安全性目标所作的指南不完善、强调可靠性/维修性,以及内容过时(如不适合DO-178B、没有强调飞机级分析、没有充分地覆盖共模分析、没有 PSSA)等缺陷。目前,SAE ARP926A 和 SAE ARP1834 已经被 SAE ARP4761(民用机载系统和设备安全性评估过程的指南和方法)替代。然而,AC23.1309-1C 允许在某些环境下对小飞机进行的系统安全性评估继续延用 SAE ARP926A 和 SAE ARP1834 中规定的方法。

按 ARP4761 的描述,系统安全性评估过程、系统研发过程中的安全性评估过程如图 3-4、图 3-5 所示。

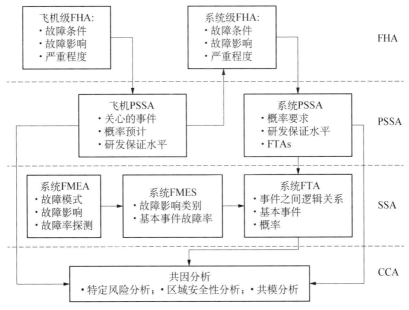

图 3-4 系统安全性评估过程

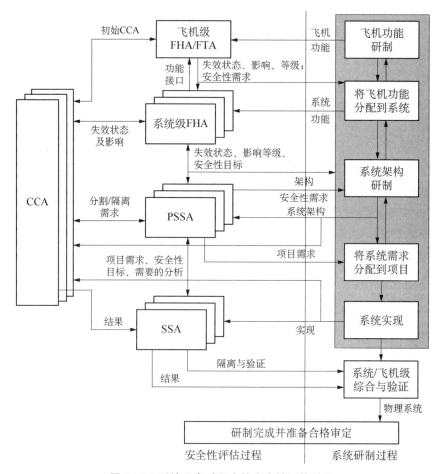

图 3-5 系统研发过程中的安全性评估过程

SAE ARP4761 中提出的新概念有：

（1）更加正式地说明共因分析可分为区域安全分析、特定风险分析和共模分析。

（2）飞机级功能危害性评估。

（3）初步系统安全性评估：提供一个在设计过程早期更加系统地评估安全性的方法，并且减少了研发计划即将结束时出现不期望的结果。

（4）故障树分析：基于每飞行小时的故障条件概率的计算；对于特定型别的飞机，用计算概率的结果除以平均飞行时间来确定每飞行小时的概率；解决潜在故障的暴露时间和受监控故障的其他情况（对带有监控器故障的考虑）。

SAE ARP4761 代表了多数人的观点，其中的技术尚未被制造商全部采用，需随着时间推移逐步采纳。如果满足了安全性评估的要求，在对有关内容进行附加分析（合理性分析、保守性分析和可追溯性分析）后，旧的方法或其他方法也是可接受的。

3.3.3.3 RTCA DO-178B

设计实践表明,由于机载软件规模大、复杂度高等特性,如果不对软件开发过程进行控制则很难判定开发的软件是否满足系统或设备的需求。所以,软件安全性实现的关键在于对开发过程的控制。鉴于此,工业界和适航当局一致同意用 DO-178B (机载系统和设备的软件审定考虑)提出统一的软件开发和评审过程的控制要求。

由于安装在机载系统或设备中的软件是机载系统或设备中的一部分,不是独立存在的,它与系统或设备紧密相关。因此,软件审定基础和软件研制保证等级是基于系统功能危险等级和系统安全性评估确立的。软件研制保证等级是开展 DO-178 相关工作的基本输入之一。

由于 DO-178B 早于 ARP4754 发布,其中也包含软件研制保证等级的确定原则。如果在确定软件研制保证等级时遇到 DO-178B 制订的等级低于 ARP4754 的等级,则应该按照后者明确的等级进行开发工作。

2011 年 12 月 13 日 RTCA 发布 DO-178C,修改了 B 版本中描述不清楚、不一致的部分,增强了标准的可读性,尽可能保持了 DO-178B 的结构和内容。同时为了补充和完善 B 版在软件技术应用方面的局限,同时发布了 DO-330、DO-331、DO-332、DO-333,在形式化验证、面向对象技术、基于模型的开发验证、工具鉴定等新技术的使用方面给出了详细的指导,以适应机载软件技术的快速发展。

3.3.3.4 RTCA DO-254

出于与软件开发相同的理由,需要制订一个关于复杂电子硬件研制过程控制的文件,来统一工业界和适航当局的要求,这就是 DO-254(机载电子硬件的设计保证指南)出台的背景。

"定制的微编码装置"(如专用集成电路、外场可编程门列阵和可编程逻辑器件等)常常像以微处理器为基础的系统控制软件那样复杂。因此,需要用一个结构化的设计方法来满足适当的功能和安全性需求,以确保这些器件具有一个适当的研制保证等级(DAL)。DO-254/ED-80 提供了这样一个方法。

(1)定义硬件研制保证等级。

(2)为满足 DAL 需要的设计保证活动提供指导。值得注意的是,为满足设计保证等级所进行的活动比如何进行细节设计更为重要。

(3)对满足 DAL 需要的过程来说,允许对其进行的选择具有灵活性,以便使新的过程技术变得更有效。

(4)本指南并非是唯一的设计保证方法。建立在对适用规章的符合性之上的其他方法或程序在进行评估并得到适航局方认可后也可以采用。

(5)以电子硬件实施的系统功能为基础自上而下地进行观察,而不是以实施功能所使用的具体硬件为基础自下而上地观察。自上而下的方法在关注由系统和硬件设计决策造成的设计错误方面及有效验证过程方面更加有效。硬件的设计保证过程始于系统设计,其与系统功能的分配和系统级研制保证等级(DAL)存在一一对应的关系。

3.3.3.5　RTCA DO‐160G

该标准定义了一系列的环境试验条件最低标准和机载设备适用的试验程序。这些试验的目的是提供一种方法。这种方法可以在试验室中模拟航行中设备可能遇到的环境条件,从而测试机载设备性能特性的方法。

在此包含的这些标准的环境试验条件和试验程序可能可以和适用的设备性能标准一起使用,作为在环境条件下最低规范。这可以充分确保运作中的性能。对机载设备的环境条件提出了明确的要求,并规范了相应的测试程序。其中涉及的测试包括:温度试验、高度减压试验、温度变化试验、湿度试验、冲击和坠撞试验、振动试验、爆炸防护性试验、防水试验、流体敏感性试验、砂尘试验、霉菌试验、盐雾试验、磁影响试验、电源输入试验、电压尖峰试验、电源音频传导敏感性试验、感应信号敏感性试验、射频敏感性试验、辐射敏感度试验、射频能量发射试验、雷击感应瞬态敏感度试验、雷击直接影响试验、结冰试验、静电放电试验(ESD)、防火试验。这些环境条件和试验程序不必适用所有的机载设备。选择适当的和/或另外的环境条件和试验程序是制定特定机载设备性能标准作者的任务。

3.3.3.6　RTCA DO‐297

2005 年 RTCA 发布 DO‐297,为 IMA 平台研制商、应用研制商、集成商、审定申请人,以及那些与批准和 IMA 系统持续适航相关人员提供指导。该份文件针对 IMA 模块、应用或系统的各研制阶段,提出应达到的目标,明确处理过程和执行的相关活动,以逐步提高研制保证置信度,直至获取该系统安装在型号中的批准。

综合模块化航电系统(IMA)是由一系列灵活、可重复使用并可操作的硬件和软件等资源构成的共享平台,向驻留其中的飞机级功能应用等提供必要的资源和服务。与传统的联合式系统架构相比,其具有资源共享和强健分区等特性。而正是这些特性,使得架构愈加复杂,系统安全管理和安全性性分析难度大幅增加。此外,IMA 特性也迫使系统增加实现故障管理、健康监控、机组通告、维护信息报告和冗余管理等功能,也进一步增加难度。

在适航安全管理方面,明确分工和责任等前提下,采用积累式逐层审批方法,即模块、驻留应用、IMA 系统集成和整机安装逐步研制实施并获取民航当局的批准。其间,每一步骤批准都以前一步骤的顺利获批为基础。

而在安全性分析技术方面,除了需要根据 ARP4754 和 ARP4761,针对 IMA 系统进行 FHA、PSSA、SSA 和 CCA 外,还需要进行分区分析、网络保障性分析等特殊分析,以确保 IMA 的安全性。

3.3.3.7　SAE ARP 5150/5151[34]

2003 年 11 月 RTCA 发布 ARP5150 *Safety Assessment of Transport Airplanes in Commercial Service*。2006 年 10 月 RTCA 发布 ARP5151 *Safety Assessment of*

General Aviation Airplanes and Rotorcraft in Commercial Service。

该标准描述运营阶段运输类/通用飞机安全性评估的指南、方法和工具。目的是支持整个安全性管理项目。文中确定了一种(并不唯一)系统地运营阶段安全性分析的方法。该标准不涉及安全性管理过程中与经济性决策相关的部分,而仅考虑安全性评估过程。此外,该标准关注评估过程中需要完成的工作,但不涉及组织架构的确定。

3.4 民机安全性分析与评估

安全性评估过程主要包括功能危害性评估(functional hazard assessment,FHA)、初步系统安全性评估(preliminary system safety assessment,PSSA)、系统安全性评估(system safety assessment,SSA)和共因分析(common cause analysis,CCA),其相关的各种分析方法在评估过程中所处的位置关系,如图 3 - 6 所示。

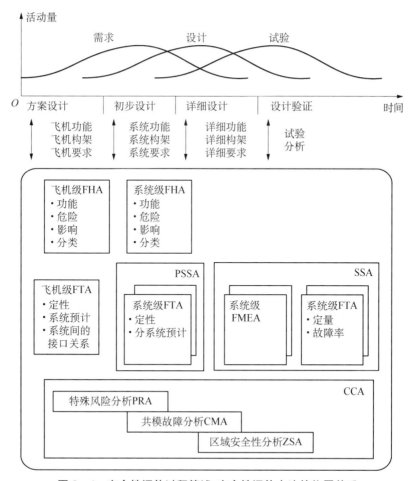

图 3 - 6 安全性评估过程简述-安全性评估方法的位置关系

研制过程本身是一个反复迭代的过程,而安全性评估过程是这个过程中必不可少的一部分。安全性评估过程始于概念设计阶段,得出其安全性需求。随着设计的推进,更改会不断产生,而更改后的设计又必须重新进行评估,这种重新评估又可能产生新的设计需求,新的设计需求又可能需要通过进一步的设计更改来满足。因此,安全性评估同研制过程一样,也是一个反复迭代的过程。这种安全性评估过程要持续到设计满足安全性需求为止。在图 3-6 中,上端给出了一条典型研制周期的时间线,体现了安全性过程与研制过程之间的时序关系。

初步系统安全性评估(PSSA)是对所提出的架构进行系统性检查,以确定失效如何导致 FHA 中所确定的失效状态。同时,PSSA 对飞机/系统进行研制保证等级的分配。PSSA 的目标是完善飞机、系统或设备(即设备、软件、硬件)的安全性需求,并确认所提出的架构能够合理地满足安全性需求。PSSA 可以确定保护性措施(如隔离、机内测试、监控、独立性和安全性维修性任务间隔等)。SSA 及其他文件应该以 PSSA 的输出作为其输入,包括但不限于系统需求、软件需求及硬件需求。PSSA 是与设计定义相关的反复迭代的过程。PSSA 在系统研制(包括飞机、系统及设备设计定义)的多个阶段进行。在最低层级,PSSA 确定了与硬件及软件安全性有关的设计需求。

系统安全性评估(SSA)是对所实现的飞机和系统的一种系统性和综合性评价,以表明其满足相关的安全性需求。PSSA 与 SSA 的区别在于:PSSA 是评价所提出的架构以及生成系统/设备安全性需求的方法,而 SSA 是验证所实施的设计满足PSSA 定义的安全性需求的方法。SSA 综合各种分析的结果,以验证整个飞机/系统的安全性,并具体考虑了 PSSA 所确定的安全性方面的问题。SSA 通常建立在PSSA 中 FTA 的基础上,并且要用到 FMES 所获得的定量数据。通过 SSA 应当确认 FMES 列出的所有重要的故障影响都作为主事件在 FTA 中加以考虑。FMES是对 FMEA 列出故障的一个概括,其中根据故障影响对其进行了分组。可用的共因分析结论也必须包含在 SSA 之中。

为满足安全性或规章要求,功能、系统或设备可能要求具有独立性。因此,有必要确保这种独立性的存在,或者确保缺乏独立性的情况是可接受的。共因分析(CCA)提供用以验证独立性或确定具体相关性的工具。应排除会导致灾难性失效状态的共因事件。特别地,CCA 可确定能够导致灾难性的或危险的/严重的失效状态的单个失效模式或外部事件。共因分析可进一步分为三个用以辅助安全性评估的研究领域:特定风险分析(particular risk analysis,PRA)、区域安全性分析(zonal safety analysis,ZSA)和共模分析(common mode analysis,CMA)。在各个系统的PSSA 和 SSA 中要用到整机级别的共因分析的结论。这些分析可在设计过程的任何阶段进行。很显然,由于对系统架构和安装的潜在影响,在设计过程的早期进行分析是最经济的。然而,只有到研制实现完成时,对这些分析的证明才是可行的。当

SSA 的结果与系统级和整机级的 FHA 核对通过时,整个安全性评估过程也就完成。

3.5 功能危害性评估

3.5.1 FHA 概述

功能危害性评估(FHA)是对功能进行系统而全面的检查,以确定这些功能的失效状态并按其严重性进行分类的过程,是新机型或改进机型设计过程中安全性评估的第一步。该评估方法起始于飞机概念设计阶段,并为飞机后续研制提供设计要求和安全性需求的重要依据。FHA 分析结果是下一步安全性评估流程,如初步系统安全性评估(PSSA)和系统安全性评估(SSA))的必要输入,也为后续系统、子系统设计架构提出安全性设计需求,帮助确认系统架构的可接受性,发现潜在问题和所需的设计更改,确定所需的进一步分析的要求及范围。图 3-6 表明安全性评估过程与飞机研制过程关系。FHA 通常在两个级别上进行,分别为飞机级 FHA 和系统级 FHA。

FHA 的目的是识别飞机/系统级别下的功能并考虑功能失效和功能异常两种情况时,建立飞机/系统的失效状态清单及其相关分类。当失效影响和分类从一个飞行阶段到另一个飞行阶段发生变化时,FHA 应识别每个飞行阶段的失效状态。

FHA 过程是一种自上而下识别功能失效状态和评估其影响的方法,应按照如下过程进行评估工作:

(1) 确定与分析层次相关的所有功能(包括内部功能和交互功能);

(2) 确定并说明与这些功能相关的失效状态,考虑在正常和恶化环境下的单一和多重失效;

(3) 确定失效状态的影响;

(4) 根据失效状态对飞机或人员的影响对其进行分类(灾难性的、危险的、重大的、轻微的和没有安全性影响的);

(5) 给出用于证明失效状态影响分类所要求的支撑材料;

(6) 提出用于验证失效状态满足安全性需求的符合性验证方法。

3.5.2 功能确定

进行 FHA 首先需要确定所分析层次相关的所有功能,包括内部功能和交互功能。应通过获取必要的原始资料,确定功能并建立功能清单。

1) 获取必要的原始资料

飞机级 FHA 的输入如下:

(1) 飞机顶层功能清单(如升力、推力等);

(2) 飞机目标和用户需求(如旅客数量、航程等);

(3) 初步设计决策(如发动机数量,飞机布局等)。

系统级 FHA 的输入如下：

(1) 所分析系统的主要功能清单；

(2) 外部接口的功能图；

(3) 在飞机级 FHA 中建立的功能清单；

(4) 在飞机级 FHA 中建立的失效状态清单；

(5) 在系统设计要求和目标文件中定义的需求；

(6) 上层的设计方案选择及其原理。

2) 建立功能清单

应根据以上资料按照逐层展开的方式进行相应的功能分析，找出所有工作状态和模式下可能的所有功能（包括内部功能和外部功能），形成用于功能危害性评估的系统功能清单。

(1) 内部功能。在飞机级，内部功能指的是飞机的主要功能和飞机内部系统之间的接口功能；在系统级，内部功能指的是所分析系统的功能以及该系统内部设备之间的接口功能。

(2) 外部功能。在飞机级，外部功能指的是飞机与其他飞机或地面的接口功能；在系统级，外部功能指的是其他系统提供给所分析系统的功能，或所分析系统提供给其他系统的功能。

3.5.3 失效状态的确定和说明

失效状态的确定过程应从建立环境和构型清单开始，然后，考虑内部功能清单、交互功能清单以及环境和应急/非正常构型清单的所有设备。最后，再分析在正常和恶化环境下单一和多重失效，建立飞机/系统失效状态清单。

1) 环境和应急构型清单

在飞机级进行失效状态识别时应考虑环境条件清单，例如：

(1) 天气；

(2) 高强度辐射场；

(3) 火山灰。

在确定失效影响时，还应考虑影响飞机布局的应急或非正常状态清单，例如：

(1) 水上迫降；

(2) 发动机停车；

(3) 丧失通信；

(4) 座舱释压。

对于系统级 FHA，应考虑的环境条件清单源于飞机级 FHA 及其在系统初步设计阶段所决策的系统架构衍生出的清单。应急/非正常情况应考虑诸如：

(1) 丧失液压系统；

（2）丧失电气系统；

（3）丧失设备冷却系统。

2）失效状态的确定

考虑单一和多重失效,建立失效状态清单。典型的单个失效状态如下：

（1）功能丧失；

（2）无通告的功能丧失；

（3）功能失常。

典型的多重失效状态如下：

（1）机上有三套液压功能时,丧失其中两套；

（2）同时丧失通信与导航功能。

3.5.4 失效状态影响

确定各功能失效状态或危险状态对飞机或人员（飞行机组、乘客、维修人员等）的影响。在飞机级 FHA 中可以直接评估功能失效对飞机、机组和乘员的影响；但是在系统级 FHA 中,由于系统功能之间的交互作用,使得某系统功能失效或故障可能对其他系统造成一定影响。因此,进行系统级 FHA,还要确定该功能故障对所分析系统以及其他系统的影响。

3.5.5 失效状态影响分类

失效状态分类：灾难性的、危险的、重大的、轻微的和安全性无影响的。失效状态影响分类应根据失效对飞机、机组和乘员的影响程度进行分类。在确定影响等级时可参考以下原则：

（1）指示系统错误指示一般比指示系统故障或失效的影响更严重；

（2）应了解并明确飞机对驾驶员的操作与控制要求,包括在各飞行阶段对驾驶员的工作要求,以便分析失效状态对驾驶员操作的要求和影响；

（3）如果同一功能故障在不同阶段对飞机或人员产生的影响不同,则在分析中要分别列出。

3.5.6 功能危害性评估表格

FHA 工作的结果填入分析表格。功能危害性评估如表 3-2 所示。

表 3-2 飞机级功能危害性评估表

功能	失效状态	工作状态或飞行阶段	危险对飞机或人员的影响	影响等级	影响等级的支撑材料	验证方法	附注
（1）	（2）	（3）	（4）	（5）	（6）	（7）	（8）

符合性验证方法的确定原则如图 3-7 所示。

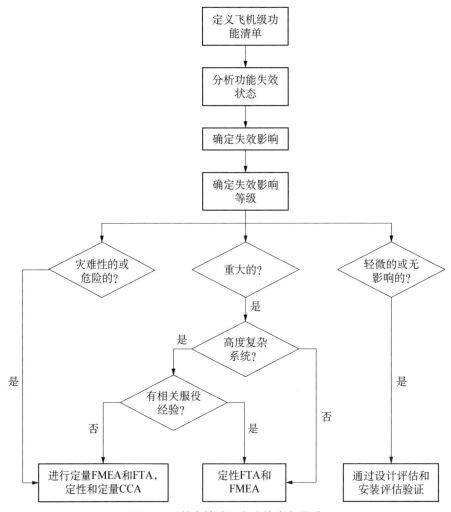

图 3-7　符合性验证方法的确定原则

3.5.7　FHA 报告

应对功能危害性评估过程中产生的文件,如 FHA 功能清单、环境和应急构型清单等文件进行归档,以便对 FHA 过程中所采取的步骤具有可追溯性。

FHA 报告应包括以下内容:

(1) 功能说明;

(2) 失效状态;

(3) 运行阶段;

(4) 失效对飞机、飞行机组和乘员的影响;

（5）失效状态分类；

（6）评估过程中引用的支撑材料；

（7）验证方法（为满足安全性目标而规定的设计验证方法）。

3.5.8 AFHA 实例

1）确定飞机级功能

表 3-3 给出了民用飞机通用功能清单示例。

表 3-3 通用类飞机级功能清单示例

第一层功能	第二层功能
1. 推力控制	1.1 推力产生控制
	1.2 推力控制
2. 地面控制	2.1 地面速度控制
	2.2 地面方向控制
	2.3 提供地面构型
	2.4 为地面控制提供数据
3. 飞行控制	3.1 滚转控制
	3.2 偏航控制
	3.3 俯仰控制
	3.4 提供导航数据
4. 提供通信	4.1 内部通信
	4.2 外部通信
5. 驾驶舱及货舱环境控制	5.1 空气控制
	5.2 提供生命保障
	5.3 提供出/入口
	5.4 提供灯照明
6. 人机交互界面	提供数据、控制、指示及警告
7. 耗材和能源供给	7.1 燃油供给
	7.2 水供给
	7.3 氧气供给
	7.4 液压源供给
	7.5 电源供给
	7.6 气源供给
	7.7 辅助动力供给
8. 自然和诱发环境预防功能	8.1 预防环境危害
	8.2 预防内部危害

2）确定失效状态

从表 3-3 中所列飞机级功能选择部分功能进行失效状态分析,表 3-4 给出了飞机级功能及可能考虑的相关失效状态。

表 3-4　飞机级功能及其可能考虑的失效状态示例

飞机级功能	失效状态
推力产生控制	完全丧失推力
	丧失单侧推力
推力控制	丧失两侧推力控制能力(不含停车)
	丧失单侧推力控制能力(不含停车)
地面速度控制	完全丧失地面速度控制功能
	通告的部分丧失地面速度控制功能
	未通告的部分丧失地面速度控制功能
	非指令性地面减速
地面方向控制	通告的地面方向控制功能完全丧失
	未通告的地面方向控制功能完全丧失
	非指令转弯
提供地面构型	……

3.6　初步系统安全性评估

FHA 初步完成后,需要结合系统架构,开展初步系统安全性评估(preliminary system safety assessment, PSSA)过程。该过程是安全性评估过程的关键环节之一,也是系统顶层安全性工作与软件/硬件安全性工作的桥梁。通过该评估,可将顶层的安全性需求向子系统及设备级分配,是实现自上而下设计理念的核心部分。

PSSA 过程和设计过程相互作用、紧密联系关联,在整个设计周期内连续迭代进行。其通过对推荐的系统架构进行系统检查,以确定故障是如何导致 FHA 中所确定的失效状态的,以及如何能够满足 FHA 中所确定的定量的与定性的安全性目标与需求,同时将系统级功能危害性评估中产生的系统安全性需求(概率、研制保证等级等)分配给子系统/设备,将设备级安全性需求分配到软件和硬件,从而确定系统各层次级设计的安全性需求和目标,为系统设计与研制活动、SSA 等活动提供必要的输入,PSSA 的作用与目的主要有以下几点:

(1) 探究导致 FHA 中所识别确定的功能危害性的机理,并确定满足 FHA 的途径;

(2) 根据初步的数据、信息和系统详细的架构,来证明与 FHA 中失效状态相关的安全性定性和定量需求得以满足；

（3）确定系统各层次定性的和定量的安全性需求（如功能和软硬件的 DAL 要求、概率要求等），一般这些要求将包含在产品技术规范等文件中；

（4）确定对相关活动的安全性需求，如安装、维修、运行要求手册等；

（5）确定所提出架构和所制定的方案满足飞机/系统的安全性顶层需求和安全性目标；

（6）确定对其他系统、接口和交互功能的安全性需求等；

（7）产生 FTA 中所使用的独立性假设清单，以便于确认与验证；

（8）确定共模分析的输入等。

对于所分析的系统，PSSA 阐明在 FHA 中所确定识别的所有重要的故障失效状态，分析方法可以是定性的，也可以是定量的，其使用的定性或/和定量分析方法将由失效状态影响危险等级、复杂程度、相似系统服役经验等综合分析来确定。

3.6.1 故障分布类型假设

在进行 PSSA 和 FTA 的计算、预计和分配时，一般假设系统的故障服从指数分布，而指数分布里的故障率 $\lambda(t)$ 服从浴盆曲线分布。

在计算暴露时间和进行 PSSA 定量分析时，需要确定一参数值——平均飞行时间。顾名思义，平均飞行时间是指飞机飞行一个循环（起落）所使用的时间，以小时为单位，故也称为平均飞行小时。平均飞行时间根据飞机类型和任务剖面的不同而不同，其准确的数值由市场和统计，并结合以往的经验和用户的需求而得出，表 3-5 给出了不同类型飞机平均飞行小时时间的示例。

表 3-5 不同机型典型平均飞行时间示例

飞机类型	支线飞机	窄体飞机	宽体飞机
平均飞行时间/fh*	1 左右	2～4	>4

3.6.2 PSSA 输入

在进行 PSSA 时需要具备必要的条件和输入，其主要包括以下几个方面：

（1）飞机级 FHA 所确定识别的失效状态及相关需求（包括 DAL、概率要求等）；

（2）飞机级 FTA；

（3）系统级 FHA 所识别确定的失效状态及相关需求；

（4）初步的 CCA；

（5）推荐或确定的系统架构；

---

* fh=flight hour，飞行小时。

（6）与其他系统的接口和相互关系；

（7）系统设备清单及其功能等。

3.6.3 PSSA 分析过程

PSSA 是一种自上而下的分析方法，根据系统级 FHA 失效状态等级对预期的架构及其实施情况进行系统性的评估，输出系统/组件的安全性需求。在对系统架构进行初步评估时，应充分进行 CCA，对系统设计实施的功能冗余度、功能隔离和功能独立性进行评判。

PSSA 主要输入有两个，一是系统级功能危害性评估，二是系统架构。系统级功能危害性评估主要产生 PSSA 过程中要分析的失效状态及其类别；系统架构则给出了系统的组成、设备清单及相应功能。

由 PSSA 中的故障树底事件产生的安全性需求应传递到故障模式与影响分析的分析者手中。这些信息可以帮助分析者决定 FMEA 分析的重点和深度。

PSSA 过程主要包括以下三个部分：

（1）分析系统的安全性需求；

（2）评估失效状态；

（3）输出底层设计的安全性目标及需求。

3.6.4 PSSA 的输出结果

通过进行和完成 PSSA 过程，将产生各层级的 PSSA 分析结论，并为系统设计低一层级的 PSSA 和 SSA 验证提供输入。其中分析结论包括：

（1）低层级的系统或设备的安全性需求（故障概率、环境合格鉴定要求、闪电/HIRF 要求等）；

（2）安装要求（隔离、分离等）；

（3）功能和软/硬件的研制保证等级；

（4）安全性维修任务和运行任务等。

PSSA 是自上而下分配安全性需求的过程，系统安全性评估（SSA）则是自下而上验证这些安全性需求的过程。对于在不同层级实施的 PSSA，都有一个 SSA 过程与之对应。SSA 评估所有重要失效状态及其对飞机的影响，其分析过程类似PSSA，但在范围上有所不同。PSSA 是结合系统架构，自上而下地将 FHA 中的需求分配给子系统/设备，再将设备级需求分配到软件和硬件，导出系统各层级设计的安全性目标和需求，同时表明系统如何满足 FHA 中确认的失效状态的定量和定性安全性要求。SSA 是自下而上地验证可实现的设计方案是否已满足 FHA 和 PSSA 中所定义的定性和定量安全性需求的过程。

SSA 的目标是：

（1）验证 SFHA 中安全性需求（设计需求）和目标是否满足；

（2）验证在系统架构、设备、软件及飞机安装的设计中所考虑的安全性需求是否已经满足；

（3）确认在FHA/PSSA中确定的所有证明材料是否已经关闭。

3.6.5　SSA过程

对每个待分析的飞机系统，SSA应总结所有重要的失效状态及其对飞机的影响，采取定性或定量分析的方法来验证其符合性。系统安全性评估的具体分析需求可能不同，这取决于设计、复杂性和被分析系统要实现的功能类型，应根据相应的PSSA来建立分析的需求。

通过图3-8右侧这些自下而上的分层验证，根据在PSSA过程中提出的安全性需求可以验证硬件可靠性需求、架构需求和软/硬件研制保证等级。低于规定级别的设计应当执行第二次评估来决定其是否符合原来的需求。RTCA DO-178B标准用来验证软件实现是否满足要求的研制保证等级。RTCA DO-254标准用来验证硬件实现是否满足要求的研制保证等级。

设备级FMEA及其FMES用来支持设备FTA/CCA中考虑的失效模式所对应的失效率。系统级FMEA及其FMES用来支持系统FTA中考虑的失效模式对应的失效率。通过对FTA/CCA中系统的重新评估来确定飞机级FTA中的失效模式和失效概率。飞机FTA/CCA通过与AFHA对比，以确认是否与飞机级的失效状态及其安全性目标一致。由设备综合到系统，系统综合到飞机，并与AFHA中所确定的失效状态进行对比。

综上所述，SSA过程包括以下几部分内容：

（1）验证系统设计需求；

（2）评估失效状态；

（3）输出底层设计的安全性目标及要求。

系统的安全性评估如图3-8所示。

3.6.6　SSA的输出

SSA过程的结果形成文件可能包括：

（1）已更新的失效状态清单或FHA，包括用来表明符合安全性需求（定性和定量）的基本原理。

（2）表明系统设备安装（分隔、保护等）的设计需求如何被组合的文档。

（3）用来确认失效状态分类的材料。

（4）安全性维修任务和与之相关的维修时间间隔。

（5）表明系统和设备（包括硬件和软件）是如何开发使其与所分配的研制保证等级相一致的文档。

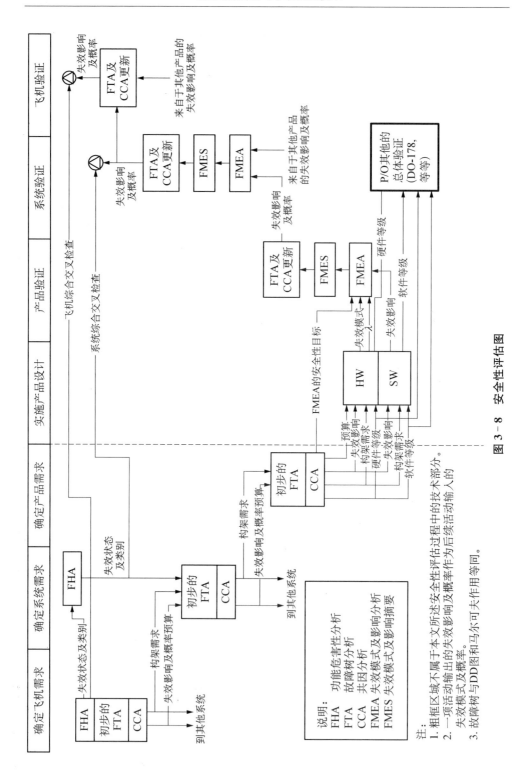

图 3 - 8　安全性评估图

3.7　故障模式及影响分析[35]

在安全性评估过程中,故障模式及影响分析技术(FMEA/FMES)是获取故障树基础事件(包括其失效率数值)的主要方法和手段,为 SSA 过程由下而上的安全性目标验证提供了基础数据。故障模式与影响分析(FMEA)是分析系统中每一功能、组件或零部件所有可能产生的故障模式及其对系统造成的所有可能影响,并按每一个故障模式的严重程度及其发生概率予以分类的一种归纳分析方法。

在民用飞机机载系统和设备安全性评估过程当中,FMEA 的目的如下:

(1) 推导和评估系统中每个零部件假定故障的影响;

(2) 寻找具有重要影响的单点故障;

(3) 寻找隐蔽故障;

(4) 为故障树提供更详细的信息。

与故障树分析法(FTA)不同的是,FMEA 中不考虑组合失效的情况,它只考虑单一失效的影响。FMEA 既可以是定量的也可以是定性的,并且可以在所有类型的系统中执行(如电气、电子或者机械系统)。

FMEA 是一种系统地、自下而上地识别系统、单元与功能的故障模式并确定其对上层影响的方法。FMEA 可以在系统的任一层次上进行(如零件、功能等)。软件同样可以进行定量的功能 FMEA。通常 FMEA 用来分析单一故障的故障影响。

FMEA 可以与 FTA 或者关联图(dependence diagram,DD)一起进行定量分析。此外,通过自下而上提供故障影响列表,FMEA 能够对 FTA/DD 进行补充。

FMES 是对产生相同故障影响(每一特定的故障影响都有其各自的单一故障模式类别)的单一故障模式的总结。FMES 从飞机制造商、系统集成商或者设备供应商的 FMEA 中获得。FMES 的结果通常用来为安全性评估过程中故障树分析或者相似分析提供基本事件的失效率。此外,FMES 还应该满足用户进行更高层次的FMEA 和/或系统安全性评估 FTA 的需要。

3.8　特定风险分析

特定风险分析是评估系统在特定风险中保持功能不受影响或处于可接受状态的能力。特定风险是指同时会影响到多个系统的某些风险,一般包括发动机非包容性转子失效、机轮及轮胎失效、液压蓄能器爆裂、鸟撞、火烟、轴连枷、闪电、高强度辐射场等。特定风险分析主要是用于表明对 CCAR/FAR/CS 25.1309 条款的符合性,以及其他特定要求。特定风险分析作为系统安全性评估的一部分,适用于新型号的设计或者对现有设计的更改。

3.8.1　发动机非包容性转子失效的风险分析

尽管涡轮发动机和辅助动力装置的制造单位一直在努力降低转子非包容性失

效发生的可能性,但是,历史经验表明,压气机和涡轮转子非包容性失效仍在不断发生。涡轮发动机失效产生的高速碎片,可能击穿飞机上的邻近构件、燃油箱、机身、系统部件以及其他发动机。到目前为止,尽管辅助动力装置的非包容性失效对飞机所造成的损伤是微小的,但是必须考虑其转子失效所产生碎片的影响。由于不可能完全消除转子非包容性失效,因此 CCAR/FAR/CS 25 部要求飞机采取设计预防措施将非包容性失效造成的危险降至最小。

为了保证飞机在非包容失效发生时的安全运行,需要做以下工作:充分模拟断裂碎片的潜在破坏路径,以使系统通过物理隔离来防止同一碎片同时还造成冗余系统失效;验证易受攻击的安全关键部件,以便通过保护或者改变潜在碎片的飞行轨迹来使转子爆裂事件的损失降到最低;分析过程中所作的假设细节需要以数值计算的方式将结果记录下来,并且必须在飞机各阶段的功能危害性评估中加以考虑。

发动机非包容性转子失效可能引起关键位置或结构的改变,所以失效分析必须尽早地在设计阶段开展,避免后期昂贵的重新设计。在分析过程中,应结合相似过程来降低其他特殊风险(鸟撞和爆胎等)形成的综合风险,这样就可以采用最优隔离或预防措施。另外,在分析过程中,根据模态来预测转子爆破环境下发动机非包容碎片的物理形状、大小、路径边界及其能量已经过历史资料证明可行。

3.8.1.1　发动机非包容性转子失效分析的过程

发动机非包容性转子失效分析的过程包括五部分:

(1)确定发动机非包容性转子失效所影响到的系统或设备;

(2)发动机非包容性的定性评估;

(3)发动机非包容性的定量评估;

(4)判定发动机非包容性失效所影响到的系统或设备对航空规章安全性条款的符合性;

(5)形成报告。

3.8.1.2　确定发动机非包容性转子碎片的破损模态

发动机非包容性转子碎片的破损模态被分为以下 6 种模式,以此为基础才能确定转子碎片对飞机造成损伤的关键区域,以及评估发动机非包容性失效所造成后果的严重性。

(1)单个三分之一轮盘碎片;

(2)中等尺寸碎片;

(3)大中尺寸碎片的可替代模式;

(4)小碎片;

(5)风扇叶片碎片;

(6)辅助动力装置失效模式。

(3)为(1)和(2)的可替代模式,因此,为了开展后续的安全性分析,就需要选择以下两种非包容性转子碎片失效模式的组合,即{(1),(2),(4),(5),(6)}和{(3),(4),(5),(6)},也就是确定发动机非包容性转子碎片的破损模态。

3.8.2 机轮及轮胎失效[36]

飞机机轮和轮胎爆破可能产生高速碎片及其高速气流,会对多个系统造成危险,从而造成共因失效。因此必须考虑其爆破所带来的影响。CAR/FAR/CS 25 部671(c)、729(f)和1309 条款要求:应采取设计预防措施将由飞机机轮和轮胎失效所造成的危险降至最小。

2000 年 7 月 25 日,一架法航的协和式飞机在起飞时,左主起落架右前轮胎辗压过另一架停机坪上飞机留下的金属薄板。某一轮胎碎片击穿机翼的结构并打破油箱,引起了严重的火灾。4 台发动机迅速丧失了推力,飞机最终坠毁在一家旅馆上。

验证飞机机轮和轮胎爆破对安全性规章的符合性,需要提供一种符合性方法来开展定性定量评估,即评估飞机机轮和轮胎失效对飞机造成的风险。这里主要是评估飞机机轮和轮胎爆破对飞机系统的影响,对结构损伤所造成的影响一般单独处理。另外,在评估飞机机轮和轮胎失效对飞机系统所造成的影响时,可能涉及应力分析,因此对结构损伤的评估仍然需要同对飞机系统影响的评估同步开展。

3.8.2.1 飞机机轮和轮胎爆破风险分析的过程

目前,针对如何根据模型开展定性与定量的机轮和轮胎爆破风险评估,还没有形成规范性的可接受方法。因此,整个评估过程都需要同适航当局紧密联系,并且需要明确责任和时间安排。这是一个复杂烦琐的过程,常常需要专门制订一个针对机轮和轮胎爆破的特殊风险评估程序。此程序应该明确各方的责任、组织结构、关键时间节点和对风险评估过程的意见,并附上相关的支持材料或索引。

因此,机轮和轮胎爆破风险分析的过程主要包括如下内容:

(1) 确定机轮和轮胎爆破失效模式;
(2) 定性评估机轮和轮胎爆破的危险;
(3) 定量评估机轮和轮胎爆破的危险;
(4) 判定机轮和轮胎失效的安全符合性;
(5) 制订机轮和轮胎爆破安全符合性验证程序;
(6) 形成报告。

3.8.2.2 机轮和轮胎爆破失效模式

对所有着陆传动机轮和轮胎进行分析,只有一种机轮和轮胎爆破的失效模型,其中共包括 5 种失效模式:

(1) 起落架放下条件下胎面脱落和轮胎爆破;
(2) 起落架放下条件下胎面抽打;
(3) 起落架放下条件下轮缘失效;

（4）起落架收起条件下轮胎爆破；

（5）起落架收起条件下轮缘失效。

3.8.2.3　机轮和轮胎爆破危险的定性和定量评估

根据上面的机轮和轮胎爆破失效模式，评估相关设备的安装，不仅要确定易受攻击的位置，还要考虑飞机和系统受其影响的危险程度。评估时，假定所有的机轮和轮胎碎片都能够切断相关的电液系统，记录机轮和轮胎爆破所影响到的设备及其危险严重程度。

为满足 CCAR/FAR 25.1309 的要求，定量评估要基于设计手册中的模型和失效状态统计结果进行。每个机轮和轮胎都需进行评估，以提供各设备每飞行小时遭受撞击的总概率。

每个设备，被击中或功能相应失效的概率，称为"暴露概率"。碎片和气流是在完全随机的情况下飞散出去的，既没有考虑飞行阶段，也没有考虑其他的特殊条件，例如着火。需要注意的是，计算"暴露概率"需要计算每种机轮和轮胎失效模式对设备或功能的影响。

3.8.3　鸟撞损伤评估

飞鸟高速撞击飞机会对飞机造成严重损伤。CCAR/FAR 25.631 要求：尾翼结构的设计必须保证飞机在与 3.6 kg(8 lb) 重的鸟相撞之后，仍能继续安全飞行和着陆，相撞时飞机的速度（沿飞机飞行航迹相对于鸟）等于 25.335(a) 选定的海平面 V_C。这条要求通过采用静不定结构和把操纵系统元件置于受保护的部位，或采用保护装置（如隔板或吸能材料）来满足。在无法得到满意的飞机数据情况下，可以通过分析和试验的方式来评估鸟撞对飞机的风险，并作为符合性验证的一部分。在用分析、试验或两者的结合来表明符合本条要求时，使用结构类似飞机的资料是可以接受的。

鸟撞损伤评估的过程如下：

（1）确定鸟撞损伤的安全要求；

（2）确定鸟撞的影响范围；

（3）分析鸟撞击系统的影响；

（4）判定鸟撞损伤的符合性；

（5）形成报告。

主机厂的总体目标是通过限制鸟撞对飞机的损伤来让飞机满足 CCAR/FAR 25.631 的要求。鸟撞损伤不能导致以下任何一种后果：

（1）燃油泄漏导致的任何火险；

（2）任何危险性的飞机控制能力丧失；

（3）严重影响飞机安全着陆的能力；

（4）主要结构的重大损伤。

同时,飞机制造商还需要确定鸟撞会影响到暴露在气流表面的所有区域和部件。例如:

(1) 机翼前缘;

(2) 发动机;

(3) 前机身;

(4) 放下的起落架支柱;

(5) 驾驶舱;

(6) 电子设备舱;

(7) 控制面。

一旦确定了鸟撞的潜在目标,就应该针对鸟撞损伤的脆弱性进行系统评估。不仅要分析鸟直接撞击的地方,还要分析鸟撞的间接影响。例如,鸟撞对包含系统部件的内壁的影响,鸟击穿驾驶舱窗户的后续影响,鸟撞击电液线路后对起落架的影响等。虽然不考虑鸟撞的结构损伤,但是也需要开展结构的强健性分析来表明满足了适航要求。当无法获取理论上充分的数据时,应通过实验的方法来最终检验鸟撞损伤的最小化措施。

3.9 区域安全性分析[37]

为了能够充分考虑由于系统物理安装而降低了组件之间的独立性所带来的安全隐患,应确定一种分析方法,使其既考虑飞机上各个系统/组件的安装关系,又考虑飞机上安装邻近的各系统/组件之间的相互作用,这种分析方法称为区域安全性分析(zonal safety analysis,ZSA)。区域安全性分析(ZSA)是共因分析的重要组成部分。其在系统安全性评估的最后一步实施,对飞机各区域内系统或设备的安装、维修失误、环境、兼容性等进行评估,是抑制共因失效产生的重要措施,在保证飞机各系统之间的兼容性等方面起着重要的作用。

在新机型研制和现有机型进行较大改型时均应进行区域安全性分析,具体分析过程一般由飞机机体制造商实施。首先,建立基本的设计和安装指南,并分析飞机图样和模型;然后,随着项目进展,分析可基于样机进行;最后是飞机实物。区域安全性分析的结论将作为飞机相关系统安全性评估的输入和较低层级系统安全性评估的补充。

ZSA 的主要目的是:

(1) 通过对飞机各区域进行相容性检查,判定各系统和设备的安装是否符合安全性设计要求;

(2) 判定位于同一区域内各系统之间相互影响的程度;

(3) 分析产生维修失误的可能性及其影响;

(4) 验证设计满足 FTA 事件独立性要求。

ZSA 的最终目标是通过分析使新设计能防止不正常事件或限制不正常事件发生的概率,保证飞机各系统之间的相容性和完整性。

ZSA 主要是一种定性分析,主要包括 3 个方面的任务:

首先,是准备系统设计与安装指南,制订各区域的系统设计与安装准则;

其次,是依据设计与安装准则,检查各区域系统设计与安装的符合性情况;

最后,是准备飞机各区域的系统和部件清单,确定部件外部失效模式,分析系统和部件之间的相互作用与影响,以及对飞机的安全性影响等情况。

3.10 共模分析

共模分析(common mode analysis,CMA)是共因分析的一部分,是一种用来确保飞机设计"良好"的定性分析方法。共模故障的基本定义是:由一个共同原因引起的多个故障模式相同的失效,且这些多重失效之间没有因果关系。共模失效的种类很多,例如软件开发错误、硬件研制错误、安装差错、不合适的试验程序、不合适的维修程序等。这些共模失效涉及设计、制造、安装、试验、维修各个方面,不仅需要同FHA/PSSA/SSA 紧密协同工作,而且还需要保证相互接口关系清晰明确。

共模分析用于表明对 CCAR/FAR/CS 25.1309 条款的符合性,以及其他特定要求。共模分析作为系统安全性评估的一部分,适用于新型号的设计或者对现有设计的更改。共模故障广泛存在于复杂系统中,共模故障的产生说明存在一定数量的故障在统计上不是独立的。这种非独立性的存在,增加了复杂系统的联合失效概率,降低了冗余系统的可靠度,给复杂系统设备带来了巨大的安全隐患。所以对民用飞机设计过程中,要尽量消除共模故障产生的原因,当对其进行可靠性分析时要综合考虑共模故障因素产生的影响。

造成共模故障的原因包括工程因素、使用因素和环境因素 3 个方面,据此将共模故障分为三类,即工程因素引起的共模故障、使用因素引起的共模故障、环境因素引起的共模故障。

共模分析的整体过程如图 3-9 所示。整体上它是一个不断迭代的过程,需要功能危害性评估和初步系统安全性评估提供数据基础,并且和一些专门分析存在交互的接口。

共模分析是在功能危害性评估和初步系统安全性评估的基础上开展的,因此共模分析过程中将功能危害性评估和初步系统安全性评估的结果作为输入,并结合共模分析的通用检查单,开展共模分析。通过共模分析形成共模分析报告。如果共模分析报告中所有内容都符合要求,则将共模分析报告作为系统完全性评估的一部分,被纳入系统安全性评估文件体系中。如果共模分析报告中存在不符合要求的内容,则需要反馈给系统设计,开展相应的修改,将修改结果和系统级安全性分析的结果一并作为共模分析的输入,重新开展共模分析。

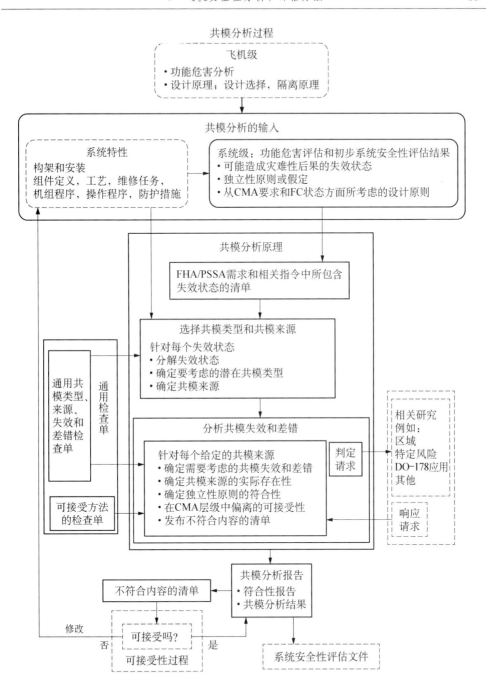

图 3‑9　共模分析过程

4 飞机安全与健康管理技术

4.1 飞机安全技术

民用航空科学技术发展的三大目标是安全、高效和环保,安全位居首位。按内容来分,航空安全又划分为飞行安全、地面安全和空防安全。在不同的发展阶段,会有不同的航空安全问题进入安全技术的研究范畴。"9·11事件"后,空防安全技术研究在国际航空技术界提升到了前所未有的重要地位;"非典"的爆发提出了防范客舱内病毒传播的课题;法航447航班意外坠入大西洋,引发了对现代飞行员培训技术的担忧;马航MH370航班飞机失联,再度引起了人们对飞机实时监控的关注。由于航空安全技术研究的范围非常广泛,本章仅关注对于飞机航空器本身相关的安全技术的发展。这主要分为事故预防技术和事故减灾技术。

4.1.1 事故预防技术

航空器安全技术研究中,事故预防技术主要针对飞机航空器容易发生故障、操作失误或恶意操作飞机的行为,采取技术手段,改进飞机的设计或运行管理,减少事故的发生。现行发展的安全技术主要包括以下几项。

1) 飞行安全技术

民航事故中,飞行原因造成的事故比例最高。飞行安全的研究目标是降低飞行造成的运行风险,针对飞行中存在的潜在事故风险,采取技术改进手段。

2004年在包头发生的东方航空公司CRJ飞机空难和2006年在安徽发生的空军运输机坠毁事故中,飞机结冰都是罪魁祸首。国际航空界对飞机飞行中的结冰、飞机地面除冰和飞机结冰探测进行了大量研究。飞行中结冰研究通过收集和分析过冷云团和凝结数据来了解大气结冰环境特性,研发结冰保护和探测技术,保证航空器在结冰气象条件下能够满足性能、稳定性和安全的标准。地面研究重点掌握除冰液、防冰液的有效时间和对飞机气动性能的影响,建立了地面除冰和防冰的运行规则和程序。结冰探测增加研究开发了手持式红外线结冰探测仪等地面探测设备,方便地面检测飞机机翼表面结冰情况。

可控飞行撞地(CFIT)是指在飞机操纵可控的条件下由于飞行员情景意识不足而撞地。CFIT是飞行安全的大敌。因此,提高飞行员情景意识是改进飞行安全的重要手段,其发展的技术有平视显示(HUD)和增强视景系统(EVS)。HUD是在飞行员视线前方增加透明的平板显示飞行参数和引导信息,能显著提高飞行员的飞行操纵精度;EVS是一种红外传感器,接收外界物体的热辐射,经光电转换和图像处理后,形成外景的红外图像。HUD和EVS的结合形成增强飞行视景系统(EFVS),可以使飞行员飞得准的同时,能够"穿透"大气,看得更清。

飞行安全监控技术是指加强地面对空中飞行的过程监控,以发现潜在安全隐患,改进飞行安全的手段。这里既有已经比较成熟的基于航后QAR数据的飞行品质监控(FOQA)和飞行图形仿真技术,也有基于实时ACARS数据链的报文监控技术,更包括日益发展成形的实时监控与健康管理技术(该部分将在4.2节重点介绍)。

2) 导航安全技术

随着空中飞行的飞机越来越多,飞行的范围越来越广,气象条件越来越复杂,发生事故的风险不断增大,改进空中交通管理安全技术的呼声越来越急迫。对于飞机来说,主要是改进自己的导航安全技术。

机载防撞系统可以提前发现飞行中可能发生的飞行冲突,从而提示飞行员可能发生的危险接近,并向其建议应采取的规避措施。机载防撞系统利用机载二次雷达应答机发射无线电询问信号,再接收别的飞机的应答信号,从而确定飞机间的距离、方向、高度、速度、航向等重要信息。当两机在相遇前48 s,系统向飞行员发出警告;35 s前系统会自动协调两机的避让动作,发出"上升""下降"或"保持高度"的避让指令,直到两机满足安全间隔的要求。机载防撞系统的技术仍在不断改进优化之中。

广播式自动相关监视(ADS-B)技术的出现带来了重大变革。装有ADS-B设备的飞机依靠GPS等导航源确定其准确的空间位置,并结合速度、高度、航向和航班号等信息,将这些信息通过卫星或甚高频及高频等数据链广播出去,装有ADS-B接收设备的空中交通管制部门和其他飞机即可接收到该机完整的航行数据。与常规的雷达数据相比,ADS-B的信息量更大、精度更高、地理限制更少、覆盖范围更广、建设与运行成本更低。利用ADS-B技术进行空中交通管制和导航,将大大提高飞机的运行安全和效率。

区域导航技术充分利用各类地基、星基和机载导航资源,实现飞机提高导航精度、灵活安排航径的目标。所需导航性能对在指定空域内运行的飞机提出了导航性能要求,包括导航的准确性、连续性和可靠性。区域导航与所需导航性能的结合,可实现飞机在指定空域内灵活准确地运行。区域导航技术的应用,有利于解决高原和地形复杂机场的飞机安全运行问题。另外,可以通过缩小航路侧向间隔,增大空域容量,提高空域使用效率,减少地面导航设施布局对飞行路径的影响,减少航路汇聚或者交叉,从而有效避免飞机空中相撞的可能。

3）结构及系统完整性监控技术

该类技术主要运用在飞机的运行阶段,加强对飞机结构和系统的状态监控,以便及时采取维修措施,避免因为飞机结构失效或系统故障而酿成飞机事故。

保持飞机结构完整性的目标是防止飞机结构失效。

多部位损伤结构(MSD)是当前国际上有关飞机结构完整性研究的一大热点。即飞机结构进入老龄后,在铝合金的铆接件上,多个疲劳小裂纹从多个铆钉处萌生、扩展、连通,最后导致机身结构出现灾难性的破坏。美国联邦航空局(FAA)曾联合制造厂、美空军、美航空航天总署(NASA)、学术界和航空公司进行研究,提出了预测裂纹严格数值方法和简化的工程方法,并用疲劳试验机和扫描电子显微镜进行验证,探索准确的裂纹起源机理和扩展规律。

新型无损检测技术是研究结构完整性的另一热点,这方面新近取得的成果有:远场涡流技术、线性阵列超声系统、空气耦合超声检测系统、热波成像技术、磁-光成像技术等,这些技术为及早发现在役飞机腐蚀、裂纹、开胶、分层等结构缺陷提供了技术手段。

机械和电子系统的完整性研究的目标是减少飞机系统的故障及失效。

该领域的研究热点包括老龄飞机电路的安全性和可靠性;高强度辐射场、闪电和旅客的便携式电子设备对数字式飞行控制系统和航空电子系统的影响。

另外,给飞机系统部件装上传感器,加强对这类信号数据的收集和分析处理,实现对系统失效的预防,也是故障预测与健康管理的主要内容,该部分将在 4.2 节中详细介绍。

4.1.2　事故减灾技术

事故预防技术并不能完全避免事故的发生,通过事先设置的挽救技术措施则可以将事故对飞机以及生命财产的损害减到最低。这方面的研究热点主要在适坠性和防火安全。

1）适坠性技术

适坠性技术研究的目标是使飞机坠毁后生存和逃离的机会最大化。通过坠落试验、碰撞试验、动力学仿真和生物力学模拟等手段研究如何设计机身结构、客舱行李架、旅客座椅,以减轻它们在碰撞情况下对人体的伤害,优化设计安全带、气囊(如有)、儿童附加座椅装置等保护装置使其发挥最大的保护功能。相关研究还有飞机撞水和漂浮性能、撞击后燃油的包容性等。

2）防火安全技术

防火安全的目标是减少或消除起火的可能性,增加飞机中乘客在飞行中起火和撞地后起火情况下的生存率。

防火安全技术的一大热点是客舱内阻燃以及阻燃测试标准的制定,运用于隔音隔热毯、乘客座椅垫、舱内壁板、乘客用毛毯等。另外,飞机上复合材料的运用越来越多,对阻燃复合材料的开发也日趋受到重视,有望研制出热释放率为零的舱内材料,使得舱内材料不再有燃烧之虑。还有研究者在研究舱内喷水灭火技术,使之能实用化。

防火安全技术的另一热点是消除油箱内燃油蒸气与氧的混合气体爆炸的可能。一种方案是飞机上新增惰性气体系统(ATA 47)利用飞机发动机引气,用机载的分离装置(空心纤维薄膜)获得氮气或富氮空气,充入油箱内,将氧气比例降低至爆炸限度(12%)以下。

4.2 预测与健康管理技术

安全性、可靠性、维修性和测试性作为民用飞机设计的"四性"指标,对于民用航空器来说至关重要。而在众多飞机安全技术中,预测与健康管理(PHM)技术由于综合性强、应用效果突出,已成为提高飞机"四性"指标所必须具备的能力。同时,也逐步发展成为运行民用飞机的标准配备技术平台。

4.2.1 健康管理技术的发展

1) 健康管理技术的内涵

健康管理的核心基础是利用先进的传感器技术集成,借助各种算法和智能模型,来完成系统的状态监测、故障诊断/预测,然后依据诊断或预测信息(预先诊断部件或系统完成其功能的状态,包括确定部件的残余寿命或正常工作的时间)、可用的资源、使用需求对维修活动做出适当的决策,避免"过修"和"失修"问题,提高系统的利用率,从而合理地权衡使用、维修中安全和经济的矛盾,确保全寿命周期的成本最低。

飞机健康管理系统充分利用数据通信技术,大量获取飞机运行信息,通过监测飞机状态,及时发现故障,为剩余寿命预测提供基础,提前采取措施,以提高飞机利用率,降低飞机运营和服务成本,在飞机的运营和管理上有较好的实用性。美国早在 20 世纪 70 年代便由 NASA 提出了航天器综合健康管理(integrated vehicle health management,IVHM)的概念[38]。

进入 21 世纪后,在新一代发射技术计划的带动下,一个由多家研究中心组成的联合团队应运而生,致力于综合系统健康监测(integrated systems health management,ISHM)研究。美国海军发起的开放架构状态维修(open system architecture condition-based maintenance,OSA-CBM)的研究,代表了今后复杂系统综合健康管理(complex system integrated health management,CSIHM)结构的发展方向。波音公司和洛克西德·马丁公司在投标下一代联合攻击战斗机时都在其设计中综合了预测与健康管理能力的设计。英国 Smith 航空航天工业是致力于 HUMS 技术的领先者,长期从事状态监测、故障诊断、预测以及系统健康管理的研究及产品开发,Smith 工业把最初 HUMS 中的健康监测的概念发展到了如今的健康管理。

现代大型飞机的实时监测与健康管理技术是在"机内测试(built-in test,BIT)"技术的基础上发展起来的。进入 20 世纪 80 年代,技术先进国家采用"飞行数据记录仪(flight data record,FDR)",根据所记录的数据进行状态监测,技术取得成功,并得到推广;90 年代中期,不少航空器制造商和航空公司又利用空地数据链对飞机的状态进行监测,将数据服务于航务、机务等部门。中国民航也从采用飞行数据记录仪所记录的数据进行飞行事故分析,发展到具备利用"飞机通信寻址和报告系统"(aircraft communications addressing and reporting system,ACARS)和甚高频空地数据链对飞机的状态进行监测的条件。

先进民用飞机所采用的预测和健康管理系统(prognostics and health management,PHM)可以通过诊断、预测和异常状态推理程序确定飞机可能出现的故障,并生成状态报告。在飞行过程中,如果预测和健康管理系统的状态报告对近期任务产生影响,则通过机载超高频设备直接传送给地面站,在飞机到达下一站之前,地勤人员可以提前做好维修方案,确保航班高效运行。自 20 世纪 90 年代末以来,实时监测与健康管理向测试、监测、诊断、预测和维修管理一体化方向发展,并从最初侧重的电子系统扩展到由电子、机械、结构、动力等各主要分系统形成的综合故障诊断、预测与健康管理系统。

2)民机健康管理技术的研究情况

1997 年 NASA 民用航空安全项目(AVSP)成立,这一项目的研究目的是降低民用航空事故率,其中包括发动机的健康管理(EHM)。作为 EHM 的一个组成部分,基于模型的控制和诊断(model-based controls and diagnostics,MBCD)得到了深入的研究。MBCD 包括实时的机载发动机模型和控制结构。

2004—2009 年欧盟投入 4 000 万欧元进行 TATEM(technologies and techniques for new maintenance concepts)研究项目,目标是使航空公司飞机运营维护成本 10 年内降低 20%,20 年内降低 50%。其核心研究内容是参考 OSA - CBM 标准研究民用客机下一代的健康管理技术,分为 5 个研究专题:①健康监测;②基于健康管理的集成数据管理;③基于健康管理的维护规划;④维修业务流程再造;⑤移动维护。该项目由 12 个国家的 57 家承包方共同完成,由 GE AVIATIONS 牵头、AIRBUS、EADS、SNECMA、BAE、THALES AVIONICS、EUROCOPTER、SAGEM 等欧洲一流航空制造、服务企业和研究机构参与。

2005—2008 年,空客飞机高级状态监控功能项目(advanced aircraft condition monitoring function,A-ACMF),以飞机状态监控系统(aircraft condition monitoring system,ACMS)作为飞机的信息汇聚和处理中心平台,提供统一的飞机状态和性能趋势数据/报告给各类客户和利益相关方(航空公司、机场、MRO、系统/发动机供应商、主制造商等)。

2007—2008 年,空客飞机运营维护质量提升项目(quality enhancement of total operative maintenance,QVANTOM)主要研究了无缝的飞机健康管理战略框架(标准、指南、准则、服务相关性)、运营模式(业务模型、流程、业务实体与接口)、系统设计(机载、地面、功能、方法)等飞机健康管理的各个领域。

荷兰 PHM 联盟提出了基于模型的信号解释预测技术的理念(prognosis by model-based interpretation of signals,PROMIS),并将其作为 PHM 系统开发的通用技术。美国圣地亚国家实验室(SNL)与美国能源部、国防部、工业界和学术界合作建立了预测与健康管理(PHM)创优中心(COE),支持 PHM 技术开发和技术验证和确认。美国马里兰大学成立了预测与健康管理联合会,致力于电子产品预测与管理方法的研究。人们普遍认为,电子预测技术目前虽然远未达到成熟,尚不能进入应用,但它代表了 PHM 未来的一种重要发展趋势。

4.2.2 健康管理系统组成

健康管理系统主要由机载实时监控、空地数据传输、地面数据监控及故障诊断 4 部分功能组成。

1)总体框架

PHM 系统总体架构如图 4-1 所示,主要包括 3 个部分:机载总体架构、空地传输总体架构及地面系统总体架构。机载系统通过传感器或 BITE 采集机体结构、机载设备、发动机、环境的原始状态信息,通过机载通信网络将数据传输到机载中央处理系统,通过中央处理系统对原始状态信息进行滤波,并对机体结构、机载设备、发动机故障或损伤进行初步诊断,对已发生的故障或损伤及时处理,防止故障传播;地面系统一方面通过无线网络实时接收故障和临界故障信息,做深层次诊断,必要时通知飞机更改飞行策略并通知地勤人员做好维护准备,另一方面在飞机着陆后通过下载接口下载更详尽的状态信息,执行单机关键部件剩余寿命预测和机队层级的趋势分析,并结合故障或损伤诊断结果制定视情维护策略。

在机载健康管理系统设计中,根据机载系统的故障模式及影响分析,布置关键特征信息检测的多传感器网络;多种传感器感知的信息通过信号处理进行特征提取,输入到区域管理器推理机中。推理机采用先进的推理和数据融合技术,监控健康状态、性能降级和故障状态、维修需求以及剩余寿命估计结果。其中故障检测采用鲁棒故障特征提取技术,故障诊断采用智能故障诊断算法,通过分层聚类和交叉增强校验提高故障诊断定位能力,减少虚警次数。区域管理器汇总所辖区域的信息,通过故障诊断算法进行异常诊断、预测推理,并将结果传输到飞机管理器。飞机管理器宿驻在飞行管理计算机中,完成最高层次的健康管理综合,借助交叉相关技术和其他系统功能信息融合,确认并隔离故障,将重大故障结果报告驾驶员,以便根

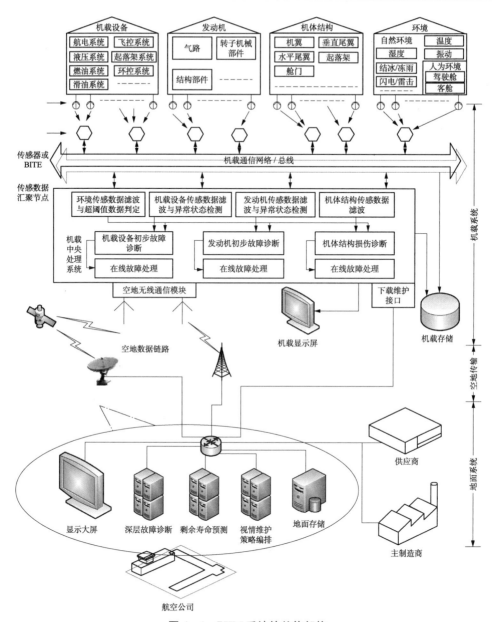

图 4-1　PHM 系统的总体架构

据需要对机载系统进行重构或者任务降级,从而有效防止故障蔓延保障飞行安全。同时,通过空地数据链系统将飞机机载系统健康状态及其维修需求传给地面维护管理系统,使地面维护系统可以及时调度备件和维修设备,为系统后勤保障和维修决策提供依据,缩短维修时间和提高飞机服役效率。

地面维护管理系统以维护管理数据仓库为核心,实时接受空地数据链系统传输的飞行数据,更新仓储维护的后勤数据和泵源系统的维修数据,对于特定机载系统(如液压系统和飞控作动系统),结合先验知识和设计模型评价其健康状况,对系统或部件的故障进行预先估计,根据故障预测模型进行寿命预测。通过专家知识库决定是否对出现故障或即将发生故障的系统和部件进行替换和维护,并动态调度维修资源,生成自主后勤保障策略,实现快速维修。

2) 功能模块

一个典型的健康管理系统构建主要分成 3 个模块,最底层是分布在飞机各子系统中的传感器和监测设备;中间层是飞机健康管理处理中心;顶层是管理层,包括飞机自主保障系统。

PHM 系统一般由机载系统、地面系统以及与自主保障系统的接口组成,机载系统本身就是分布式系统,需要分布式计算的支持。而作为未来自主保障核心的健康管理系统,必然存在多系统之间的分布协作关系。因此,就需要采用开放性、模块化和标准化的设计实现方法,运用模块化设计,根据标准的、开放的接口连接各个功能部件,形成模块化系统。下面对 PHM 系统主要模块的功能进行详细描述。

(1) 数据采集模块。

飞机各系统关键部件状态参数的采集是实施故障预测和健康管理的前提,也是自主保障系统的基础。目前在设计新一代民机时,可在一些关键部件安装传感器,大大降低传感器在飞机整体布局方面的困扰,为飞机健康管理能力的实现创造基础条件。利用完善的机载检测设备和飞参记录仪对机上各子系统进行健康监控,为保证数据传输的可靠性和实时性,可采用机载总线传输,将采集到的数据传输到信号处理模块。

(2) 信号处理模块。

飞机状态参数数量大、种类多,必须将实际采集的状态参数统一转化为计算机可读的数据格式,通过提取故障特征信息来准确描述飞机运行的状态,降低故障诊断与预测的复杂程度。由于先进飞机系统交联复杂,故障形式多样,状态和原因之间往往是一种复杂的非线性映射。因此,必须借助多种智能融合算法对飞机部件的多状态参数进行数据融合才能有效地推断飞机故障,最大限度地提高故障诊断、预测的能力和精度。

(3) 诊断预测模块。

当前,故障预测方法主要有基于物理失效模型的方法、基于数据驱动的方法和融合的方法。面对不同的子系统,只有综合应用这些预测方法,并结合专家系统、支持向量机和模糊推理等智能算法,才能有效建立飞机的 IVHM 系统,确保其预测功能的实现。

(4) 分析决策模块。

全机综合健康管理系统的显著特征在于时效性,而现有系统只有当飞机返航后才能确定相关的维修部件和维修计划。当系统根据诊断预测结果进行分析做出决策后,自主保障系统在飞行过程中就能完成故障隔离,预计失效时间,并安排必要的维修计划,在返航前就能通知地面安排维修任务。系统所具有的这种持续的状态监控、故障诊断和预测、分析决策能力能够有效降低并大幅减少飞机再次出动的时间。

飞机健康管理系统的核心优势是将机载系统健康状态与后勤保障衔接起来,能够实时向飞机维修人员和用户提供机载系统所必需的信息,动态调度维修资源,生成后勤保障决策和快速维修策略,实现快速维修和自主式后勤保障。快速维修保障策略支持以维修保障时间最短作为决策依据。

4.2.3　机载实时监控

为更好地解决飞机健康状态监控、故障诊断以及寿命预测方面的难题,先进民用飞机采集的数据量不断增长,这对整个飞机健康管理系统提出了更高的要求。因此,整个健康管理系统逐渐从集中式的 IVHM 逐步向分布式发展。为避免早期飞机的故障显示系统的功能限制,先进飞机采用的分布式 IVHM 系统既保留了中央维护系统(CMS)的功能,又由于采取了分散式的架构,避免了大量数据采集和数据处理方面的问题。

飞机实时状态监控系统是 IVHM 系统中极为重要的组成部分,飞机的状态监控系统主要通过采集各个机载系统的传感器数据和实时产生状态数据,实现对所有机载系统运行状态的持续监控,并通过显示系统向机组以及维护人员进行实时显示和记录,并在必要的情况下通过空地数据通信链路下传至地面或者在飞机上进行存储。

整个系统的架构如图 4-2 所示。

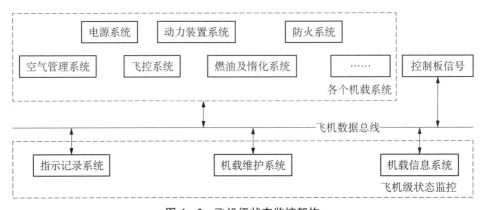

图 4-2　飞机级状态监控架构

4.2.4　空地数据传输

实现飞机状态监测,需要利用空地数据链将机载系统采集或者存储的飞机状态监测数据信息在航行中实时下传至地面系统。

目前实时下传主要是飞机通信寻址与报告系统(aircraft communication addressing and reporting system,ACARS),是一种可以提供飞机和地面系统之间进行数据通信的数字化的数据链系统,主要由飞机机载系统、数据服务供应商以及

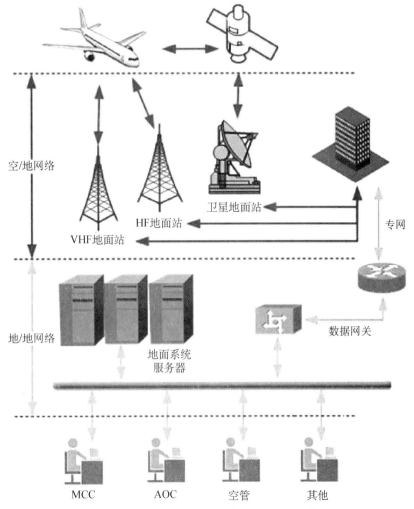

空/地网络

卫星地面站

HF地面站

VHF地面站

专网

地/地网络

地面系统
服务器

数据网关

MCC　　　　　AOC　　　　　空管　　　　　其他

图 4 - 3　基于 ACARS 系统的空地通信网络

地面系统用户 3 大部分组成。图 4 - 3 所示为 ACARS 系统空地通信网络。

对飞机机载系统来说，ACARS 系统的相关功能主要驻留在通信系统内部，包括通信管理组件（communication management unit，CMU）、显示控制组件（control display unit，CDU）和发送数据终端——无线电收发机以及天线。

数据服务供应商主要利用覆盖大部分陆地的无线电数据通信网络，接收来自全球各机队的 ACARS 数据信息，并通过内部网络分发至地面用户。目前，该网络主要由美国 ARINC、欧洲 SITA、泰国 AEROTHAI 以及中国 ADCC 提供。

ACARS 系统可以选择通过甚高频数据链、卫星数据链以及高频数据链中的某一个进行数据传输。数据服务供应商在接收飞机下传的各种数据后，会根据航空公司的授权将数据分发至不同的用户，通常，数据链用户包括航空公司（AOC，ATC以及维护支持部门）、飞机主制造商、发动机主制造商以及其他用户。

4.2.5　地面数据监控

飞机状态监测是实施飞机健康管理的基础，通过监测飞机航前、飞行、航后等各个阶段的状态信息，为健康管理地面系统提供足够的基础条件和数据，才能满足后续地面监控、故障诊断、故障预测以及健康状态评估分析的需要，从而实现飞机高效、正常、安全的运营。

目前的地面数据监控主要基于飞机 ACARS 系统的数据。地面监控数据主要包括飞机实时状态数据和系统实时状态数据。

飞机实时状态监控的数据主要包括飞机基本运行信息以及实时航行动态信息两个方面，这些信息主要来源于通信系统下传的报文信息。

飞机基本运行信息是指单架飞机基本构型以及使用状态信息，其主要来源于航空公司的机队基础数据库。具体来说，这些信息主要包括：

（1）飞机基本信息：飞机机型、注册号、航空公司 IATA 和 ICAO 代码、MSN号、具体型号、发动机序列号、APU 序列号以及所有软硬件的件号/版本号；

（2）航班基本信息：航班号、起飞/到达机场、飞机全重、飞机油量；

（3）时间信息：UTC 时间、当地时间、预计到达时间、日期；

（4）运营基本信息：飞行小时数、飞行循环数、发动机运行小时数、发动机循环数、APU 运行小时数、APU 运行循环数。

实时航行动态信息是指由飞机在飞行过程中实时采集的描述飞机飞行轨迹以及飞行状态参数信息，具体来说，这些信息主要包括：

（1）飞机运行信息：滑出/起飞/着陆/开舱门时间、起飞/到达机场、当前剩余油量、预计到达时间。

（2）飞行位置信息：时间、当前剩余油量、经度、纬度、飞行高度、预计到达时间、风向、风速、总温、静温、马赫数或者校正空速。

系统实时状态监控数据主要来源于机载的 ACMS 系统，该系统通过内置的状态监控模型对某个系统或者某种异常事件进行监控，并在必要的时候采集相应的参数并通过 ACARS 数据链以报文形式下传至地面。比较成熟的报文如：

发动机监控报文：正常启动报（normal start report）、起飞报（take off report）、爬升报（climb report）、稳态巡航报（stable cruise report）、性能报（performance report）、非正常启动报（abnormal start report）、超限报（exceedances report）、空中停车报（in flight shutdown report）以及 EGT/TGT 超差报（EGT/TGT divergence report）等。

APU 监控报文：APU 的性能报（performance report）、启动报（start report）、

运行报（operation report）以及自动关车报（auto shutdown report）等。

其他系统报文：环控系统性能报（ECS performance report）、趋势预测报（ECS prognostics report）、重着陆报（overweight landing report/load report）、湍流报（turbulence report）、发动机结冰报（engine icing report）以及机翼结冰报（wing icing report）等。

与其他报文不同，ACMS报文中通常会含有多个参数在某一时刻或者连续几秒钟内的参数值信息，因此该类报文所占空间往往比较大。以某机型重着陆或者超重着陆报文为例，该报文中至少包含垂直减速度、WOW、攻角、计算空速、地速、横滚角、无线电高度等多个参数信息，同时会连续记录报文触发前后几秒钟内各个参数的信息。

一部分 ACMS 报文数据可以像维护信息一样作为系统维护和检查工作的输入条件，方便维护人员提前做好维护准备；另一部分可以用于支持地面系统对重要系统运行状态趋势的预测。波音公司地面 AHM 系统的性能分析功能就是其中比较典型的例子。

AHM 系统性能分析模块主要是通过收集飞机 ACMS APM（发动机稳态报）计算飞机的性能，协助航空公司评估飞机巡航性能，为航空公司的飞机运营和维护提供决策支持。该模块的功能可以完成取代目前航空公司正在使用的波音公司性能分析的软件（Boeing performance system），为航空公司节约人力物力。

AHM 系统性能分析过程如图 4 - 4 所示。

(1) 记录巡航数据
• 通过ACMS系统和DFDAU 或DMU自动记录
• 人工记录

(2) 通过BPS将数据转化成可读格式
• DSIRF(自动数据)
• MSIRF(人工数据)

(3) 分析
• 将数据和数据库调整到统一原则
• 对比同一航行状态的每个数据点的结果与已选基线水平的结果
• 对所有数据点取结果平均值，观察时间方程的误差趋势
• 存储结果，作为日后参考和分析

(5) 采取措施
• 更新FMC和飞行计划性能因子
• 制定维修计划
• 进一步制定针对性的深度调查计划

(4) 分析结果
• 是否要改变飞行计划因子?
• 误差量级是否合理?
• 数据趋势是否合理?

图 4 - 4 AHM 系统性能分析过程

4.2.6　故障预测和健康评估

预测与健康管理技术平台不仅包括一整套硬件设备和软件管理系统,还包括飞机故障诊断和预测技术、飞机健康状态评估等一系列基础支持技术。

1) 飞机故障诊断和预测

基于实时接收的 ACARS 数据以及航后获取的飞机 QAR 数据,可以对飞机故障进行诊断和预测,从而为飞机排故提供决策依据。

故障诊断技术经历了一个长期的发展过程。最早的故障诊断主要依赖专家及维修人员长期积累的丰富经验,借助简单的仪器仪表指示开展故障诊断工作。随着飞机机载传感器及 BIT 技术的发展,维修人员能够获取的信息越来越多,故障诊断技术向着自动化、智能化的方向发展。智能化故障诊断技术通过大量采用信息处理技术、数据分析建模技术,不断加强诊断的深度和智能化程度。从而发展出各种专家系统支持健康管理系统的自动化运行。目前故障诊断和预测的方法和技术主要有:

(1) 基于维护类手册的故障诊断方法;

(2) 基于案例推理的故障诊断方法;

(3) 基于系统原理的故障诊断方法;

(4) 故障模式影响分析技术;

(5) 寿命预测技术。

2) 飞机健康状态评估

为保证飞机安全可靠运行,降低飞机全寿命周期运营维修保障费用,以美国为首的西方国家提出了航空器综合健康管理(integrated vehicle health management, IVHM)新技术。健康状态评估是其关键技术之一,关系着 IVHM 的成败。健康状态评估不同于传统的、航空器单一分系统故障诊断,其着眼点是融合源数据信息通过智能推理来实现快速精确的故障识别与隔离,判断故障严重程度和发展趋势,提高诊断准确性降低虚警率。它还扩展了故障诊断功能,不仅辨识系统当前健康状态,而且能根据系统故障传播特性评估系统未来的健康趋势。

根据健康状态评估的特性,"健康状态评估"是指根据飞机系统的监测信息评估系统的健康退化情况,给出带有置信度水平的系统故障诊断结论,并结合系统的健康历史信息、运行状态和运行负载特性,预报(指根据健康状态评估的诊断结论,结合系统故障传播特性和系统运作情况,定性评估故障的二次影响方向或组件)系统未来的健康状态。

对于飞机健康监测及健康管理,通常的做法主要是对各种手段获取的监测数据、历史数据等进行综合分析,利用各种故障诊断模型算法挖掘这些数据所反映的健康状态信息及其变化趋势,依据评估算法对飞机各个系统的健康状态进行评估及管理。但是,这种单独对机载系统进行监控的做法无法从整体上对飞机的健康状态进行把握。各机载系统的重要程度不尽相同,有些系统对于飞机而言至关重要,而有些系统却无关大局。因此,有必要对飞机进行一个整机级的健康状态评估,确定故障部位及故障严重程度,给出飞机整体健康状况,为航空公司安排飞机运营提供参考,为合理安排计划维修提供决策支持等帮助。

飞机健康状态等级划分和具体描述如表 4-1 所示。

表 4-1　健康状态等级的划分与描述

等级		功能性	签派限制	安全性	经济性	维修决策
1	故障	主要功能失效,严重影响飞机的操纵性	不能放行	安全性指标不合格或严重偏离安全区域	将造成非常高的经济损失	要求立刻检查维修或返厂维修
2	异常	能够完成主要功能,对飞机操纵性有影响	放行将受到约束限制	在满足放行条件的情况下安全	将造成比较高的经济损失	要求近期解决
3	亚健康	能够完成设计功能,性能或效率下降,对飞机操纵性有一定影响	正常放行	安全性指标合格或基本合格,飞机及其子系统性能有所下降,也可能处于超标的边缘	有造成经济损失的潜在可能	视情维护
4	健康	能够完成设计功能,不会对飞机操纵性产生影响	正常放行	飞机及其子系统安全性能良好	经济性良好	不需要维修

4.3　PHM 系统工程应用

民用飞机实时监控与健康管理系统主要是基于空地双向数据通信系统,实时收集飞机的状态信息,及时获取飞机的健康状态,并对飞机的全寿命周期内的健康状态进行有效管理。

此类系统的典型代表是波音公司的飞机健康管理系统(AHM)、空客公司的飞机维修分析系统(AIRMAN)、巴西航空工业公司的飞机健康分析和诊断系统(aircraft health analysis and diagnosis,AHEAD)。飞机主制造商利用其在飞机设计、参数设定及系统集成方面的技术优势和经验,借助其在飞机市场的领先地位,在飞机实时监控与健康管理系统的开发应用方面形成得天独厚的条件。同时,军用飞机及直升机领域也非常重视 PHM 系统的开发。另外部件/系统供应商也积极投身

PHM 系统开发的行列,并开发出了系统。

4.3.1 PHM 在民机领域的应用

1)波音公司

波音民用航空服务公司(CAS)联合霍尼韦尔、SMI、日本航空公司联合开发了 AHM 系统。波音公司的飞机健康管理体系架构是基于中央维护系统 CMS/AHM 平台+网络化的软件平台 E 化(e-Enabled)环境+空地维护网络。这套体系覆盖范围很广泛,可以实现空地一体化的管理,提高了飞行安全和航班运营效率;支持机型众多,目前主要有:B737NG、B747、B757、B767、B777、B787 等。波音公司的电子使能工具和服务的相关产品主要包括电子飞行包(electronic flight bag,EFB)、AHM 和维修性能工具箱。AHM 收集飞行中的数据,主要来自中央维护计算机或者是飞机状态监控系统(ACMS)等,并由 EFB 的电子飞行日志(electronic log book,ELB)提供一些补充信息,ELB 包括驾驶舱技术日志。信息的下传工作由飞机的 ACARS 数据链完成,并通过 MyBoeingFleet 网站实时向客户指定的地点发送报警或者通知地面维护人员在飞机降落前准备好零备件和资料。同时,还可帮助航空公司识别一些重复出现的故障和性能趋势,支持机队长期可靠性计划的实现。AHM 的功能架构如图 4-5 所示。

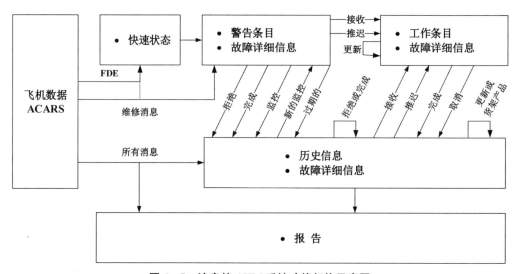

图 4-5 波音的 AHM 系统功能架构示意图

AHM 的功能组成主要包括:

(1)机队监控:通过处理来自空地数据链的实时数据,获得每架飞机的信息,实现实时航行动态监控、实时故障监控、实时飞机状态参数监控;

(2)激活任务分析:接收来自空地数据链的故障飞行数据,按预先编辑的逻辑

将警告信息显示给机务维修人员,由维修工程师筛选虚警,进行任务派发;

（3）故障详情分析:为排故工程师提供与故障相关的详细信息,综合显示历史故障情况,故障处理流程,相似故障案例;

（4）工作任务分析:根据故障现象,通过一定的算法逻辑,综合应用维修类手册、维修历史案例等信息,实现对飞机故障的快速诊断,给出合适的排故方案;

（5）历史记录分析:显示半年内所有相关故障的处理情况,提供历史数据分析工具;

（6）报告发布:提供多种分析报表及自定义报表发布功能。

波音公司每年会根据用户需求持续升级完善,及时发布新版本,确保 AHM 系统的生命力和竞争力,也为航空公司带来持续的使用价值。波音公司的 AHM 系统,为全球 42％以上的 B777 飞机和 28％以上的 B747 - 400 飞机提供实时监控和决策支持服务,并以 AHM 服务为重要组成部分推出了 Gold Care 服务包,提高了飞行安全和航班运营效率。据波音公司的初步估计,通过使用 AHM 可使航空公司节省约 25％的因航班延误和取消而导致的费用。

2）空客公司

空客公司飞机健康管理体系基于飞机中央维护系统 OMS 平台＋AIRMAN 软件＋空地维护网络,AIRMAN 支持众多机型,包括 A320/A330/A340/380,也将支持 A350。AIRMAN 开发的初衷是弥补机载中央维护系统的不足,消除各机载子系统 BITE 大量的虚警。AIRMAN 由三部分组成:第一部分是实时信息获取模块,通过空地数据链实时采集和管理一个机队多架飞机上机载维护系统的信息;第二部分是 AIRMAN 知识库,包含飞机过往执行飞行任务的历史报告、排故手册、维修经验案例库;第三部分是电子排故功能（e-trouble shooting）,对故障信息进行深入分析、诊断和统计学运算,算出出现大故障的可能性、排故措施和最优化的维修时机。

AIRMAN 从 1999 年问世以来,一直深受各类飞机运营商的青睐,由于具有极高的数据分配效率,大大提高了用户的运营效率。AIRMAN 的主要功能是监测飞机系统在飞行途中的状况,把实时信息传送给地面维护部门,依靠这些早期信息,维护人员在飞机着陆前就能清楚判断出故障所在;AIRMAN 能最大限度地缩短由于飞机维护而造成的运营时间延误,从而保证准点签派;这种技术先进的系统也有助于降低飞机的计划外维修次数。经过多年的探索和实践,空客的健康管理机载和地面系统的功能一直不断扩展和优化。AIRMAN 功能架构如图 4 - 6 所示。

AIRMAN 作为空客公司设计研发的专业数字化排故及维护管理软件,其主要作用是:帮助地面航站基地对整个机队的维修信息进行跟踪管理;简化和优化排故维修工作,提高排故效率;提供更为积极的预防性维修措施,减少非定期的排故维修

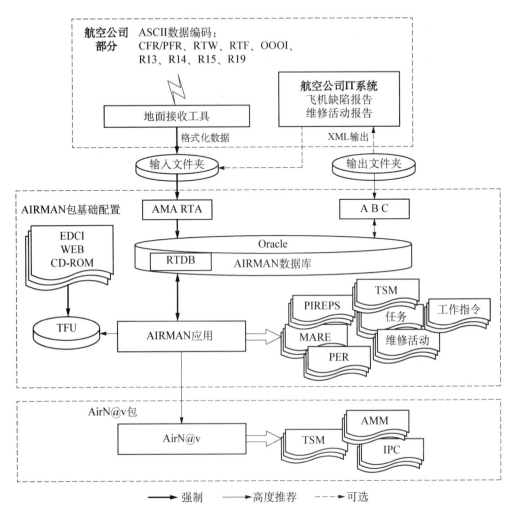

图 4 - 6 空客 AIRMAN 功能架构简图

任务,从而提高调度可靠性,降低维修成本。对 50 架空客电传动操纵飞机进行的长达一年的研究结果显示,通过安装 AIRMAN 系统,避免了 3 200 多起维修活动、节省了近 900 份飞行员日志报告、避免了 70 多次签派延误事件的发生。据此推算,航空公司安装该系统后,至少可以为每架飞机每飞行小时节约 4~6 美元费用。此外,应用该系统还能降低飞机停场次数及相应的巨额费用。

通过安全的互联网技术,用户可以在世界上任何地方访问 AIRMAN 系统。通过友好的用户界面,AIRMAN 提供了通往集中存储的实时维护资料和飞机或机队分析资料的门户,可很容易地与航空公司 IT 系统整合一起,为航空公司提高运营效率提供了宝贵知识。AIRMAN 和空客其他运营支持系统之间具有互操作性,用户能从中获得全面的飞机服务。

空客公司新的实时健康监控软件(Airbus realtime health monitoring,AiRTHM)更进一步,作为新型飞机的系统能提供更多参数,使空客飞机能远程实时收集和分析数据。AiRTHM 与空客维护控制中心的飞机停场技术中心系统(Airbus technical AOG center,AirTAC)集成,能够提供实时排故支援,指导备件供应,监控预期故障下的系统健康状态。

3)巴西 Embraer 公司

巴西航空工业公司于 2006 年 6 月,为 E170/190 飞机推出了基于网络的飞机健康、分析和诊断(AHEAD)系统。截至 2012 年,约有一半的 E-Jet 飞机和 40% 的 Embraer 用户在使用。

这个集成的 PHM-GSS 系统将飞机系统的数据和网络数据库中的数据合并,对 E-Jet 飞机进行监测并提供维护建议,最新版本 AHEAD-PRO 能够覆盖未来所有的商业飞机。Embraer 公司与其客户共同接收数据。AHEAD 使用程度对于获得的收益是不同的。Embraer 公司维护和支援副总 Luiz Hamilton 说:"精简集成的 AHEAD 软件能够对非计划维护和计划维护间隔、零件库存数量、每个维护点的人力配备及更换退化零部件的最佳时刻做出最佳预测。"他估计使用 AHEAD 软件能够将飞机的可用性提高 35%。

AHEAD 可自动向地面传送飞机系统发出的报警信息,在飞行过程中持续地监控飞机的健康状况并通过 ACARS 接收飞机数据,更多的数据是在着陆时下载。该系统跟踪零部件状态和实时的报警和维修信息,其中包括在飞行过程中生成但没有在驾驶舱显示的信息,为改进故障分析和确定其发展趋势进行提前筛选,同时还可提供个性化的报告,包括每个机队的信息、故障类型和故障分析等,并推荐纠正和预防维护措施。航空公司接收到飞机的健康信息后会形成故障报告。巴西航空工业公司称,通过 AHEAD 的使用,可以明显地提高飞机的技术签派率。

4)庞巴迪公司

庞巴迪(Bombardier)公司的电子化服务产品,主要是 2009 年其门户网站提供的飞机故障诊断解决方案(aircraft diagnostics solutions,ADS),在加拿大 CaseBank 公司帮助下开发完成,应用了 CaseBank 的SpotLight ®、ChronicX™ Reporter &Manager 软件系统方案。ADS 是一个决策支持系统,通过基于网络的故障诊断知识库(基于飞机手册和专家经验)和故障树推理机进行排故。ADS 还支持与庞巴迪公司技术帮助中心的协同工作。这些新型的诊断和分析工具可以将 CRJ 和 Q 系列飞机的维修资源提升至新水平。

4.3.2 PHM 在军机/直升机领域的应用

1) F‑35 飞机的 PHM 系统

美国在军用飞机的 PHM 总体架构方面进行了深入研究,F‑35 已经成功地应用开放式的 PHM 架构,并解决了实际健康管理问题。其 PHM 方案建立在如下 3 种能力的基础上:第一是机载故障诊断与预测能力;第二是机载故障评估能力;第三是建立与后勤保障基地实时交换评估结果的能力,以便及时进行修复。

系统主要从三层结构来进行规划和设计,包括软硬件监控层、分系统管理层、平台管理层。其系统架构原理如图 4‑7 所示。

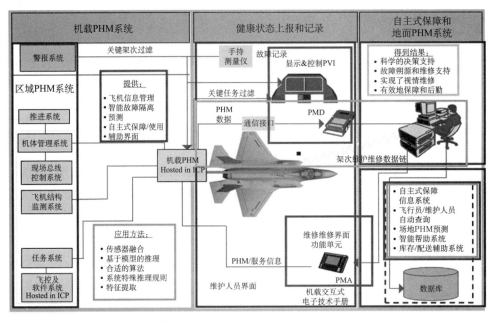

图 4‑7 美军 F‑35 的 PHM 架构

F‑35 飞机 PHM 系统中还包含有结构健康管理系统(structural prognostics and health management,SPHM)模块,能跟踪管理飞机结构应变传感器和腐蚀传感器的监控参数,已是非常先进了。

据报道 F‑35 采用 PHM 系统后,可使维修人员减少 20%～40%,后勤规模缩小 50%,出动架次率提高 25%,使飞机的使用与保障费用比过去的机种减少 50%以上,且使用寿命达 8 000 fh。

2)"黑鹰"直升机 HUMS 系统

20 世纪 70 年代初,欧美等一些直升机技术先进的国家从直升机使用中认识到有效地监测直升机的健康与使用状况对于保证其飞行安全、提高维护性和出勤率具有极其重要的作用,并着手投入大量的财力、物力和人力开展直升机健康与使用监测技术及系统研究。

美国古德里奇(BFGoodrich)宇航公司为"黑鹰"直升机开发的健康与使用监测系统(health and usage monitoring system,HUMS)由机载系统、地面系统组成,如图 4-8 所示。机载系统主要处理关于机械故障、旋翼轨迹平衡、寿命利用率的数据和信息,包括转速、温度、压力、扭矩等传统监测数据,还有按照 HUMS 系统要求而加装的加速度、速度等传感器信号,并将其实时显示在驾驶员座舱内。同时,大量的原始数据和处理信息在飞机着陆后导入地面站进行处理。地面系统对原始数据和处理信息进行初步分析以支持地面维护工作,这些数据和处理信息通过网络计算机将趋势分析、预测结果和后期计划发送到地面维护站[39]。

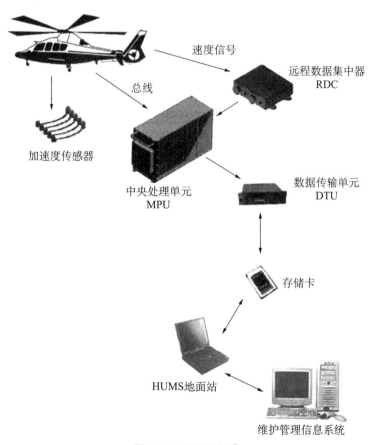

速度信号
远程数据集中器 RDC
总线
加速度传感器
中央处理单元 MPU
数据传输单元 DTU
存储卡
HUMS地面站
维护管理信息系统

图 4-8　HUMS 组成

HUMS 地面系统为直升机提供了健康监测、使用监控和维护接口的综合服务平台。健康监测包括旋翼轨迹和平衡的连续以及快速监控,也包括发动机功率快速检查和状态趋势分析。同时,包括传动系统组件、轴承和齿轮的机械故障诊断。使用监控检查预设阈值和输入数据,以便出现超限时发出告警信号给机组成员,还包括操作使用监控(时间跟踪和循环计算)和结构使用监控(飞行状态识别、部件使用情况)。

4.3.3 PHM 在飞机发动机/系统中的应用

1) 罗罗公司 T900 发动机 EHMS 系统

发动机健康管理系统(engine health management system,EHMS),是利用各种传感器的集成,并借助各种算法和智能模型来监测、诊断、预测发动机性能状态的系统。利用 EHM 技术可以提高飞行安全和进行视情维修。EHM 是 PHM 技术在发动机上的实际应用。

罗罗公司 T900 系列发动机是一种高涵道比涡轮风扇发动机,是空客 A380 配装发动机之一。T900 系列发动机 EHMS 系统组成如图 4 - 9 所示,由机载部分和地面站部分组成。机载部分主要是利用传感器技术对发动机进行状态监测和数据采集,同时完成采集数据的预处理和存储、告警过程。地面站部分主要是对发动机采集数据进行信号处理及数据分析,完成对发动机的故障诊断、预测。

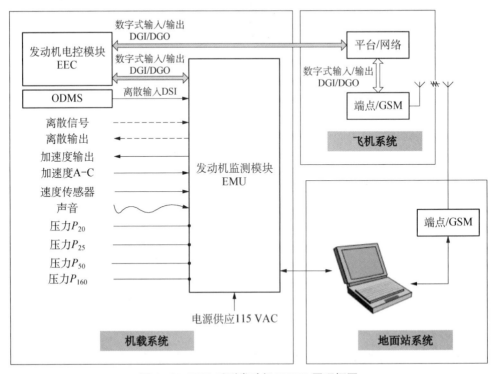

图 4 - 9 T900 系列发动机 EHMS 原理框图

该发动机健康管理系统中的机载部分采集的发动机技术参数数据,主要通过两种方式传输给地面站部分进行处理分析。一种是在飞机飞行时与地面站进行高频数据链路通信,将部分发动机飞行状态参数数据传输给地面站系统进行实时监测分析;另一种是在飞行结束后将采集存储的发动机飞行参数数据通过存储介质下载传输到地面站系统进行分析处理和预测分析。地面站系统利用这些数据进行分析处理,形成故障诊断、预测报告。根据生成报告制订发动机维护计划,并更新机载模型,使发动机监测模块与发动机电控模块协调工作,在飞机飞行过程中实时控制发动机的工作状况,并将监控信息传输给飞机系统。

通过采用 EHM 技术,该型发动机已经产生了显著效益。据统计,航线维修人力减少了 50% 以上,诊断时间低于过去的 30%,故障正确检测率高达 95% 以上,大大提升了发动机的性能,保障了飞行安全,同时降低了发动机的使用和维护成本。

2) 霍尼韦尔公司 Primus Epic CMC 系统

美国霍尼韦尔公司的 Primus Epic 航电系统是新一代模块航电系统的代表,已经在商业飞机、支线飞机和旋翼机上大量使用。

Primus Epic 中央维护计算机(central maintenance computer,CMC)系统利用个人电脑技术的优势,驻留在飞机航线可更换模块(line replacable module,LRM)中。如图 4 - 10 所示,存储单元用来记录所有的维护信息和机务告警系统状态变更信息,CMC 可以直接从本地存储器中读取数据,方便更高级的故障处理算法驻留在CMC 内,以支持故障原因分析,并且该存储的算法帮助航线维修人员区分飞机(或

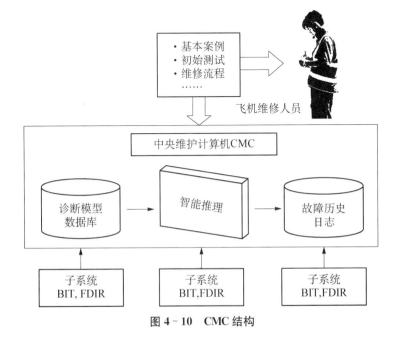

图 4 - 10　CMC 结构

机群)干扰信号或消息。

Primus Epic CMC 含有如下技术特点实现飞机健康管理的功能：

（1）数据链。CMC 接口含有通信管理功能，可以通过数据链发送报告到地面站。在飞机降落之前的下降时间段内，把飞机子系统的当前健康状态传送到航线维修中心，方便相应人员和设备事先在预定着陆地点做好准备，以便快速修好飞机，减少飞机延误。

（2）飞机状态监控功能。在 Primus Epic 中，可选飞机状态监控功能（ACMF）完全与 CMC 集成。ACMF 是数据驱动机载软件，允许 OEM 或自定义航线记录特定的触发事件数据。通常 ACMF 用来采集发动机趋势数据，同时也可用来收集故障数据用于排故。

（3）CMC 远程终端连接。典型的飞机维护系统在驾驶舱内提供有安装接口，但在航前、过站等飞机商业运行准备时间，驾驶舱并不适合进行维护。为解决这个问题，Primus Epic 通过飞机局域网（LAN）远程连接 CMC。在飞机重要位置提供接入点，以实现在驾驶舱外部进行故障定位，提高工作效率。

（4）在线链接手册。维护人员可以使用 CMC 远程终端和商用浏览器查看飞机维护和操作手册。CMC 软件与浏览器链接，通过这些链接热点建立了维护告警与维护手册章节的关联，避免了手工查找手册、查询信息的过程，有利于故障快速隔离和飞机维修。

5　飞行数据记录与传输技术

5.1　飞行记录器技术概述

5.1.1　历史背景

1903 年,莱特兄弟制造了第一架依靠自身动力载人飞行的"飞行者一号",这标志着飞机的正式发明。随着航空技术快速发展,飞行事故时有发生。每一次空难的发生,人类都付出了惨痛的代价。为查明飞行事故的真正原因,避免生命和财产损失,人们希望有一种设备能够记录飞机在飞行过程中,事故发生前的一段时间,乃至事故发生时刻的相关数据,为事故调查分析时提供科学依据。于是,人们开始研制飞行数据记录设备。直到 19 世纪 50 年代,澳大利亚墨尔本航空研究实验室的戴维·沃伦(David Warren)博士发明了第一个飞行记录器,并开始在飞机上试用。当时飞机上的机载设备都是黑色的,最初的飞行数据记录器也是一个黑色的长方体。因此,在事故现场和新闻报道中经常使用"黑匣子"来代替"飞行记录器"。事实上,为了便于记录器寻找,记录器早已不再是黑色,而是国际通用的橙红色或橙黄色(见图 5 - 1),但人们依然习惯称飞行记录器为"黑匣子"[40]。

图 5 - 1　飞行记录器(又称"黑匣子")

飞行记录器,主要用于记录飞机的飞行数据以及驾驶舱声音,所记录的信息是飞行事故调查的关键数据,对判断事故原因起着至关重要的作用。飞行记录器通常包含两个:一个是飞行数据记录器(flight data recorder,FDR),用于记录飞机的飞行数据,如飞行高度、速度、航向、姿态、发动机状况等;另一个是驾驶舱语音记录器(cockpit voice recorder,CVR),用于记录驾驶舱的声音,如飞行机组通话,机组与空管通话及飞机警告音等。

5.1.2 发展历程

飞行记录器发展历程围绕着记录介质的发展,经历了金属箔带、数字磁带、固态存储 3 个阶段[41]。

1) 金属箔带记录器

早在 1953 年,General Mills 公司生产的黄色半球形金属箔带记录器 Lockheed 109 - C,可以记录飞机实际飞行的重要参数,如航向、高度、空速、垂直过载和时间等参数。最常使用的记录介质是 5 in 宽的金属箔带,它具有很高的耐机械磨损、耐热和耐腐蚀性能。飞机传感器将参数信号通过划针传递给箔带,箔带由驱动电机经传动机构以 6 in/h 的恒定速度运行。箔带总长 150 ft,可以两面记录,每面可记录 300 h 数据,这样就有了一个相对准确的时间参考。由于划针把轨迹刻在箔带上,所以箔带只能使用 1 次,事故调查人员使用显微镜读取划痕来获得记录信息。虽然制造箔带的金属通常是镍含量较高的钢,不易损坏,但坠毁生存性的问题没有得到很好的解决。

由于金属箔记录器精度低,故障多,不能循环使用,只能记录飞行高度、速度、垂直加速度等少量参数;且误差较大,数据读取困难。因此,金属箔带记录器很快就淘汰了。

2) 磁带记录器

单一的飞行数据不能提供调查人员所需要的充分的飞行信息,他们还需要驾驶舱内的声音,如机组通话、机组与地面人员的通话和驾驶舱内部的其他声音。第二代记录器以磁带作为记录介质,并最早应用于驾驶舱语音记录器(CVR)。当时的民航规章要求,能记录并保留最后 30 min 每名机组人员与地面人员的通话、飞机内话系统接收/发送的对话,符合 TSO - C84(1963 年 11 月颁布)和 ARINC557 标准的要求。同样的磁带记录技术后来也应用到飞行数据记录器(FDR)。20 世纪 60 年代晚期和 70 年代早期,波音公司 B747、麦道公司 DC - 10、洛克公司 L - 1011 和空中客车公司 A300 等飞机都要求安装这种型号记录器,以保留飞行控制、飞机舵面、发动机等有关重要参数的记录,更好地帮助调查人员完成调查工作。

随着技术的不断发展,美国航空无线电设备公司(ARINC)为磁带数据记录器的数据传输和记录设定了规范,如 ARINC542/542A 记录器规范、ARINC573 飞机综合数据系统规范、ARINC717 飞机数据获取和记录系统规范等。按 ARINC542/542A 规范生产的 FDR 内部装有数据采集组件,可以采集各种模拟信号和离散信号。由于传输电缆和接口的限制,记录参数较少,一般只能记录 18 个参数,扩展型也只能记录 30 个左右参数,只能满足最基本的事故分析要求。

ARINC573 综合数据系统规范使数据采集成为一个独立部分,飞行数据记录系统分为数据采集(FDAU)和数据记录(FDR)两个组件,基本格式为每 4 秒组成 1 帧,每帧有 4 个副帧,每副帧有 64 个字,每个字可以记录 12 位。这种 64 字/秒的记录格式,记录参数不超过 100 个。ARINC717 格式是 ARINC 573 的扩展型,采用超级帧记录和提高记录速度的方法,由每秒 64 字提高到每秒 128 字或 256 字,参数记录量增加到 200~400 个。

20 世纪 80 年代早期出现了数字式航空电子系统,ARINC 429 数字式数据总线和 ARINC 717 数字式飞行数据采集组件(DFDAU)的应用,大大增强了 FDR 的记录能力。飞机绝大多数系统的数据经 ARINC 429 数据总线传递给数字式飞行数据记录器(digital flight data recorder,DFDR),以数字形式记录在磁带上。这种记录器可记录更多的飞行参数,至少能够保留最后 25 h 的飞行数据,循环记录无需经常更换磁带,同时满足了坠毁和大火保护的更高要求。然而,实践表明,磁带记录器,包括金属磁带记录器,在日常使用中容易出现磁头、磁带磨损,马达、轴承损坏的现象,磁带经常从记录器的固定位置松开,造成磁带损坏和数据丢失。

3) 固态存储记录器

"固态"是指记录器的数据存储在半导体存储器或集成电路里,而不是像过去按磁记录方式保留数据。由于固态存储方式不要求对记录器进行定期维护或大修,这样就为营运人节省了维修费用。采用固态存储记录技术,只需几分钟就可以从记录器中提取飞行数据,用以分析飞机在空中的飞行情况,或监控设备是否需要维护。固态驾驶舱语音记录器(solid state cockpit voice recorder,SSCVR)比固态飞行数据记录器(solid state flight data recorder,SSFDR)出现要晚些,因为语音记录器需要更大的存储能力。1985 年以后出现的固态记录器,以存储芯片为记录介质,以数字方式记录,记录容量大,记录质量高,读取速度快,适坠性强,可靠性高。1990 年以后出现了集成电路固态存储记录器(见图 5 - 2),可记录最后 25 h 的飞行数据及

图 5 - 2 集成电路存储记录器

最后的 2 h 语音信号。1992 年,记录时间为 30 min 的 SSCVR 投入使用。1995 年,记录时间为 2 h 的 SSCVR 投入使用。现在,固态存储记录器抗坠毁和大火保护性能更好。

5.1.3 记录器标准

随着记录器存储介质及记录技术性能的发展,记录器物理特性标准也在一步步发展。1958 年,美国 FAA 要求 1958 年 7 月 1 日前安装的 FDR 符合 TSO - C51(1958 年 8 月颁布)要求,该条例规定了参数记录的范围、采样间隔和记录参数类型,同时还规定记录器应能承受 100g 的冲击,并能在 1 100℃ 大火中持续灼烧 30 min 后,仍能确保数据的正常读取。1965 年,FAA 规定将 FDR 安装在飞机尾部,并将 TSO - C51 升级至 TSO - C51a(1966 年 1 月颁布)。这样,FDR 从最初可承受冲击力 100g 提高到 1 000g,并需要进行静态撞击测试、冲击穿透测试和液体浸泡测试。

现在,集成电路固态存储记录器具有更为优秀的抗坠毁、耐液体侵蚀和大火保护性能,需要经受各种耐燃烧能力、耐静态挤压能力、耐穿透能力、耐振动能力、耐冲击振动能力、耐液体浸泡能力、耐海水浸泡能力和耐液压能力等一系列测试,具体抗破坏标准如表 5 - 1 所示[42]。

表 5 - 1　记录器抗破坏标准

性能指标	要 求 标 准
耐燃烧能力	1 100℃ 火完全覆盖燃烧 1 h,260℃ 烤箱中 10 h 烘烤
耐静态挤压能力	六个主要几何轴心点加施 351.53 kg/cm² ,持续 5 min 的静压强挤压
耐穿透能力	一个 227 kg、底部置有 6.35 mm 钢制撞针的重物从 3 m 高落下撞击关键部位,钢棒接触面积直径小于 0.63 cm
耐振动能力	在三轴向加载频率 5～500 Hz、全幅值 0.91 mm,加速度 10g 的振动波,每轴向持续 1 h
耐冲击振动能力	三轴向施加半正弦波冲击振动,加速度峰值 3 400g,持续时间不少于 6.5 ms
耐液体浸泡能力	在航空器液体(燃油/滑油/灭火剂等)中浸泡 24 h
耐海水浸泡能力	在海水浸泡 30 天
耐液压能力	在加压盐水罐(6 100 m 水深的液压)中放置 24 h

此外,规章对飞行记录器要求:
电源:400 Hz 时电压 115 V 交流;
功率等级:当在 400 Hz 加电 115 V 交流时最大功率达 8.5 W;
功率因数:0.65;
记录时间:最少 25 h。
另外,记录器必须安装水下定位信标(ULB),以方便寻找飞机事故后掉落在水域中的飞行记录器。ULB 安装在飞机飞行数据记录器(FDR)和驾驶舱语音记录器(CVR)的前缘,飞行记录器入水之后会触发水下定位信标工作,发射出频率为 37.5 kHz 的超声波信号(以声波这种机械波的形式发射的信号与电磁波相比,可以有效减小水体环境里远距离传输的信号衰减问题)。ULB 需符合 FAA TSO - C121 的要求,并配有 1 个使用寿命大于 6 年的电池,以保证信标可以连续工作超过 30 天,传播范围上千米。当飞行记录器入水之后,可以利用声呐设备捕捉 ULB 的超声波信号,探测出飞行记录器及飞机所在位置。

5.1.4 记录器记录参数要求

5.1.4.1 FAR 121.344 法规相关要求

飞行记录器的出现、发展与法规要求息息相关。20 世纪 40 年代发生的多起飞行事故使人们对带坠毁保护功能记录设备的需求与日俱增,这促使美国民用航空委员会(Civil Aeronautics Board, CAB,美国国家运输安全委员会的前身)于 1957 年起草并颁布了第一部要求安装用于事故调查目的的飞行记录设备的民用航空法规。飞行记录器所记录的重要信息,为事故/事故征候分析、故障诊断、视情维修、飞行品质监控、试飞监控等提供了重要的信息。

在 1957 年颁布 FDR 法规后的 30 年间,美国国家运输安全委员会(NTSB)多次向美国联邦航空管理局(FAA)建议,要求提高记录器记录标准,以满足事故调查工作的需要。FAA 接受了该项建议,并在 1997 年 7 月 17 日作出最后规定(62FR 38362),即"97 规则",要求:1969 年 10 月 1 日以前取证和 1991 年 10 月 11 日前制造的运输类飞机,在 2001 年 8 月 18 日前,必须至少记录通告规定要求的前 18 个(未安装飞行数据获取组件)或 22 个(安装了飞行数据获取组件)参数;1991 年 10 月 11 日以后和 2001 年 8 月 18 日前制造的运输类飞机,在 2001 年 8 月 18 日前,必须至少记录通告规定要求的前 34 个参数;2000 年 8 月 18 日以后制造的运输类飞机,必须至少记录通告规定要求的前 57 个参数;2002 年 8 月 18 日以后制造的飞机,必须至少记录通告规定要求的全部 88 个参数。这些规定体现在 FAR121.344 法规里,要求记录器必须至少记录的参数如表 5-2 所示。

表 5-2 FAR 121.344 法规相关要求记录参数列表

序号	记录参数英文名	记录参数中文名	适用机型
1	time	时间	①②③④⑤⑥
2	pressure altitude	气压高度	①②③④⑤⑥
3	indicated airspeed	指示空速	①②③④⑤⑥
4	heading	航向	①②③④⑤⑥
5	normal acceleration(vertical)	法向加速度(垂直)	①②③④⑤⑥

（续表）

序号	记录参数英文名	记录参数中文名	适用机型
6	pitch attitude	俯仰姿态	①②③④⑤⑥
7	roll attitude	滚转姿态	①②③④⑤⑥
8	manual radio transmitter keying	手动无线电发送键	①②③④⑤⑥
9	thrust/power of each engine	每个发动机推力	①②③④⑤⑥
10	autopilot engagement status	自动驾驶仪接通状态	①②③④⑤⑥
11	longitudinal acceleration	纵向加速度	①②③④⑤⑥
12	pitch control input	俯仰控制输入	①②③④⑤⑥
13	lateral control input	横向控制输入	①②③④⑤⑥
14	rudder pedal input	方向舵脚蹬输入	①②③④⑤⑥
15	primary pitch control surface position	主要的俯仰控制面位置	①②③④⑤⑥
16	primary lateral control surface position	主要的横向控制面位置	①②③④⑤⑥
17	primary yaw control surface position	主要的偏航控制面位置	①②③④⑤⑥
18	lateral acceleration	横向加速度	①②③④⑤⑥
19	pitch trim surface position	俯仰配平面位置	②③④⑤⑥
20	trailing edge flap or cockpit flap control position（except when parameters of NO. 85 of this section apply）	机翼后缘襟翼位置或驾驶舱襟翼控制位置（当参数满足第85组要求时，可以不考虑本组要求）	②③④⑤⑥
21	leading edge flap or cockpit flap control position（except when parameters of NO. 86 of this section apply）	机翼前缘襟翼位置或驾驶舱襟翼控制位置（当参数满足第86组要求时，可以不考虑本组要求）	②③④⑤⑥
22	each thrust reverser position	每个反推力装置的位置	②③④⑤⑥
23	ground spoiler position or speed brake selection（except when parameters of NO. 87 of this section apply）	地面扰流板位置或减速板选择（当参数满足第87组要求时，可以不考虑本组要求）	③④⑤⑥
24	total air temperature	大气总温	③④⑤⑥
25	automatic flight control system（AFCS）modes and engagement status，including autothrotttle	自动飞行控制系统模式和连接状态，包括自动油门	③④⑤⑥
26	radio altitude	无线电高度	③④⑤⑥
27	localizer deviation	航向信标偏差	③④⑤⑥

（续表）

序号	记录参数英文名	记录参数中文名	适用机型
28	glideslope deviation	下滑道偏离	③④⑤⑥
29	marker beacon passage	通过指点信标台	③④⑤⑥
30	master warning	主警告	③④⑤⑥
31	air/ground sensors (primary airplane system reference nose or main gear)	空/地传感器（主要的飞机系统参照主起和前起）	③④⑤⑥
32	angle of attack	攻角	③④⑤⑥
33	hydraulic pressure low	液压压力低	③④⑤⑥
34	ground speed	地速	③④⑤⑥
35	ground proximity warning system	近地警告系统	④⑤⑥
36	landing gear cockpit control selection	起落架驾驶舱控制选择	④⑤⑥
37	drift angle	偏流角	④⑤⑥
38	wind speed and direction	风速和风向	④⑤⑥
39	latitude and longitude	纬度和经度	④⑤⑥
40	stick shaker/pusher	振杆器和推杆器	④⑤⑥
41	windshear	风切变	④⑤⑥
42	throttle/power lever position	油门杆位置	④⑤⑥
43	additional engine parameters	其他的发动机参数	④⑤⑥
44	traffic alert and collision avoidance system	交通告警和防撞系统	④⑤⑥
45	DME 1 and 2 distances	距离（测距器 1 和 2）	④⑤⑥
46	NAV 1 and 2 selected frequency	选择的频率（无线电导航系统 1 和 2）	④⑤⑥
47	selected barometric setting	选择的大气压力设定值	④⑤⑥
48	selected altitude	选择的高度	④⑤⑥
49	selected speed	选择的速度	④⑤⑥
50	selected mach	选择的马赫数	④⑤⑥
51	selected vertical speed	选择的垂直速度	④⑤⑥
52	selected heading	选择的航向	④⑤⑥
53	selected flight path	选择的飞行航路	④⑤⑥
54	selected decision height	选择的决断高度	④⑤⑥
55	EFIS display format	EFIS 显示格式	④⑤⑥
56	multi-function/engine/alerts display format	多功能显示器显示格式,发动机显示格式或告警显示格式	④⑤⑥
57	thrust command	推力指令	④⑤⑥

（续表）

序号	记录参数英文名	记录参数中文名	适用机型
58	thrust target	推力目标值	⑤⑥
59	fuel quantity in CG trim tank	在重心配平油箱中的燃油油量	⑤⑥
60	primary navigation system Reference	主要的导航系统基准	⑤⑥
61	icing	结冰	⑤⑥
62	engine warning each engine vibration	每个发动机振动警告	⑤⑥
63	engine warning each engine over temp	每个发动机过温警告	⑤⑥
64	engine warning each engine oil pressure low	每个发动机滑油压力低警告	⑤⑥
65	engine warning each engine over speed	每个发动机过速警告	⑤⑥
66	yaw trim surface position	偏航配平面位置	⑤⑥
67	roll trim surface position	滚转配平面位置	⑤⑥
68	brake pressure	刹车压力	⑤⑥
69	brake pedal application	刹车踏板使用	⑤⑥
70	sideslip angle	侧滑角	⑤⑥
71	engine bleed valve position	发动机引气阀位置	⑤⑥
72	anti-icing system selection	防冰系统选择	⑤⑥
73	computed center of gravity	重心估算	⑤⑥
74	AC electrical bus status	交流电汇流条状态	⑤⑥
75	DC electrical bus status	直流电汇流条状态	⑤⑥
76	APU bleed valve position	APU 引气阀位置	⑤⑥
77	hydraulic pressure	液压压力	⑤⑥
78	loss of cabin pressure	座舱压力丧失	⑤⑥
79	computer failure	计算机故障	⑤⑥
80	heads-up display	平显仪显示	⑤⑥
81	para-visual display	β角目视显示	⑤⑥
82	cockpit trim control input position-pitch	驾驶舱配平控制输入位置——俯仰	⑤⑥
83	cockpit trim control input position-roll	驾驶舱配平控制输入位置——滚转	⑤⑥
84	cockpit trim control input position-yaw	驾驶舱配平控制输入位置——偏航	⑤⑥
85	trailing edge flap and cockpit flap control position	机翼后缘襟翼和驾驶舱襟翼控制杆位置	⑤⑥

（续表）

序号	记录参数英文名	记录参数中文名	适用机型
86	leading edge flap and cockpit flap control position(no apply)	机翼前缘襟翼和驾驶舱襟翼控制杆位置(不适用)	⑤⑥
87	ground spoiler position and speed brake selection	地面扰流板位置和减速板选择	⑤⑥
88	all cockpit flight control input forces (control wheel, control column, rudder pedal)	所有驾驶舱飞行控制输入力(驾驶盘,驾驶杆,方向舵脚蹬)	⑤⑥
89	yaw damper status	偏航阻尼器状态	⑥
90	yaw damper command	偏航阻尼器指令	⑥
91	standby rudder valve status	备用方向舵阀状态	⑥

注：①1991 年 11 月 11 日（含）之前制造，无飞行数据采集组件（FDAU）；②1991 年 11 月 11 日（含）之前制造，有飞行数据采集组件（FDAU/DFDAU）；③1991 年 11 月 11 日之后制造；④2000 年 8 月 18 日之后制造；⑤2002 年 8 月 19 日之后制造；⑥所有 B737 机型。

5.1.4.2　CCAR - 91 法规相关要求

中国民用航空局发布的 CCAR - 91 法规，其中 E 章设备、仪表和合格证要求，规定了除经局方批准外，所有 2005 年 1 月 1 日后首次颁发适航证、最大审定起飞重量超过 5 700 kg 的飞机，应安装满足附录 E 规范的 IA 型飞行数据记录器（飞机）。具体见一般运行和飞行规则[CCAR - 91]——附录 E 飞机飞行数据记录器规范，如表 5 - 3 所示。

表 5 - 3　飞机的 I A 型飞行数据记录器规范

序号	参　　数
1	气压高度
2	指示空速或校准空速
3	空地状态和每一起落架的空地传感器,如适用
4	全温或外部大气温度
5	航向(飞行机组主参考)
6	垂直加速度
7	横向加速度
8	纵向加速度(机轴)
9	时间或相对时间计算
10	＊　导航数据：偏流角、风速、风向、纬度/经度
11	＊　地速
12	＊　无线电高度
13	俯仰姿态

（续表）

序号		参　　数
14		横滚姿态
15	*	偏航或侧滑角
16	*	迎角
17		发动机推力/功率：每台发动机的推力/功率,驾驶舱油门/推力杆位置
18	*	反推状态
19	*	发动机推力指令
20	*	发动机推力目标
21	*	发动机引气活门位置
22	*	附加发动机参数：发动机压气比（EPR）,$N1$,指示的震动级别,$N2$,发动机排气温度（EGT）,油门杆角度（TLA）,燃油流量,燃油关断手柄位置,$N3$
23		俯仰配平舵面位置
24	*	襟翼：后缘襟翼位置,驾驶舱控制选择
25	*	缝翼：前缘襟翼（缝翼）位置,驾驶舱控制选择
26	*	起落架：起落架或起落架选择手柄的位置
27	*	偏航配平舵面位置
28	*	横滚配平舵面位置
29	*	驾驶舱俯仰配平控制输入的位置
30	*	驾驶舱横滚配平控制输入的位置
31	*	驾驶舱偏航配平控制输入的位置
32	*	地面扰流板和速度刹车：地面扰流板位置,地面扰流板的选择,速度刹车位置,速度刹车的选择
33	*	除冰和/或防冰系统的选择
34	*	液压压力（每一系统）
35	*	燃油量
36	*	交流电汇流条状态
37	*	直流电汇流条状态
38	*	辅助动力装置引气活门位置
39	*	计算重心
40		警告
41		主飞行控制舵面和驾驶员的主飞行控制输入：俯仰轴、横滚轴、偏航轴
42		通过指点信标
43		每一导航接收机的频率选择
44		人工无线电发射键控和驾驶舱语音记录器、飞行数据记录器同步基准
45	*	自动驾驶仪/自动油门/自动飞行控制系统（AFCS）方式和接通状态
46	*	选择的大气压力设定：机长、副驾驶
47	*	选择高度（驾驶员可选择的所有工作模式）
48	*	选择速度（驾驶员可选择的所有工作模式）

（续表）

序号	参　　　数
49	＊ 选择马赫数（驾驶员可选择的所有工作模式）
50	＊ 选择垂直速度（驾驶员可选择的所有工作模式）
51	＊ 选择航向（驾驶员可选择的所有工作模式）
52	＊ 选择航迹（驾驶员可选择的所有工作模式）：航线/预期航迹，航迹角
53	＊ 选择决断高
54	＊ 电子飞行仪表系统（EFIS）显示格式：机长、副驾驶
55	＊ 多功能/发动机/告警显示模式
56	＊ 近地警告系统（GPWS）/地形提示和警告系统（TAWS）/地面避撞系统（GCAS）状态：地形显示模式的选择（包括自动显示状态）、地形告警、警戒和警告，以及咨询、开关电门位置
57	＊ 低压警告：液压压力、气压压力
58	＊ 计算机失效
59	＊ 客舱失压
60	＊ 空中交通防撞系统（TCAS）/机载防撞系统（ACAS）
61	＊ 结冰探测
62	＊ 每台发动机的振动警告
63	＊ 每台发动机的超温警告
64	＊ 每台发动机的滑油低压警告
65	＊ 每台发动机的超速警告
66	＊ 风切变警告
67	＊ 操纵失速保护，抖杆器和推杆器的触发
68	＊ 驾驶舱内所有的飞行控制输入力：方向盘、操纵杆、方向舵脚蹬的驾驶舱输入力
69	＊ 垂直偏差：仪表着陆系统（ILS）下滑道，微波着陆系统（MLS）倾角，全球导航卫星系统（GNSS）近进航道
70	＊ 水平偏差：仪表着陆系统（ILS）航向道，微波着陆系统（MLS）方位角，全球导航卫星系统（GNSS）近进航道
71	＊ 测距装置（DME）1 和 2 的距离
72	＊ 主导航系统参照：全球导航卫星系统（GNSS），惯性导航系统（INS），全向信标（VOR/DME），微波着陆系统（MLS），罗兰 C（Loran C），仪表着陆系统（ILS）
73	＊ 刹车：左、右刹车压力，左、右刹车脚蹬位置
74	＊ 日期
75	＊ 事件记录标志
76	＊ 平视显示使用中
77	＊ 辅助目视显示工作中

注：上述规范中，没有（＊）标记的参数是强制要求记录的，对于有（＊）标记的参数，如果飞机系统或操纵飞机的飞机机组使用了该参数的信息数据源，则要求记录该参数。

5.2 典型飞行记录器

5.2.1 民用飞机飞行记录器现状

在民用飞机领域,飞行记录器主要由欧美制造商提供,主要的公司如 L-3(L-3 Communication)、霍尼韦尔(Honeywell)和通用电气(GE)等。民用飞机主要安装使用的飞行记录器型号及厂商如表 5-4 所示[43]。

表 5-4 民用飞机主要安装使用到的飞行记录器型号及厂商

厂商	类型
L-3 公司	FDR: 2100-4042-00 128 WPS ARINC 573/717 2100-4043-xx 256 WPS ARINC 573/717 2100-4044-xx 512 WPS ARINC 573/717,Extended Record 2100-4045-xx 1024 WPS ARINC 573/717 CVR: 2100-1010-xx 30 Minute 2100-1020-xx 2 Hour 2100-1025-xx 2 Hour Voice and Data Link 93A100 30 Minute 磁带 CVDR: 2100-3073-xx 30 Minute Voice/25 Hr Data 2100-3083-xx 2 Hr Voice/25 Hr Data
Honeywell 公司	FDR: 980-4700-XXX 980-4710-XXX 980-4750-009 CVR: 980-6005-XXX30 Minute 磁带 980-6020-XXX30 Minute 980-6022-XXX2 Hour 980-6032-0012 Hour and Data Link CVDR: 980-6025-XXX2 Hr Voice/25 Hr Data
GE 公司	EAFR:Enhanced airborne flight recorder 增强型飞行记录器 四合一组合记录器 FDR-CVR-AIR-DLK
Universal 公司	1600 系列飞行数据记录器 1600 系列驾驶舱语音记录器 1600 系列组合式记录器(数据/驾驶舱语音)(D51615-102)
Penny & Giles 公司	MPFR 飞行数据记录器 EMPFR 飞行记录器(1603-XX-XX/1605-XX-XX)

（续表）

厂　商	类　　型
Lockheed 公司	LAS209 磁带数据记录器
BASF 公司	SCR500 组合式记录器（数据/驾驶舱语音）
俄罗斯	MSRP－64 飞行数据记录器 MCRP－A 飞行数据记录器 BUR－1 飞行数据记录器 RP1－2 飞行数据记录器
中国千山电子设备厂	FS－30C 飞行数据记录器 FB－30H 飞行数据记录器

　　飞机的记录器种类主要包含飞行数据记录器（FDR）、驾驶舱语音记录器（CVR）、快速存取记录器（QAR）、无线快速存取记录器（WQAR）和增强型机载飞行记录器（EAFR）等。

5.2.2　飞行数据记录器

　　飞行数据记录器（FDR）用于记录飞机上的飞行参数。飞行数据记录器一般包括 1 个机箱、前面板、2 个集成印刷线路板 PWA（飞机接口线路板和采集处理线路板）、1 个防撞击记忆装置（CSMU）和 1 个水下定位装置（ULD）（见图 5－3）。FDR 机箱和 CSMU 都涂成橙色，CSMU 上还有 2 条反射带。防撞击记忆装置 CSMU 包含有 1 个固态的存储器用作记录媒介。水下定位装置作为水下声学信标，水平地安装在防撞击记忆装置 CSMU 的前面，该信标也作为拿取记录器的把手。水下定位装置配有 1 个使用寿命为 6 年的电池，ULD 符合 FAA TSO－C121 的要求。地面支持设备（GSE）连接器安装在飞行数据记录器的前面板，这个连接器提供了飞行数据记录器和地面支持设备的 1 个接口，用于对 FDR 进行检测，导出数据给数据读出或分析设备。记录器使用一个双头 57 针的 DPXB 型接头（符合 ARINC 747 规范）与飞机上线束接头相连。

图 5－3　飞行数据记录器（FDR）外观

5.2.3　驾驶舱语音记录器

　　驾驶舱语音记录器（CVR）：主要记录飞机机组人员通信信息，包括：

（1）飞机机组人员通信；

（2）声音警告；

（3）飞机接收和发送的数据链信息。

驾驶舱语音记录器除对驾驶舱语音进行记录外，同样可以记录无线电接口装置通过 ARINC429 总线传输来的数据链信息。一个 UTC 时钟输入用于同步语音记录器和飞行数据记录器。CVR 收集音频记录和可用的数据链信息并以"先进先出"的方式存储。语音信息最少可记录 120 min 的数据。数据都存储在防撞击记忆装置 CSMU 的固态存储器内，该存储器经过坠毁撞击或浸泡在水里仍能保存。

5.2.4　快速存取记录器

快速转录记录器（QAR）具有记录和下载性能的高容量记录器，其记录数据很容易被提取，是对 FDR 的飞行数据的 1 个备份，以助于更方便地从机上系统下载数据。

QAR 安装在飞机上时，可以用手提电脑通过小 USB 接口下载数据，这样飞行数据就可以从飞机上转移到地面站进行数据恢复和分析。当飞机上没有供电时，USB 接口也可以用作从主计算机给 QAR 供 $+5\ V_{dc}$ 的工作电源。另外，也可选择从 QAR 拆下已装满数据的闪存卡，而更换一张新卡。闪存卡可以通过标准 PCMCIA 接口的读卡器在个人计算机上进行访问，并使用 QAR 读取软件获取飞行数据。

QAR 的记录时间由小型闪存卡的容量和输入数据速率决定。以小时为单位用于计算近似记录时间的计算公式为：记录时间≈160×〔介质容量（MB）/数据速率（字/秒）〕。例如，选用 1 个容量为 512 MB 的小型闪存卡，以 256 B/s 的速率传输数据将可以记录约 320 h 的数据。

无线快速转录记录器（WQAR）与 QAR 一样是记录飞行数据的高容量记录器，但不需要人工下载数据。在飞机落地后，数据可通过无线网络自动下传地面，给飞机运行监控和飞机维修带来了极大方便，得到了广泛的应用。

5.2.5　增强型机载飞行记录器

增强型机载飞行记录器（EAFR）已完成采用规范的跨代升级：传统记录器是基于 ARINC429 总线数据传输规范到 ARINC717 飞行数据记录规范，EAFR 记录器是基于 ARINC664 总线数据传输规范到 ARINC767 飞行数据记录规范。

EAFR 作为一个航线可更换设备（LRU），提供飞行数据记录、驾驶舱语音记录和数据链记录功能（见图 5-4）。除此之外，由于驾驶舱内可选装摄像头，EAFR 还具备记录驾驶舱内视频信号的能力。

EAFR 包含一个 ULB（水下定位信标），用于飞机发生事故坠于水下时对 EAFR 的定位。

图 5-4　增强型机载飞行记录器外观

EAFR 包含一个 5 GB 的防撞击存储卡,支持 ARINC664 接口和模拟接口。系统通过 ARINC664 接口从航电主网络获取需要的飞行数据参数,通过模拟接口获取音频信息,符合 FAA91 部和 FAA121 部的要求。EAFR 至少能提供持续 25 h 的飞行数据记录功能;能在多个语音通道上持续获取和存储 2 h 的高质量的语音数据;能连续获取和存储机载数据链系统的数据。

5.3　飞机数据传输与记录技术

为了使航空电子设备的技术指标、电气性能、外形以及插件等规范统一,美国航空无线电公司(Aeronautical Radio Inc,ARINC)制定了一系列统一的工业标准和规范,即 ARINC 规范。

其中,飞机上的数据及信号的传输早期采用 ARINC429 规范,新发展的有 ARINC767 规范。

飞机数据的记录,特别是飞机记录器的数据记录格式从早期的 ARINC542/573 发展到现在广泛应用的 ARINC717/747,目前最新的数据记录格式为 ARINC767。

下文对基于 ARINC429/664 的飞机数据传输技术和基于 ARINC717/767 的飞机数据记录技术进行详细的介绍。

5.3.1　基于 ARINC 429 的飞机数据传输技术

ARINC429 总线协议是美国航空电子工程委员会(Airlines Engineering Committee)于 1977 年 7 月提出、发表并获得批准使用,它的全称是数字式信息传输系统(digital information transfer system,DITS)。协议标准规定了航空电子设备及有关系统间的数字信息传输要求,从该规范发布实施以来几经修改,于 1982 年 11 月 4 日 ARINC429 - 7 正式通过。ARINC429 总线结构简单、性能稳定,抗干扰性强。最大的优势在于可靠性高,这是由于非集中控制、传输可靠、错误隔离性好。

5.3.1.1　ARINC 429 的传输特点

ARINC 429 数据传输总线的特点有以下几点:

1) 传输方式

ARINC 429 是一种单信息源、多接收器的传输规范。若两通信设备需双向传输时,则每个方向上各用一个独立的传输总线,使信息分发的任务和风险不再集中。

2) 驱动能力

每条总线允许一个源和不超过 20 个接收端。由于设备较少,信息传递有充裕的时间保证。

3) 调制方式

采用双极型归零的三态码方式,即信息由"高""零"和"低"状态组成的三电平状态调制。

4）传输速率

ARINC 429 发送和接收设备均采用双绞线屏蔽线传输信息，其速率为100 kB/s 或 12.5 kB/s。高速工作状态的位速率为 100 kB/s。系统低速工作状态的位速率应用在 12～14.5 kB/s 范围内。选定内容后的位速率其误差范围应在 1% 之内。高速率和低速率不能在同一条传输总线上传输。

5）同步方式

ARINC 429 通常是以脉冲形式发送传输数据的，一个电脉冲就是一位，一个数据字有 32 位；传输的基本单位是字，每个字由 32 位组成。

5.3.1.2　ARINC 429 的数据帧格式

ARINC 429 数据传输是以电脉冲形式发送的，一个电脉冲为一位。一个数据字有 32 位，包括以下 5 个组成部分（见图 5-5）：

ARINC429规范定义数据字 32位																															
P	SSM	S	DATA																				SDI		LABEL						
奇偶校验位	信号/状态矩阵	符号位	数据区																				源/目的地址识别码		标识码						
32	31	30	29	28	27	26	25	24	23	22	21	20	19	18	17	16	15	14	13	12	11	10	9	8	7	6	5	4	3	2	1
MSB高位																															LSB低位

图 5-5　ARINC429 传输字的格式

第 1 至 8 位 LABEL：8 位标识码，是唯一的、与 ARINC 429 数字一一对应的标识码，用于区别数据类型和相关参数；它标记出包括在这个传送字内的信息的类型，也就是传送代码的意义是什么。如传送的是 VHF 信息，则标号为八进制数 030；若是 DME 数据，则标号为八进制数 201 等。

第 9 至 10 位 SDI：源/目的地址识别码（source destination identifier），它指示信息的来源或终端。

第 11 至 29 位 DATA：数据区。

第 30 至 31 位 SSM：信号/状态矩阵（signed status matrix），它指出数据的特性，如南、北、正、负等其他的状态。在甚高频内使用 30 到 31 位（BCD 编码）。其表示的含义还与 DATA 类型有关（见图 5-6）。

第 32 位 PAR：奇偶校验位（parity bit）。ARINC 429 数字信息传输系统的数据发送器根据当前 1～31 位的逻辑“1”来决定第 32 位的逻辑值，使整个 32 位的逻辑“1”的个数始终是奇数。

数据经过传输后，接收系统再次计算每个字的逻辑“1”的个数，若仍为奇数，则可认为传输有效，否则认为无效。

BCD 编码对应信号/状态矩阵		
位		含义
31	30	
0	0	正、北、东、右、向、超过
0	1	无计算值
1	0	功能测试
1	1	负、南、西、左、从、低于

BNR 编码对应信号/状态矩阵		
位		含义
31	30	
0	0	失效告警
0	1	无计算值
1	0	功能测试
1	1	常规操作

图 5-6 不同数据类型对应信号/状态矩阵

5.3.2 基于 ARINC 717 的飞机数据存储技术

5.3.2.1 ARINC 717 记录格式

ARINC717 数据总线协议规范规定了飞行数据的记录结构,ARINC717 协议是较常采用的数据总线,其规定的记录数据格式的每个数据帧包括 4 个副帧,每个副帧有 64、128、256、512 或 1 024 个字槽,每个字槽 12 位。每个副帧第一个字槽用来记录该副帧的同步字,其余字槽编排所要记的飞行参数。遵循 ARINC 717 的定义要求,同步码由时钟定时插入到数据流中以区分 4 个副帧(见图 5-7)。

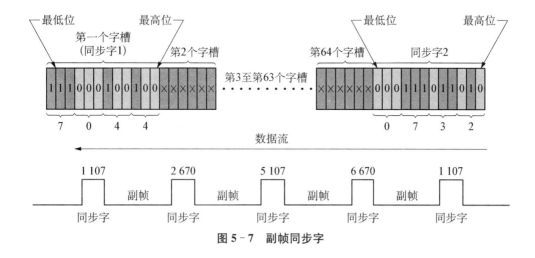

图 5-7 副帧同步字

5.3.2.2 ARINC 717 的记录特点

ARINC 717 是 ARINC 573 的扩展形式,相对于 ARINC573 其记录特点为:

(1) ARINC 717 采用"超级帧"记录方法。在 ARINC573 基本帧结构的某些字槽中,采用一个字槽记录多个参数的方法以扩大记录量,目前普遍采用一个字槽记录 16 个飞行参数。而超级帧的特点是在某副帧的一个字槽中记录 16 个不同参数的数据,因此需要采用分时顺序记录,以增多记录参数,但这样会使参数的采样率大为降低;某一超级帧参数需要 64 s 才能记录一次,因此超级帧只适用于记录一些不变或者缓变的参数,例如航班号、日期、小时、飞机总重以及发动机燃油油量等。每个超级帧均有"超级帧循环计数器",通常用 0～15 表示,通过超级帧循环计数器来判断是什么参数。

(2) ARINC 717 增加了记录速度。ARINC573 标准记录速度为 64 个单字每秒,ARINC 717 在此基础上,将速度提高到 2 倍或 4 倍,即记录 128 或 256 个单字每秒。

5.3.3　基于 ARINC 664 的飞机数据传输技术

随着航空电子系统的高速发展,飞机中电子设备呈现出多样化、复杂化的趋势。飞机上传系统的通信网络技术通信速率低、电缆使用量大,越来越不能满足现代航空电子系统的需求,制约了航空电子设备的更新换代。因此,使用新型通信网络优化航空通信网络性能,改善航空电子设备结构成为研发新一代航空数据网络航空电子全双工交换式以太网(avionics full duplex switched ethernet network,AFDX)。

5.3.3.1　AFDX 系统的组成

AFDX 系统由航空电子子系统、AFDX 终端系统、AFDX 互联网络 3 个部分组成。各个部分的功能具体如下。

航空电子子系统(avionics subsystem):飞机上完成飞行任务的传统航空电子系统和服务任务的新型航空电子系统,如飞机控制计算机(FCC)、全球定位系统(GPS)等。航空电子子系统通过 AFDX 终端系统接入 AFDX 网络,是飞机上的功能模块。

AFDX 终端(AFDX end system):主要有两个功能。第一个是提供航空电子系统和 AFDX 通信链路之间的接口,确保各航空电子子系统和其他航空电子系统之间的安全、可靠的数据交换。第二个是将航空电子子系统中可能存在的不同类型的数据转化成统一的电气标准,使其能相互识别。

AFDX 互联网络(AFDX interconnect):全双工交换式网络。至少有一个交换机作为数据中继器将数据传送到正确的目的地址,是 AFDX 组成网络结构,摆脱点对点通信制约的关键。AFDX 互联网络还能通过虚拟链路技术提高系统的可靠性,提高通信速率。

利用 AFDX 构成通信网络,能兼容不同的协议标准,将基于不同协议结构的数据进行转换,完成系统间的通信(见图 5-8)。

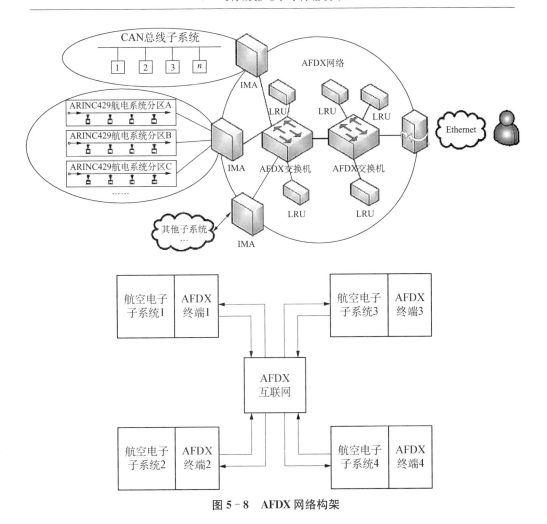

图 5 - 8　AFDX 网络构架

5.3.3.2　AFDX 系统的数据帧格式

AFDX 终端系统的主要功能是：为航空电子子系统提供接入 AFDX 网络的接口，将不同的数据格式统一。这两个核心功能的实现都包括在数据的发送与接收的过程之中。

在 AFDX 信息都是以帧为单位传送的，遵循 IEEEStd802.3(以太网)标准。

以太网头、IP 头、UDP 头都是 AFDX 规范中的专用头结构(见图 5 - 9)，用来表明帧传输的必要信息，如目标地址、源地址、目的地端口、源端口号、虚拟链路等，交换机根据这些信息保证数据能通过正确的路径传输到正确的目的地址，与数据本身无关。

UDP 是一种 AFDX 可选的数据传输协议，UDP 协议只保证进程间通信的最基本要求，不提供数据传输过程中的可靠性保证措施，是无连接、不可靠的通信协议。UDP 接收用户数据区的输出，对于每次用户数据输出都产生一个 UDP 数据报，将

图 5 - 9　AFDX 帧结构

生成的 UDP 数据报直接封装在 IP 数据报中进行传输,但不保证负载包含了实际需要传递的信息,具有协议简单、传输高效、实时性强等特点。

用户数据即 UDP 负载,具体格式和编码形式由终端自行定义。其长度规定为 17~1 471 B。如果有效的信息长度不够 17 B,需要用填充字节补足。

AFDX 序列长度为 1 B,其作用主要是用于完整性检查和冗余管理。接收端接收到一个 AFDX 帧后,首先根据 AFDX 序列进行完整性检查,判断是否有丢帧的现象。

帧检验序列是该帧的校验码,共 4 B,作用是用来校验该帧的内容是否在传输过程中发生错误。帧结构各个位所代表的意义不同(见图 5 - 10)。

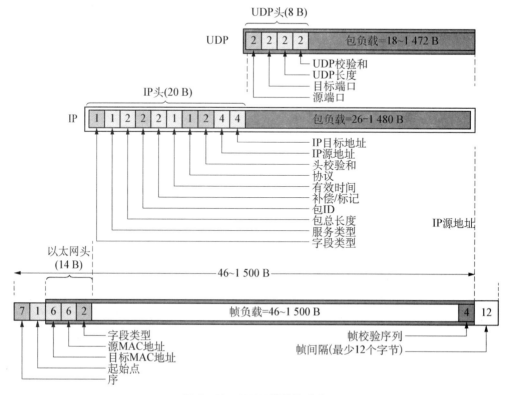

图 5 - 10　AFDX 帧结构含义

　　各个航电子系统通过 AFDX 端口接收到数据后,将数据发送至 UDP 模块,为数据添加 UDP 头。然后数据进入 IP 模块,在 IP 模块视情况决定数据是否需要进行分包处理。系统为完成分包的数据逐个添加 IP 头,校验码以及以太网头。如果不需要分包则直接添加以太网头。数据接着进入链路层进行虚拟链路调度以及冗余管理方面的处理。通过互为冗余的物理层模块发送,进入 AFDX 通信网络(见图 5 - 11)。

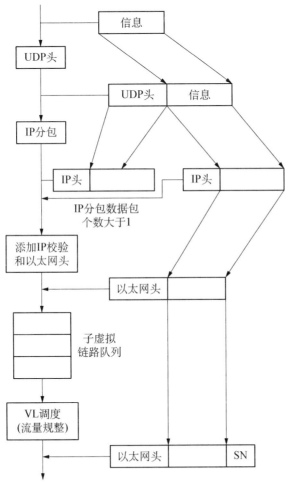

图 5 - 11　AFDX 发送流程

5.3.4　基于 ARINC 767 的 EAFR 数据存储技术

5.3.4.1　EAFR 帧格式

根据 5.3.3.1 节所述内容,飞机通过 AFDX 网络可以将帧数据最终传递至

EAFR 处。EAFR 最终仍然是以 AFDX 帧的形式储存飞行数据,只是记录器储存的数据需要对完整的 AFDX 帧结构做一些必要处理,如除去传输信息(如以太网、IP、UDP 头等传输时用于标记目的地信息),提取有效数据,再建立存储帧。EAFR 帧由帧头(frame header)、帧数据(frame data)、帧尾(frame trailer)构成。EAFR 数据帧的形式如图 5 - 12 所示。

	Frame Header 帧头					Frame Data 帧数据		Frame Trailer 帧尾	
Field No. 字段号	1	2	3	4	5	6	7	8	9
Field Contents 字段内容	Starting Frame Marker 帧起始信标	Frame Length 帧长度	Time Tag 时间签	Frame Type 帧类型	Frame ID 帧标识符	Parameters 数据位	End of Frame Filler 末位对齐位	Frame Type 帧类型	Frame ID 帧标识符
Field Type 字段类型	Unsigned Integer 无符号整数	Unsigned Integer 无符号整数	Unsigned Integer 无符号整数	Unsigned Integer 无符号整数	Unsigned Integer 无符号整数	Bit string 位串	Bit string 位串	Unsigned Integer 无符号整数	Unsigned Integer 无符号整数
Size 大小	16位	16位	32位	8位	8位	var 变量	8位	8位	8位
Range 范围	fixed 固定的	14~2 048	——	0	1 255	——	——	0	1~255

图 5 - 12　EAFR 存储数据帧结构

其中,帧头包括以下各部分。

(1)帧起始信标(starting frame marker):16 bits 固定的编码,译码软件通过识别起始信标来判断是否是新的一帧,类似于 ARINC 717 内各子帧的同步字。

(2)帧长度(frame length):用于标示帧总长度,用于判断各帧定位。

(3)时间签(time tag):用于标示该帧形成时相对于开始记录的时间,译码软件通过读取该值,判断各帧数据的先后顺序。该值不同于帧储存到 EAFR 时间,这是因为 EAFR 在储存数据时可能将各个帧的数据先存在寄存器里,再一起记录到 EAFR 内。因此,该值是各帧相对顺序的唯一标识。

(4)帧 ID(frame ID):用于标示不同类型数据帧的编号,但一般第 1、2 位保留(如 1 Hz 参数帧为 3;4 Hz 参数帧为 4)。

帧数据包括两部分。

(1)数据位:该位置记录的是采集频率相同的飞行参数(如 baro altitude、airspeed)。由于每一类帧(如 1 Hz 与 4 Hz 帧)或同类帧的不同帧(如 1 Hz 帧前后两秒)的数据可能不同(如包含 event 参数),因此,数据大小未定(Var),但数据位至少包括一个参数。一类帧内一次可以同时传输多个采集频率相同的参数,类似于 ARINC 429 的 Bus 概念,同一个 Bus 可以同时传输多个 Label。

(2)数据对齐位:特殊编码,用于数据位的末位对齐。最后是帧尾,采用特殊编码,用于标示数据帧已结束。

5.3.4.2 EAFR 帧储存原理

各类飞行数据在以 EAFR 帧储存在 EAFR 之前,都会先储存在数据获取系统的接收缓存器内,也就是消息池(message pool)。EAFR 会按从消息池内采集该类帧(即同频率)需要记录的全部参数的最新数据,一起封装在帧结构的数据位内。EAFR 采集参数的规则和顺序会如实地记录在 FRED(flight recorder electronic documentation)文件内,用于译码。

由于飞行数据来自不同的系统,因此这些数据到达消息池的时间不同。因此,存储在 EAFR 的帧数据是以该帧建立的时间作为时间签(time tag),标记该帧内全部数据的记录时间。即 EAFR 帧内的数据可能并不是同一时刻产生的,但时间延迟很小,可以认为是同时的。

当各个系统以 AFDX 或者 ARINC 429 形式将数据传递至消息池,先储存在缓存器内。当在 TS1 时刻,采集了如 Alt、IAS、Nz 等参数,封装在 FL1 帧内。同时,采集了如 N1、WoW、Roll 等参数封装在 FL2 内;TS2 时刻,FL1 同样采集与 TS1 时刻一样的参数;同时,采集 N2、Yaw、Flap 等参数封装在 FL3 内 EAFR 帧由帧头(frame header)、帧数据(frame data)、帧尾(frame trailer)构成(见图 5 - 13)。这就意味着 FL1 是个高频率帧,FL2 和 FL3 是低频率帧,且 FL2 和 FL3 的频率不同。

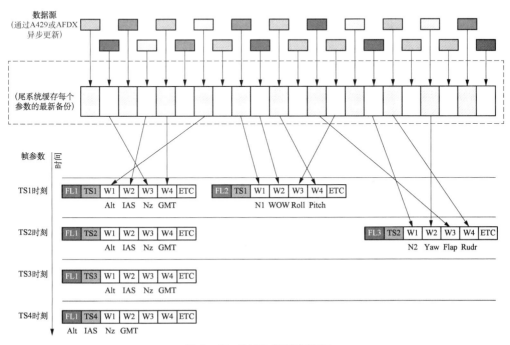

图 5 - 13　EAFR 帧储存流程

EAFR 每个帧时刻(time tick)建立的帧数量是不定的,这与 EAFR 设计原理相关。假设该 EAFR 记录的最高频率为 16 Hz,则在每个 1/16 s 都会建立一个 16 Hz 帧。在第 1/16、3/16、5/16、7/16、第 9/16、11/16、13/16、15/16 s 建立 1 个 8 Hz 帧;在第 2/16、6/16、10/16、14/16 s 建立 1 个 4 Hz 帧;在第 4/16、12/16 s 建立一个 2 Hz 帧;在 8/16 s 建立 1 个 1 Hz 帧(见图 5-14)。这样在每一个帧时刻(time tick)都会建立两个帧。

帧时刻/s	$\frac{1}{16}$	$\frac{2}{16}$	$\frac{3}{16}$	$\frac{4}{16}$	$\frac{5}{16}$	$\frac{6}{16}$	$\frac{7}{16}$	$\frac{8}{16}$	$\frac{9}{16}$	$\frac{10}{16}$	$\frac{11}{16}$	$\frac{12}{16}$	$\frac{13}{16}$	$\frac{14}{16}$	$\frac{15}{16}$	$\frac{16}{16}$
记录频率/Hz	16	16	16	16	16	16	16	16	16	16	16	16	16	16	16	16
帧	8	4	8	2	8	4	8	1	8	4	8	2	8	4	8	1

图 5-14　一种可能的 EAFR 帧排列

5.4　新型飞行记录器与传输新技术

5.4.1　新型飞行记录器

目前飞机飞行记录器使用中存在的一些缺陷和某些问题,飞机制造商正考虑做进一步改进。首先,将采用寿命延长的水下定位信标电池,突破信标发送信号只能持续 30 天的限制,力求达到 90 天。其次,将延长当前所能记录的舱内人员通话时间,增加当前所记录的飞行数据参数种类。再次,将增强飞机"黑匣子"抗外界电流、磁场干扰的能力,加强飞机—卫星—地面的实时联系及其精确定位能力,以便全程跟踪。最后,"黑匣子"新设计将保留更多可供追溯的线索和行踪,以便搜寻人员能在十分恶劣的环境下尽快地寻找到飞机"黑匣子"[44]。航空科技和电子设备技术的不断发展,记录器也不断会有新技术的出现,以下将着重介绍近年来记录器发展趋势的讨论热点:驾驶舱图像视频记录器、弹射式漂浮记录器和云记录器。

1) 驾驶舱图像记录器

随着飞机技术的进步和发展,飞行程序越来越复杂,仅从飞行数据记录器和驾驶舱语音记录器中的信息,难以知悉飞行员操作或仪表显示等微小详情。例如,1999 年 10 月,埃及航空 990 航班从纽约飞往开罗途中坠入大西洋,217 人遇难,尽管 FDR 和 CVR 都成功回收,但其中的记录还是无法解答事故是如何发生的。因此,各国航空领域专家和事故调查部门陆续提出在飞机内外(包括驾驶舱内)安装摄像机的需求。镜头位置和帧率需能记录机舱内人员的身份、位置、动作和飞行控制舵面的操作位置(如输入控制操作、启动开关位置和舵面位置显示)等。记录器记录应是彩色图像,足以清晰看清仪表的读数,并在各种光照条件下(包括阳光和黑夜时)画面都应是清晰的。记录时间不少于 2 h,配有至少 10 min 的独立电源,保存在有坠毁保护的"黑匣子"里。

驾驶舱视频/图像记录器以画面的方式直观地记录和重现事故前后机组人员的动作、驾驶舱内的环境情况和驾驶舱仪表数据,也便于捕获导航显示器的内容。然而,由于飞行员和飞行员协会以侵犯隐私权为由,一再抵制。因此,在驾驶舱内安装视频/图像记录器一直未能普及。

2) 弹射式漂浮飞行记录器

根据新的发展趋势,飞行记录器都同时具有记录飞行数据和驾驶舱语音的功能,如增强型机载飞行记录器 EAFR。在飞机设计时,按规章要求仍需安装 2 个飞行记录器。这样,可以考虑将其中一个记录器安装成可弹射的,另一个记录器则保持固定安装。

据报道,2014 年,空客公司计划对包括 A350 和 A380 在内的客机装配可弹射的飞行记录器。这种可弹射的记录器既有弹射装置,也配备气囊系统。当飞机在水域即将失事时,可弹射飞机记录器可自动弹射,漂浮在水面上,而不是被困在飞机残骸中,便于搜救人员的搜寻并确定失事飞机的大致范围。

3) 云记录器

虽然飞行记录器在可靠性等方面不断改进,但其原理一直没有大的变化。飞行记录器能够客观、真实、全面地记录飞机数据,是查明飞机失事原因最有效的手段。但是,当发生飞行事故时,找寻飞行记录器往往十分艰难。飞行记录器本身有明亮的外表颜色和反光标识,可以方便人们进行搜寻。但是如果飞机坠落在陆地上,飞机记录器往往烧黑或深埋土里,给找寻带来困难。如果飞机坠入水中,飞行记录器可以依靠发射的水下超声波信号报送位置,但这个信号通常在 30 天后将随着电量逐渐耗尽而越来越微弱,直至停止工作,而且只有在信源 2 km 左右的范围内才能够被仪器探测到,找寻记录器的工作仍然艰巨。

2009 年法航 AF447 航班失事和 2014 年马航 MH370 客机失联,对于其飞行记录器的寻找都付出了巨大的代价,使得飞行记录器更新换代的呼声越来越高,其中一条最重要的理念就是"云记录器"。"云记录器"是通过云技术,将原本记录在飞行记录器中的数据通过卫星实时传输到地面。这样直接通过向地面无线传输数据信号并记录,而不再使用飞行记录器。云技术下的黑匣子使得航空公司几乎可以每分钟获得一次飞机的系列数据,而飞行员无权切断这一系统。一旦出现事故,可以第一时间从数据库中调取相关数据,为生还者的搜救、事故分析提供有力支撑[45]。

5.4.2 飞行数据传输新技术

飞行数据的传输,主要是指将飞机上产生的飞行数据传输到地面,以便地面掌握飞机的飞行情况。随着电子技术、计算机技术和通信技术的迅速发展,数据链通信、无线网络通信、蜂窝移动通信、卫星通信和云存储与计算等技术正逐步应用到飞行数据传输领域,极大地方便了地面及时高效获取飞行数据。

5.4.2.1 数据链通信技术

飞机通信寻址与报告系统(aircraft communications addressing and reporting system,ACARS)是一种在航空器和地面站之间通过无线电或卫星传输短消息的数字数据链系统,实现地面系统与飞机之间的双向数据通信。ACARS 是机载监控系统与地面处理系统之间的数据传输系统,ACARS 主要由以下 3 部分组成:

第一部分,机载系统。ACARS 的机载系统是与多媒体显示端、机载计算机(实现管理功能、维护分析功能等)、状态监控组件等系统连接在一起的,主要功能为通过通信设备以及相关的通信协议将多个终端子系统与下行链路进行连接,以供后续的数据传输使用。

第二部分,服务提供商。服务提供商扮演了向报文目的地机构转发报文以及从报文起始机构收集上行报文的角色。服务提供商实际上是一个报文中转站,整个中转的过程由计算机自动执行,这样就减少了人工工作量,提高了系统效率。目前,世界范围内最主要的服务提供商是美国的 ARINC,相关的报文协议也以 ARINC 命名。

第三部分,地面系统。地面系统是空地数据链连接的端口,在发送上行报文时,地面系统扮演了源头或发送者的角色,而在接收下行报文时,地面系统就是接收终端。由于应用需求的不一致,地面系统不像服务提供商那样是世界范围内或国家、地区范围内一致的,因为需要实现的功能并不一样,地面系统根据运行人的需求而进行专门的设计,例如各大航空公司针对自身的维修决策、服务需求等设计了具有偏重某一些功能的地面处理系统。

ACARS 最主要的功能是实现机载系统与地面系统间的报文传递,从机载系统传递至地面系统的报文称为下行链路报文,从地面系统传递至机载系统的报文称为上行链路报文。ACARS 报文种类繁多,根据面向对象进行划分,可分为两类:飞机运营管理报文以及空管服务报文。在进行发动机剩余寿命预测时所需的报文是飞机运营管理报文中的发动机报,其中包含了起飞报、爬升报、巡航报、状态报、阈值超限报等。

ACARS 数据通信技术不是新技术,但也在不断改进,在飞行数据的传输形式和传输能力上不断增强。

5.4.2.2 无线网络通信技术

无线网络通信(wireless fidelity,Wi-Fi)是当前最流行的信息获取技术,根据无线网络的节点布置可以在很大的范围内实现定位、跟踪和监测功能。Wi-Fi 技术包括已经批准的 IEEE802.11 准则等规范。Wi-Fi 是首先得到广泛部署的高速无线技术,在全球的热点中尤其引人注目。包括家庭和办公室以及越来越多的咖啡屋、酒店和机场,Wi-Fi 热点几乎风靡全球,并因为其提高工作效率的能力而受到出行在外人士的追捧。然而,Wi-Fi 能够支持的范围非常有限:用户只有保持在距离无线接入点设备(AP)100 m 的范围内才能实现高速连接。同时可用的频点较少,对于大容量的网络密集部署存在困难。最近,一些平台能够支持多个 Wi-Fi 标准(如802.11a、b、g、n),从而支持数个无线网络之间的兼容性,对解决大容量的网络密集部署提供了支持。Wi-Fi 在民用航空的数据传输中也逐步得到推广应用。

如在波音 B787 电子系统设计中大量采用了与因特网相兼容的系统和网络技术,尤其是无线网络技术在波音 B787 上得到了大量应用。除了传统的高频(HF)、甚高频(VHF)、卫星通信(SATCOM)以外,波音 B787 飞机的通信系统上还增加了波音连接(connexion by Boeing)和机场无线连接(Wi-Fi)两种方式。波音连接将为飞机提供高速宽带的互联网服务,飞机通过卫星和地面建立基于因特网的高速数据链,在机上可用有线或无线的方式通过波音连接进入因特网。机场无线连接(Wi-Fi)是一种基于地面服务器和机上进行无线连接的通信方式。这套系统可以在机场办公室内进行 QAR 数据的下载,机上娱乐系统(IFE)内容的更新,各种机载数据库的更新,飞机维护信息的下载等,通过这套系统将大大提高飞机的营运效率,降低航空公司的成本。

5.4.2.3　蜂窝移动通信技术

蜂窝移动通信的迅速发展,使用户彻底摆脱终端设备的束缚、实现完整的个人移动性、可靠的传输手段和接续方式。如今,移动通信将逐渐演变成社会发展和进步的必不可少的工具。目前有两种蜂窝移动通信技术在民航领域应用。

(1) 地空基站模式(ATG)。相比卫星技术来说,地空基站宽带相对成本较低,而且实施方面,只需要在国内主要的航线架设针对地空宽带的基站即可。在市场需求和技术日趋成熟的同时,国内的运营商也开始行动起来,中国电信、中国移动等主要运营商都已经开始与基础设施供应商合作,针对地空宽带,在全国主要航线上建立基站,以满足地空宽带的信号需求。

(2) 无线快速存取设备(wireless quick access recorder,WQAR)模式。目前WQAR 数据的下载已经不再依靠存储介质的转移,而在飞机落地后直接通过蜂窝移动通信(3G/4G)传输实现数据下载和传输转移。从而使飞行数据有了更加广泛的用途,如协助工程师分析飞行数据和进行日常飞机排故等,为航空公司的安全生产发挥着越来越重要的作用。

5.4.2.4　卫星通信技术

卫星通信是利用空中人造通信卫星作为中继站而进行的无线电通信。人造卫星按轨道可分为三种类型:低轨道卫星(<5 000 km)运行周期 2~4 h、中轨道卫星(5 000 km 到 20 000 km)运行周期 4~12 h、高轨道卫星(大于 20 000 km)运行周期12 h 以上。同步卫星(35 860 km)也称静止卫星,其轨道在赤道平面上,高度约为35 786.6 km,其运行方向和运行周期(24 h)都与地球自转相同。地球站由天线、发射、接受、终端分系统及电源、监控和地面设备组成,主要作用是发射和接受用户

信号。

利用全球卫星网络,与飞机随时保持联系,以 2 kB/s 的速度传递飞行数据。这样一来,飞行数据不容易因为突发情况而丢失。但由于通信带宽和信号盲点以及气象环境等影响,数据实时传输方式目前仍无法完全取代传统"黑匣子"的作用。

5.4.2.5　云存储与计算技术

随着数据链通信、蜂窝移动通信、卫星通信等技术的进一步发展,飞机上的云记录器可以将采集到的原始数据通过网络发送给云服务器,云服务器接收到原始数据,并对原始数据加密处理,将处理后的加密数据进行整理并建立数据标签。用户可通过云设备向服务器发送数据提取请求,云服务器将数据进行解密后发送给用户的云设备。这样一种技术在提供快捷异地数据存储服务的同时,还提供灾难预警服务,而且利用虚拟现场恢复技术综合分析灾难前后的包括图像、声音、环境、温度等数据,为寻找事故发生的原因提供精确的数据。此外,应用最新的数据挖掘和大数据技术将有效地帮助空难调查人员找出导致事故的特定飞行模式。

中国商飞美国公司设计研制了一套应急定位系统——"报信者"云匣子。在飞机即将坠毁时,"报信者"可以从飞机尾部自动弹出,记录下飞机坠毁前最后几分钟的影像信息,并将飞机位置、黑匣子数据和拍到的视频图像等大量数据在短时间内进行压缩并传输、存储到报信者平台进行数据备份,可谓云记录器技术的初步尝试。

6 飞行数据译码技术

飞行记录器包括记录飞行数据的 FDR 或 QAR,以及记录驾驶舱语音的 CVR。飞行记录器数据译码既包括对 FDR(或 QAR)飞行数据的译码,也包括对 CVR 语音的辨听。

6.1 飞行数据译码通用技术

6.1.1 译码概述

飞行数据包括飞行数据记录器(FDR)或快速转录记录器(QAR)中的飞行数据,飞行数据译码是指将以二进制数据流形式记录于记录器中的飞行数据,转换为工程值数据。飞行原始数据只有经过译码,转换成直观的、具有单位或确切意义的工程数据,才能方便进行数据分析与应用,进而了解飞机实际飞行状况及系统运行情况等。

6.1.2 采集原理

飞机上产生的信号参数包括模拟量、离散量和数字量参数。当飞机上的模拟输入信号、离散输入信号传送到数据采集组件(如 DCU)时,首先会被转换成数字信号,连同从飞机总线(如 ARINC429)上传来的其他数字输入信号,组成了飞机记录数据源。数据采集组件将设计定义需要记录的信号数据转换成记录存储格式(如 ARINC717 格式),再通过相应总线送至飞行数据记录器(FDR)或快速转录记录器(QAR)进行存储[46]。

飞行记录器中存储的参数在译码过程中一般称为采集参数。采集参数又可分为连续量参数和离散量参数。连续量参数一般是通过测量传感器的电压、电流或相位获得,如操纵舵面位置、驾驶杆位置、油门杆角度等。离散量参数通常由字槽中的一位或多位二进制数记录的飞机离散参数,如轮载信号、自动油门杆状态模式等。

民用飞机参数数据的采集、记录应遵从已有的规范。常用的 ARINC429 数据总线是美国航空电子工程委员会(Airlines Electronic Engineering Committee)于 1977 年提出的一种民用航空数字总线传输标准[47]。数据在 ARINC429 数据传输总线上按开环方式进行传输(单向数据总线),传输以电脉冲的形式发送,一个电脉冲是一位(bit)。ARINC429 规范定义了一个数据字的单位、范围、分辨率、更新率以及有效位数值等。具体来说一个数据字有 32 位,分为 5 部分:标识码(LABLE/ 1-8 位)、源/目的地识别码(SDI/9-10 位)、数据区(DATA/11-29 位)、信号/状态矩阵(SSM/30-31 位)和奇偶校验位(PAR/32 位)[48],具体格式如图 6-1 所示。

P 奇偶校验位	SSM 信号/状态矩阵	S 符号位	DATA 数据区																	SDI 源/目的地址识别码		LABEL 标识码							
32	31	30	29	28	27	26	25	24	23	22	21	20	19	18	17	16	15	14	13	12	11	10	9	8	7	6	5	4	3	2	1

ARINC429规范定义数据字 32位 MSB高位 ... LSB低位

图 6-1   ARINC429 数据字规范

ARINC429 规范定义数据字在转换成 ARINC717 规范定义数据字时,典型的映射关系如图 6-2 所示。

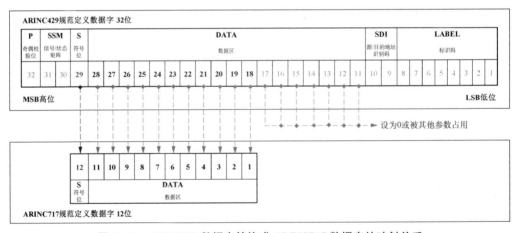

图 6-2   ARINC429 数据字转换成 ARINC717 数据字的映射关系

ARINC717 数据总线协议规范规定了飞行数据的记录结构,ARINC717 协议是较常采用的数据总线,其规定的记录数据格式的每个数据帧包括 4 个副帧。例如,每秒记录参数 256 个字,则每个副帧包括 256 个字槽,记录速度为一副帧每秒[49],记录逻辑如图 6-3 所示。

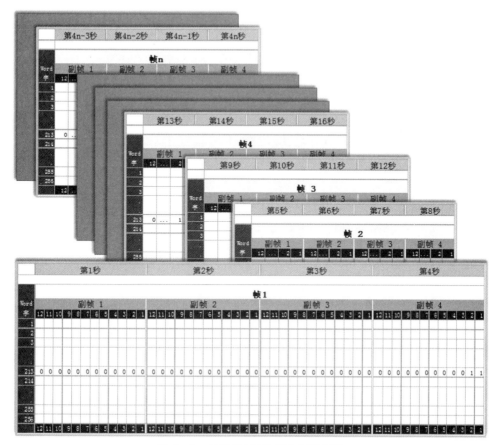

图 6 - 3　ARINC717 数据字记录逻辑

图 6 - 4 为国产喷气支线客机 ARJ21 - 700 飞行数据记录器(FDR)、快速存取记录器(QAR)的数据采集原理示例。FDR 是从左 DCU(DCU - 1)获得飞机数据,并以 256 B/s 的速率记录参数。FDR 和航电系统之间的数据交联通过 ARINC717 数据总线实现。

QAR 同样以 256 B/s 速率记录飞行参数,最少能记录 277 h。它主要从右 DCU(DCU - 2)获得飞机数据。

6.1.3　译码原理

飞行数据原始值为二进制数据,不易辨读。通过译码工作,将二进制数据转换为十进制数据,形成具有单位或确切意义的工程数据,这样才方便了解飞机实际飞行状况及系统运行情况。

另外,不同型号飞机设计的记录参数在进行存储时编码也会各不相同,因此飞行数据原始值对应的译码算法就各不一样,了解参数编码与译码的基本原理是有必

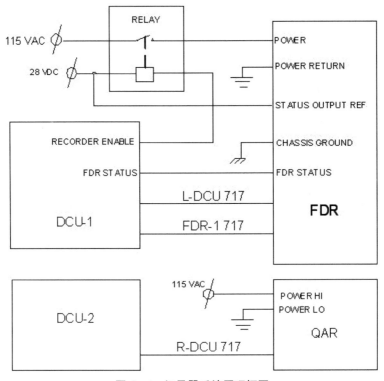

图 6-4　记录器系统原理框图

要的。参数编码主要有如下 3 种类型[50]：

1）DIS 离散量参数

离散量参数通常是由字槽中的一位或多位二进制数记录的离散参数。例如：某飞机空地开关参数之一"右主起落架无轮载传感器 2（MLG WOFW 2RH）"参数，记录在第 102 个字槽的第 3 副帧第一位。记录数据 FC0（HEX）→111111010000（BIN），第一位为 0，按参数定义则表示有轮载（NO WOFW）；记录数据 00F（HEX）→000000001111（BIN）第一位为 1，按参数定义则表示无轮载（WOFW）。

2）BNR 码参数

BNR 编码格式，是以二进制数码记录实数或整数参数。译码算法是将二进制数转换为十进制数并乘以比例系数，即工程值＝（原码值）×比例系数＋常数项。

例如：计算空速（CAS）参数，第 19 个字槽的第 1、2、3、4 副帧第 1 至 12 位记录"计算空速（左）（COMPD AIRSPD LT）"参数，比例系数为 0.25，常数项为 0，该参数记录的二进制数据如表 6-1 所示。

表 6 - 1　*CAS* 参数编码示例

12	11	10	9	8	7	6	5	4	3	2	1
0	0	1	0	0	1	1	0	0	1	1	1

译码计算空速参数：$CAS = (1 \times 2^0 + 1 \times 2^1 + 1 \times 2^2 + 0 \times 2^3 + 0 \times 2^4 + 1 \times 2^5 + 1 \times 2^6 + 0 \times 2^7 + 0 \times 2^8 + 1 \times 2^9 + 0 \times 2^{10} + 0 \times 2^{11}) \times 0.25 + 0 = 615 \times 0.25 = 153.75$

计算空速按参数定义表示为：153.75 kn（节）。

3) BCD 码参数

BCD 编码方式一般是指由 1 至 4 位的二进制数代表一个十进制数，一般 4 位一组。

例如：日期（日）(DATE DAY)，第 81 个字槽的第 1、2、3、4 副帧第 7 至 12 位记录"日期（日）(DATE DAY)"参数，其中第 7 至 10 位记录个位，第 11 至 12 位记录十位，该参数记录的二进制数据如表 6 - 2 所示。

表 6 - 2　*DATE DAY* 参数编码示例

12	11	10	9	8	7	6	5	4	3	2	1
0	1	0	0	1	0	0	1	0	0	1	0

译码日期（日）参数：$DATE\ DAY = (0 \times 2^0 + 1 \times 2^1 + 0 \times 2^2 + 0 \times 2^3) + (1 \times 2^0 + 0 \times 2^1) \times 10$

日期（日）按参数定义表示为：12 日。

DIS 离散量参数编码一般应用于译码时的离散量参数，BNR 码参数编码和 BCD 码参数编码一般应用于译码时的连续量参数。

6.1.4　译码必要条件

了解飞行数据采集原理、译码原理后，可以看出实现飞行记录器（FDR、QAR）记录飞行数据译码的过程，就是对记录的原始二进制数据进行翻译的过程。译码虽然可以手动计算单独进行，但更多的是通过计算机软件来批量处理。因此，进行译码的关键，就是在通用译码软件基础上建立相应机型的译码参数库。译码参数库实际是根据飞机参数（含 ARINC429 信号、模拟信号、离散信号）与 ARINC717 数据记录结构的映射关系建立的译码规则。因此，原始数据译码必不可少的条件有以下三条：

（1）FDR 或 QAR 记录的原始数据；

（2）飞行数据译码与分析软件，即译码软件（AirFASE、AGS、FLIDRAS、GRAF、LOMS 等）；

（3）对应机型译码参数库。

6.2 驾驶舱语音辨听通用技术

驾驶舱语音辨听是指将驾驶舱语音记录器(CVR)记录的原始声音和信息,转化成直接可用的信息。

6.2.1 驾驶舱语音辨听概述

一般的驾驶舱语音记录器会记录 4 个独立通道的声音,包括机长、副驾驶、观察员 3 个麦克风和驾驶舱区域麦克风提供的语音。

另外,新的 CVR 还可同时记录数据链信息。

CVR 所记录的原始数据只有通过专用译码分析软件进行处理,才可将数据转化成可用的信息,包括驾驶舱声音和数据链信息。记录器原始数据译码工作流程如图 6-5 所示。

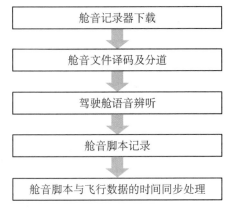

舱音记录器下载

↓

舱音文件译码及分道

↓

驾驶舱语音辨听

↓

舱音脚本记录

↓

舱音脚本与飞行数据的时间同步处理

图 6-5 驾驶舱语音听辨模块工作流程

6.2.2 驾驶舱语音辨听

驾驶舱语音记录器经下载及解码后将形成四个独立声道的波形音频文件。要在计算机上同时处理或回放这四个声音波形文件需要专门的软硬件设备,具有多通道音频处理能力[51]。驾驶舱语音辨听模块的构造示意如图 6-6 所示。

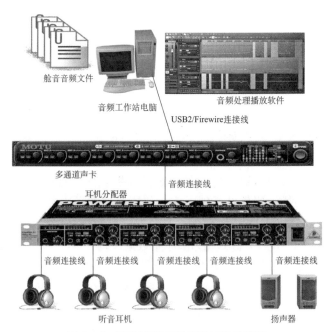

图 6-6 驾驶舱语音听辨子系统构造图

6.3 译码平台

航空公司及研究机构普遍利用主流软件开发商开发的飞行数据译码与分析软件，例如 AirFASE、AGS、FLIDRAS、GRAF、LOMS 等。其中，美国德立达国际科技公司的 AirFASE 软件、法国萨基姆公司的 AGS 软件被广大航空公司用户及研究机构接受，市场占有率较高。因此，本节主要介绍这两个主流译码平台，并在 AirFASE 软件平台进行飞行数据译码，简单形象地介绍译码平台操作过程。

6.3.1 译码平台软件

1）AirFASE 软件简介

美国德立达(Teledyne)国际科技公司的 AirFASE 软件，是目前飞行品质监控软件主流产品，安装部署架构需采用服务器和工作站部署方式。软件安装要求办公计算机设备及网络环境为 Windows XP、Windows 7、Windows 8、Windows 2003/2008 或 Windows 2012。AirFASE 软件主要数据处理功能包括：

（1）将飞机记录器记录的飞行原始数据转换为工程数据；

（2）探测不安全事件及偏差；

（3）飞行航迹的计算；

（4）以数字或图形形式显示飞行参数；

（5）数据的动画显示——飞行及事件回放；

（6）生成所有数据静态报告、趋势报告等。

2）AGS 软件简介

法国萨基姆(Sagem)公司的 AGS 软件也是目前飞行品质监控软件主流产品，提供了最全面的记录器记录数据译码分析功能。可自动处理多种媒介的数据：磁带、光盘、PCMCIA 卡、FDR 和无线 QAR 数据。所支持的飞行数据记录格式不仅包含 ARINC573/717 系列的传统协议格式，还包括最新的 ARINC767 格式。所支持的机型不仅囊括常见的民航客机机型，还包括具备飞行数据记录能力的直升机、公务机等。

AGS 软件具有强大的自动分析功能，可进行自动译码。用户可按不同条件快捷地检索出所需的航段信息，并查看该航段的触发事件，直接双击便得到事件触发时的工程值、分析图形、驾驶舱仪表、三维仿真，并且在航图显示飞机位置及航向。针对不同的事件，定义默认的剖面，并在判读时能直接自动打开该默认剖面。剖面中一个曲线可针对单个航段进行图形分析，自动标注事件点和飞行操作的关键时刻（收放起落架、建立着陆构型等）。

软件可根据客户需求，找出任意航段进行各种形式的数据统计，可输出 Excel、PDF 等多种格式，也可保存到数据库供专业软件 Business Object（萨基姆定制开发）

进行统计分析。例如计算飞机着陆时占用跑道的时间和飞行员使用反推的情况,或统计飞机在指定高度的空速、下降率等,从而通过日常测量监控飞行品质。软件还自带报告模板,客户可直接点击生成相对应的周/月/年或任意一时间段内的报告。客户还可自行设计所需的各种报表。

6.3.2　译码平台使用实例(以 AirFASE 软件为例)

6.3.2.1　译码基础平台配置

AirFASE 软件前期配置主要包括以下两个方面。

1) 机队信息配置

AirFASE 软件的译码分析功能都是基于每架飞机实现的,因此,在译码数据分析之前,必须在 AirFASE 软件上定义准确的航空公司信息和飞机信息,如图 6-7 所示。

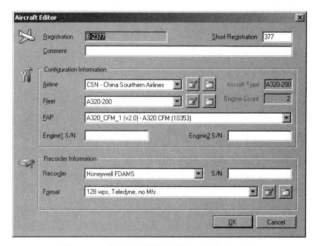

图 6-7　航空公司信息和飞机信息定义

2) 数据处理方式配置

QAR、WQAR 数据可以通过以下 3 种方式进行处理:

(1) 基于 AirFASE FIM 的自动数据处理。飞行输入监控(flight input monitoring,FIM)服务功能可通过预置的正则表达式和层级目录结构定义,从满足特定命名规则的 QAR 数据文件名中提取所属机号。

AirFASE 的 FIM 服务能自动扫描特定目录下的新文件,能根据特定的正则表达式对其文件名称中可能包含的机号、航班日期等进行匹配和提取后,作为数据处理任务提交给数据处理调度服务(flight process service,FPS),等待 AirFASE 自动进行译码分析,如图 6-8 所示。

运行 AirFASE 的 Settings Manager,对于按照上述命名规范保存的原始数据包("机号_上传时间"),设置相应的正则表达式和选项。这些信息将提交给 FPS 服

图6-8 AirFASE定义的磁盘结构

务,等待自动调度处理,如图6-9所示。

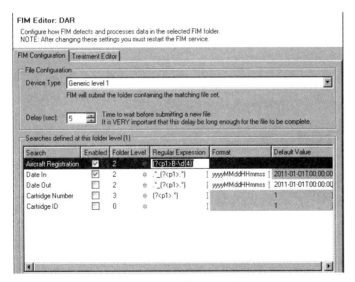

图6-9 文件目录设置

（2）手工数据处理。"Send By AirFASE"或手动创建"Process"时,机号是必选项,以保证了所分析出的航班、事件与机号的唯一对应关系。

（3）基于 AirFASE WGL Automation 的自动数据处理。对于装有 Teledyne 公司生产的 WQAR 设备的飞机,用 AirFASE 进行数据处理时,WGBS 对 Teledyne WQAR 数据的命名规则与 AirFASE 已无缝集成（因为同一厂家）,因此 WGL Automation 服务功能会根据 WQAR 文件包名称识别出该段数据所属的机号。

6.3.2.2 译码参数库开发与调试

AirFASE 软件记录设备支持传统的 Arinc573/717 协议,定义每个副帧记录速率,并按照数据字典规范逐个定义记录参数,如图 6 - 10 所示。

图 6 - 10 传统译码数据帧

6.3.2.3 原始数据格式

FDR 和 QAR 里记录的数据通常为一串二进制数据流,以十六进制表示的数据流,如图 6 - 11 所示。

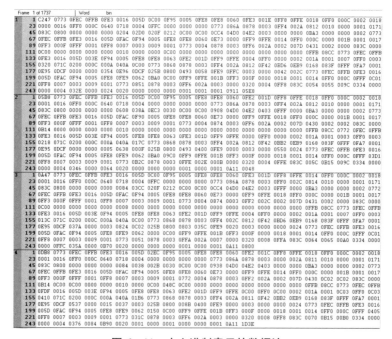

图 6 - 11 十六进制表示的数据流

数据一帧一帧(frame)地循环记录,每帧数据为 4 s;每秒数据被称为一个副帧(subframe),每个副帧一般有 64 B、128 B、256 B、512 B 或 1 024 B(word);每个字有 12 个数据位(bit)。飞行参数被填充到不同的字和数据位中。每个副帧的第一个字存储同步字参数(sync word),该参数用以判断该秒数据的准确性和可靠性。目前大多数飞机使用 Teledyne 格式的同步字,第一副帧的值为 247(十六进制,以下同),第二副帧的值为 5B8,第三副帧的值为 A47,第四副帧的值为 DB8。

6.3.2.4 正常数据译码

正常的数据译码处理过程分为两步:

1) 同步字确认

检查确认该副帧的同步字参数是否正常,通常该步骤由译码软件自动转录完成。数据转录完成后,会生成一个转录报告,包括数据块、帧数、副帧数、误码率等信息。样例如图 6-12 所示。

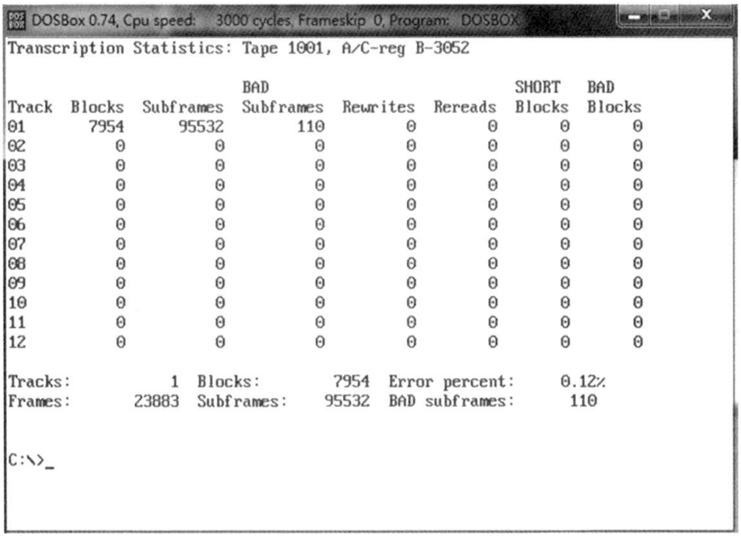

DOSBox 0.74, Cpu speed: 3000 cycles, Frameskip 0, Program: DOSBOX

Transcription Statistics: Tape 1001, A/C-reg B-3052

Track	Blocks	Subframes	BAD Subframes	Rewrites	Rereads	SHORT Blocks	BAD Blocks
01	7954	95532	110	0	0	0	0
02	0	0	0	0	0	0	0
03	0	0	0	0	0	0	0
04	0	0	0	0	0	0	0
05	0	0	0	0	0	0	0
06	0	0	0	0	0	0	0
07	0	0	0	0	0	0	0
08	0	0	0	0	0	0	0
09	0	0	0	0	0	0	0
10	0	0	0	0	0	0	0
11	0	0	0	0	0	0	0
12	0	0	0	0	0	0	0

Tracks: 1 Blocks: 7954 Error percent: 0.12%
Frames: 23883 Subframes: 95532 BAD subframes: 110

C:\>_

图 6-12 同步字确认

2) 参数译码

参数定位:根据记录参数规范确定参数的记录位置、数据位;

计算参数的原始值:根据飞机参数规范手册中定义的参数类型(BNR、BCD、Discrete 等)计算参数的原始值(raw data value);

计算参数的工程值:根据飞机参数规范手册中定义的参数特性(转换系数、工程值范围、记录精度及开关量参数含义等)计算出参数的工程值(engineering value)。

6.3.2.5　异常数据处理

当某一副帧的同步字参数出现错误时，表明该幅帧记录的所有参数都存在错误的可能性。针对此种情况，AirFASE 软件一般会标识该帧数据数值有误，或删除该帧数据，或将该帧数据全填为零。

当某一副帧的同步字参数正确，但某些参数由于采集、记录等原因导致数值异常时，需要针对不同参数、不同异常情况进行有针对性的数据处理。对于一般运行数据而言，通常采用插值的方法去除异常值；对于不安全事件的数据而言，需要参考不安全事件类型、参数类型等因素，依赖丰富的数据处理经验进行异常处理。

6.4　典型民机记录器译码

6.4.1　FA2100 型记录器译码

装有 FA2100 型 FDR 的飞机一般由数据采集组件（DCU）收集各种信号数据，包括 ARINC429 输入总线信号、模拟输入信号和离散输入信号。然后把需要记录的信号数据转换成 ARINC717 格式，再通过 ARINC717 总线送至飞行数据记录器（FDR）进行存储。一般飞机的 FDR 接收来自 DCU1（左 DCU）的数据。

FA2100 型 FDR 是以 ARINC717 编码格式将数据记录在存储介质中。要将其转换成直观的、有单位或具体意义的工程数据，需要将二进制数据转换为十进制数据，进行译码工作。其基本流程如图 6 - 13 所示。

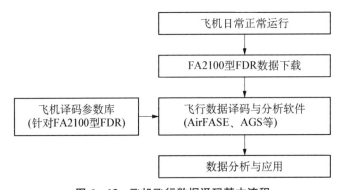

图 6 - 13　飞机飞行数据译码基本流程

由译码流程可以看出，建立译码参数库是关键。如使用飞行数据译码分析软件 AirFASE，就需要建立飞机飞行分析程序（flight analysis program，FAP）包（即译码参数库），才能实现译码功能。在实际译码分析应用中，如果发现采集参数与实际不符时，还需要再通过软件平台修改译码参数库，完成迭代。译码参数库的开发工作流程如图 6 - 14 所示。

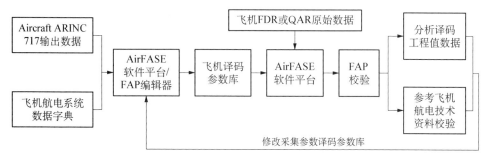

图 6-14　飞机译码库开发流程

6.4.2　EAFR 型记录器系统译码

EAFR 记录的飞行数据、驾驶舱语音和数据链信息,需要通过专用数据缆和专用系统进行数据下载。下载的驾驶舱语音需要通过 IGS 软件解码之后,音频软件才可以播放;数据链信息也需通过 IGS 软件进行数据解码转存;飞行数据在 IGS 软件/AGS 软件/AirFASE 软件上均可进行数据译码分析。此外 AGS 软件和 AirFASE 软件还可以进行飞行品质监控工作,具体工作流程如图 6-15 所示。

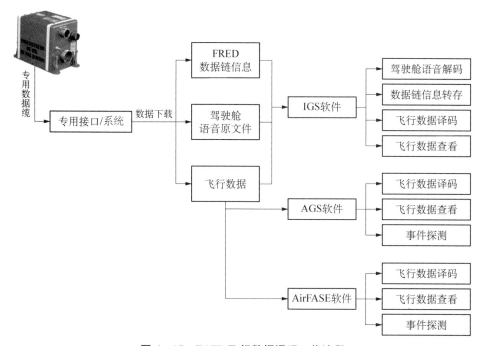

图 6-15　EAFR 飞行数据译码工作流程

IGS 软件平台是 GE 公司的地面集成分析软件,基于窗口化标准设计,用于 GE 公司设计开发的 EAFR 记录器记录的飞行数据、驾驶舱语音和数据链信息译码分析及复现。IGS 软件平台只能处理 GE Aviation 格式的飞行原始数据,通过导入 RDF 格式原始数据和 ASCDB 记录参数定义文件,译码成为工程值数据,即可进行数据查看、数据分析等工作。

IGS 软件实现 EAFR 记录飞行数据译码功能,首先需要在 Windows 操作平台电脑上,安装部署 IGS 软件;其次,导入 RDF 格式原始数据,同时导入 ASCDB 记录参数定义文件;最后,IGS 软件自动将原始数据译码成工程值文件,即可进行数据查看、分析及复现等工作。

在 IGS 软件平台上,使用 EAFR 记录器的测试数据进行译码分析功能测试。IGS 软件自动将导入的 GE Aviation 格式飞行数据(包含 ASCDB 参数定义文件)译码成工程值文件,试验结果表明该方案可以实现 EAFR 记录器记录 GE Aviation 格式的飞行数据译码分析,如图 6‐16 所示。

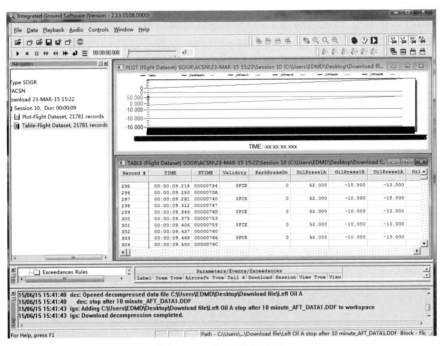

图 6‐16 译码结果查看

6.5 飞行数据译码排故实例

现行飞行安全的管理主要依靠飞行人员的报告,地面机务人员在飞机落地后进行飞机故障的跟踪和排除。这套机制发展了近百年,但随着飞机技术的发展和综合复杂程度的提高,已经出现了瓶颈。好在飞机记录器技术的发展,特别是 QAR 和 WQAR 在飞机上的普及,为获取飞机飞行参数提供了方便。通过采集、处理、存储和监控飞机及其各系统状态参数,及时了解飞机状态、超限情况,对于飞机故障的确定和排除有着非常重要的意义。以下介绍两个通过对飞行数据译码确认或排除飞机故障的案例。

6.5.1　APU 掉电相关译码参数分析

6.5.1.1　故障现象概述

2015 年 8 月 4 日,某架机在武汉天河机场停机位上第二次打开舱门时,飞行员反映 APU 自动断电、断气,驾驶舱顶部控制板的"APU GEN"按钮在按入位,但显示为"OFF",驾驶舱右侧 MFD、左 PFD、右 PFD 三块显示屏均黑屏,CDU 为黑屏。飞行员重置"APU GEN"按钮后,驾驶舱 ED、MFD、PFD、CDU 显示恢复正常,飞机恢复正常供电、供气。

2015 年 8 月 10 日,该飞机在成都机场停机位,旅客登机过程中,飞行员再次反映 APU 出现自动断电现象,右侧 MFD、左 PFD、右 PFD 均为黑屏,ED、左侧 MFD 屏亮,客舱灯熄灭。断电前飞机状态:仅 APU 供电,外电源未接通,客舱灯全开,厨房 2 个烤箱、烧水壶、烧水杯工作,空调开启。航后检查 APU 供电、电源转换、供气正常,且 CMS 无相关故障信息。

两次出现 APU 掉电现象,且重置或航后检查不再复现,借助译码参数分析非常有用。

6.5.1.2　事发时段 QAR 译码数据情况

2015 年 8 月 4 日,APU 发电机自动断开,事发时段相关参数译码数据具体如表 6-3 所示。

表 6-3　8 月 4 日相关参数数据

时间	APU GEN OFF	APU BLD NOT CLOSE	ED FAILED	MFD FAILED LT	MFD FAILED RT	PFD FAILED LT	PFD FAILED RT
16:03:41	FALSE		OK	OK	OK	OK	OK
16:03:42			OK	OK	OK	OK	OK
16:03:43		TRUE	OK	OK	OK	OK	OK
16:03:44			OK	OK	OK	OK	OK
0:00:00	TRUE		FAIL	FAIL	FAIL	FAIL	FAIL
0:00:00			FAIL	FAIL	FAIL	FAIL	FAIL
0:00:00		TRUE	FAIL	FAIL	FAIL	FAIL	FAIL
0:00:00			FAIL	FAIL	FAIL	FAIL	FAIL
0:00:00	TRUE		FAIL	FAIL	FAIL	FAIL	FAIL
0:00:00			FAIL	FAIL	FAIL	FAIL	FAIL
0:00:00		TRUE	FAIL	FAIL	FAIL	FAIL	FAIL

（续表）

时间	APU GEN OFF	APU BLD NOT CLOSE	ED FAILED	MFD FAILED LT	MFD FAILED RT	PFD FAILED LT	PFD FAILED RT
0：00：00			FAIL	FAIL	FAIL	FAIL	FAIL
0：00：00	TRUE		FAIL	FAIL	FAIL	FAIL	FAIL
0：00：00			FAIL	FAIL	FAIL	FAIL	FAIL
0：00：00		TRUE	FAIL	FAIL	FAIL	FAIL	FAIL
0：00：00			FAIL	FAIL	FAIL	FAIL	FAIL
0：00：00	FALSE		OK	OK	FAIL	FAIL	FAIL
0：00：00			OK	OK	FAIL	FAIL	FAIL
16：04：06		TRUE	OK	OK	FAIL	FAIL	FAIL
16：04：07			OK	OK	FAIL	FAIL	FAIL
16：04：08	FALSE		OK	OK	FAIL	FAIL	FAIL
16：04：09			OK	OK	FAIL	OK	OK
16：04：10		TRUE	OK	OK	FAIL	OK	OK
16：04：11			OK	OK	OK	OK	OK
16：04：12	FALSE		OK	OK	OK	OK	OK

注：时间数据记录有中断现象。

表格数据显示：2015 年 8 月 4 日,16：03：44 之后,飞机 APU 发电机断开, APU 引气没有关闭,驾驶舱显示屏(ED、左侧 MFD、右侧 MFD、左侧 PFD、右侧 PFD)状态参数均为"FAIL",时间参数值也为 0：00：00(中断现象);约 12 s 后, APU 发电机重新接通,ED、左侧 MFD 状态参数为"OK";16：04：06,时间参数恢复正常;16：04：11 左右,右侧 MFD、左侧 PFD、右侧 PFD 状态参数为"OK"。

2015 年 8 月 10 日,APU 发电机自动断开,事发时段相关参数译码数据具体见如表 6-4 所示。

表 6-4　8 月 10 日相关参数数据

时间	APU GEN OFF	APU BLD NOT CLOSE	ED FAILED	MFD FAILED LT	MFD FAILED RT	PFD FAILED LT	PFD FAILED RT
9：39：33	FALSE		OK	OK	OK	OK	OK
9：39：34			OK	OK	OK	OK	OK

（续表）

时间	APU GEN OFF	APU BLD NOT CLOSE	ED FAILED	MFD FAILED LT	MFD FAILED RT	PFD FAILED LT	PFD FAILED RT
9：39：35		TRUE	OK	OK	OK	OK	OK
9：39：36			OK	OK	OK	OK	OK
9：39：37	TRUE		FAIL	FAIL	FAIL	FAIL	FAIL
0：00：00			FAIL	FAIL	FAIL	FAIL	FAIL
0：00：00		TRUE	FAIL	FAIL	FAIL	FAIL	FAIL
0：00：00			FAIL	FAIL	FAIL	FAIL	FAIL
0：00：00	FALSE		OK	OK	FAIL	FAIL	FAIL
0：00：00			OK	OK	FAIL	FAIL	FAIL
0：00：00		TRUE	OK	OK	FAIL	FAIL	FAIL
9：39：46			OK	OK	FAIL	FAIL	FAIL
9：39：47	FALSE		OK	OK	OK	OK	OK
9：39：48			OK	OK	OK	OK	OK
9：39：33		TRUE	OK	OK	OK	OK	OK
9：39：34			OK	OK	OK	OK	OK
9：39：35	FALSE		OK	OK	OK	OK	OK

注：时间数据记录有中断现象。

表格数据显示：2015 年 8 月 10 日 9：39：37 之后，飞机 APU 发电机断开，APU 引气没有关闭，驾驶舱显示屏（ED、左侧 MFD、右侧 MFD、左侧 PFD、右侧 PFD）状态参数均为"FAIL"，时间参数也为 0：00：00（中断现象）。约 4 s 后，APU 发电机重新接通，ED、左侧 MFD 状态参数为"OK"；9：39：46，时间参数恢复正常；9：39：47，右侧 MFD、左侧 PFD、右侧 PFD 状态参数为"OK"。

由此可见，译码参数记录印证并复现了飞行员反映的情况。

6.5.1.3 其他相关参数分析

根据电源系统工作原理，在地面状态下，当外电源不可用、IDG 不工作时，APU 发电机产生 115 V、400 Hz 的三相交流电为飞机供电。此时，APU 发电机发生断电，主蓄电池和 APU 蓄电池作为独立的备用电源，可分别为左直流重要汇流条和右直流重要汇流条供电，还可作为应急电源向应急直流用电设备供电，并且通过静变流机向应急单相交流用电设备供电。

通过查阅该飞机飞行机组操作手册（一）（FCOM－1），相关设备的供电情况如

表 6-5 所示。

表 6-5　相关设备供电情况

设备	正常电源		应急电源		
	交流汇流条	直流汇流条	交流重要汇流条	直流重要汇流条	蓄电池汇流条
GPS-1		L DC BUS			
GPS-2		R DC BUS			
QAR			AC ESS BUS(单相)		
DCU-1				L DC ESSBUS R DC ESSBUS	
DCU-2				L DC ESSBUS R DC ESSBUS	
ED				R DC ESSBUS	
MFD LT				L DC ESSBUS	
MFD RT		R DC BUS			
PFD LT		L DC BUS			
PFD RT		R DC BUS			
CDU LT				L DC ESSBUS	
CDU RT		R DC BUS			
综合处理系统电源环境模块 A	L AC BUS				
综合处理系统电源环境模块 B	R AC BUS				

通过查看 QAR 数据中蓄电池相关参数(主蓄电池、APU 蓄电池和飞控蓄电池)均为正常状态。该飞机的 QAR 设备是由 115 V、400 Hz 的单相重要汇流条(应急电源)供电,数据来源 DCU-2,而 DCU-1/2 是由直流重要汇流条(应急电源)供电。

因此,上述两个航段发生的 APU 发电机断电,QAR 设备记录了事发时段的相关数据。时钟-1/2、ED、MFD LT、CDU LT 在上述断电时间段内,也应该是可以正常工作的。由于综合处理系统电源环境模块 A/B 是由飞机正常的三相汇流条供电,事发时段,综合处理系统(IPC)是处于断电状态。

相关参数的信号传输情况如表 6-6 所示。

表 6 - 6　相关设备供电情况

参数名称	含义	信号来源设备	数字信号产生单元	信号传输说明
HRS、MIN、SEC	时、分、秒	GPS	GPS	GPS 获取的 UTC 时间信号,经 L - GPS - 1 传送至无线电接口装置(RIU),再经 LA -RIU - 6 传送至 IOC,最后通过 A/B - IOC - 15L 传送至 DCU
APU GEN OFF	表示 APU 发电机是否关闭	APU 发电机接触器(AGR)	A GCU	APU 发电机接触器采集信号传递回 AGCU 最后传递给 DCU
APU BLD NOT CLOSE	指示 APU 引气阀未全关	APU 引气阀	FADEC(APU)	引气阀是一个电控气动阀,由 APU 的 FADEC 控制。驾驶舱的引气开关将信号发送到 APU 的 FADEC,FADEC 控制引气阀的打开和关闭
ED FAILED	ED 无显示,失效	ED	DCU	DCU 判断 ED 失效
MFD FAILED LT	MFD 失效(左)	AFD - 3310	AFD - 3310	MFD 失效后产生失效信号,经 L - MFD - 1 传输到 IOC,后再传输到 DCU
MFD FAILED RT	MFD 失效(右)	AFD - 3310	AFD - 3310	MFD 失效后产生失效信号,经 R - MFD - 1 传输到 IOC,后再传输到 DCU
PFD FAILED LT	PFD 失效(左)	AFD - 3310	AFD - 3310	PFD 失效后产生失效信号,经 L - PFD - 1 传输到 IOC,后再传输到 DCU
PFD FAILED RT	PFD 失效(右)	AFD - 3310	AFD - 3310	PFD 失效后产生失效信号,经 R - PFD - 1 传输到 IOC,后再传输到 DCU

注:IOC 为 IPC 机柜的输入输出模块。

　　由表 6 - 6 可知,时分秒、ED、左右 MFD、左右 PFD 的信号传输经由 IPC 到 DCU,均为无效状态。查看 APU 发电机断电期间,A/T、FGC 等 IPC 设备相关的参数,也均为无效状态。QAR 数据中 APU GEN OFF 参数为"TRUE",表示飞机 APU 发电机断开;APU BLD NOT CLOSE 参数为"TRUE",说明 APU 引气没有关闭。

　　通过以上译码参数的对比分析,完全解释了飞机掉电时所发生的现象,从而为故障的准确定位提供了帮助。而如果没有 QAR 数据的帮助,只能凭借现场发生并记录的现象和机械员的主观判断进行一步步的故障确认和隔离,这就大大增加了排故的难度。

6.5.2 左右 PFD 气压标准基准指示不一致译码分析

2015 年 7 月 17 日,据某架机飞行员口述:"A 至 B 飞行中,接近 B 时开始下降,在 10 800 ft 平飞时,左侧 PFD 气压标准基准指示'STD'为黄色,同时,右侧为蓝色,后经更改气压基准为当地 QNH 后,该现象消除,请查明原因"。

现象原因:根据 FCOM 01.31.40 说明可知"在下降时,飞机当前的气压高度接近转换高度层还有 500 ft 时,并且气压基准是 STD,气压基准显示会变黄并闪烁提醒更改气压基准设置。"经查阅 QAR 数据,发现当时左右两侧大气数据计算机(ADC)数据均在 10 800 ft 左右,但左侧曾短时多次低于 10 800 ft,而右侧 ADC 数据一直略大于 10 800 ft。因此,左侧显示黄色 STD 是因为左侧 ADC 数据已达到提醒机组更改气压基准的要求,而右侧 ADC 数据一直未达到提醒限制,故 STD 显示正常。

造成该现象的分析如下:

事发时段 QAR 具体数据如表 6-7 所示。

表 6-7 事发时段 QAR 具体数据

时间	ALT LT	ALT RT	BARO LT	BARO RT
11:48:53	10 813	10 821	29.92	29.92
11:48:54	10 808	10 816	29.92	29.92
11:48:55	10 804	10 812	29.92	29.92
11:48:56	10 801	10 813	29.92	29.92
11:48:57	10 800	10 811	29.92	29.92
11:48:58	10 799	10 810	29.92	29.92
11:48:59	10 799	10 811	29.92	29.92
……	……	……	……	……
11:55:09	10 801	10 811	29.92	29.92
11:55:10	10 801	10 812	29.92	29.92
11:55:11	10 803	10 813	29.92	29.86
11:55:12	10 805	10 814	29.92	29.86
11:55:13	10 806	10 813	29.92	29.86
11:55:14	10 806	10 813	29.92	29.86
11:55:17	10 802	10 810	29.92	29.86
11:55:18	10 800	10 807	29.92	29.86
11:55:19	10 797	10 803	29.62	29.86
11:55:20	10 794	10 799	29.62	29.86
11:55:21	10 791	10 794	29.62	29.86
11:55:22	10 786	10 789	29.62	29.86
11:55:23	10 779	10 784	29.62	29.86

根据表 6-7 可以发现：

11：48：58，飞机由下降开始改平，左侧高度首次低于 10 800 ft，且当时左侧气压基准为 29.92，即 STD。而右侧高度未低于 10 800 ft，气压基准同为 STD。此时条件符合 FCOM 01.31.40 说明"在下降时，飞机当前的气压高度接近转换高度层还有 500 ft 时，并且气压基准是 STD，气压基准显示会变黄并闪烁提醒更改气压基准设置。"即左侧高度 10 800 ft 时，左侧气压基准仍为 STD，因此，左侧 PFD 显示黄色 STD 提醒机组更改当地 QNH。而右侧恰好未低于限制值，因此显示正常。

11：49：00—11：55：09，（数据略）左侧高度层多次短时低于 10 800 ft，而右侧从未低于 10 800 ft。因此飞机一直维持着左侧黄色 STD、右侧蓝色 STD 的现象。

11：55：11，右侧气压基准首次改变为 29.86，不再是 STD。

11：55：19，左侧气压高度首次改变为 29.62，不再是 STD。因此，FCOM 01.31.40 所述的条件不满足，左侧 PFD 的黄色提醒机组更改气压基准的警告消除。

因此，经过译码数据分析，左右 PFD 气压标准指示不一致的现象是由于左右 ADC 数据存在误差，且标准值恰好在警告基准上导致，为正常现象，不用特意更换部件或排故。

7　飞行数据分析技术

7.1　飞行数据分析概述

对于民机行业，飞行安全不仅影响到主制造商/航空公司的形象和经济利益，也是保障旅客和机组人员人身安全和公私财产不受损害的重要前提。影响飞行安全的因素很多，如飞行员操作能力、飞机系统故障、维修维护质量、机场设施、天气情况、空中交通管制等。

飞行数据记录器将飞行状态参数和发动机状态参数用特殊的编码格式记录在记录器内，记录只是一个过程，不是目的。记录飞行数据的主要目的是通过地面的飞行数据译码系统译码飞行数据，再由国家适航管理部门及航空公司技术专家用来分析飞行员操纵技术水平、飞机适航性、机械故障或意外事件。为飞行员操纵训练和操纵质量的鉴定提供可靠的科学依据。如果存在机械潜在故障和性能退化，可采取预防措施。

飞行数据分析早期主要用于调查事故原因，现在飞行数据分析已逐渐拓展应用范围和深度。为了持续保证飞行处于一个相对较高的安全水平，民航业已开始基于飞行数据进行多维度的监控和分析，主要以实时数据链路（ACARS）信息及航后的快速存取记录器（quick access recorder，QAR）数据为研究对象，具体以飞机状态实时监控、飞行品质监控、维修品质监控、飞机健康管理为技术手段，进行飞行数据的分析和应用。近些年随着分析手段和分析技术的发展，大数据分析也开始应用于飞行数据分析，继续拓宽数据的应用范围，挖掘数据分析的深度。

飞行数据分析及监控能够及时发现飞行安全隐患，发现潜在隐患，做到事前预防，是现阶段安全管理工作的重要方向。著名的飞行安全"海恩法则"显示：一起重大飞行安全事故背后，有29个事故征兆（轻微事故），有300个事故苗头（未遂先兆），有1 000个事故隐患。另据资料统计，70%的飞行事故是由机组操纵原因造成的。飞行数据记录器记录的信息非常有价值，现在飞行数据分析已经是世界各航空公司提高安全管理水平、实现科学管理的重要手段。航空公司以此能够及时发现每次飞行中机组操纵、飞机各系统、发动机工作状况以及航空器性能等方面存在的问题,分析查找原因,掌握安全动态,采取针对性措施,从而消除事故隐患,确保飞行安全。

另外,飞行数据分析还为航空安全管理提供了宝贵的信息支持,通过对大量飞行数据的对比或趋势分析,可以发现安全隐患、掌握安全发展趋势,便于航空公司采取系统有效的改进措施,或有针对性地提高飞行技术,以此来提高飞行安全管理的水平。

7.2　飞行品质监控

7.2.1　发展现状

飞行品质监控是提高安全管理水平、保障飞行安全的一项科学、有效的技术手段。按照国际飞行安全基金会(flight safety foundation,FSF)的定义,飞行品质监控(flight operation quality assurance,FOQA)是指对飞行数据记录器在飞机飞行中记录的一系列飞行数据进行科学分析,以发现安全隐患、提高飞行操作的安全性、改善空中交通管制程序、指导机场与飞机的设计与维护。飞行品质监控的实施可及时发现飞行安全隐患,采取预防措施避免事故的发生。对于已经存在的问题,该项目可对问题及其严重程度进行确认。

美国是最早提出飞行品质监控项目的国家。1958 年民用航空局(FAA 前身)推行的飞行记录器(flight data recorder,FDR)计划便是飞行品质监控项目的雏形,由于飞行数据的保密问题,项目迟迟未能在美国开展。欧洲和亚洲航空公司最早开展飞行品质监控,该项目在欧洲称为飞行数据监控(flight data monitoring,FDM)。

我国民航早在 20 世纪 80 年代就引入了译码技术,当时只有国航等少数航空公司开展译码工作。1997 年 3 月 31 日,民航总局飞标司下发《关于加快 QAR 工程进度的通知》,要求成立 QAR 工作小组,并成立了专题小组研究具体引进方案,制定具体实施计划。1997 年 9 月 17 日,民航总局《关于加装快速存取记录器(QAR)的规定》的 CAD97 - MULT - 38 号适航指令生效,民航总局 2001 年 1 月 1 日颁布了《飞行品质监控工作管理规定》,其中第二章第六条规定:飞行品质监控工作应成为航空公司的一项日常性工作,监控范围至少应该包括机组飞行品质和发动机状况。根据该管理规定要求,各航空公司必须对所有指定机型的飞机加装 QAR 或具有相同功能的其他设备。

我国成为世界上第一个由政府规定开展飞行品质监控的国家,也是唯一一个航空公司必须向管理局提交飞行品质监控分析报告的国家。飞行品质监控已成为中国航空公司安全管理的重要基础工作。

飞行品质监控的内容涉及各飞行阶段的重要飞行参数,我们可以通过设计具体的监控项目来实现对这些参数及其组合的监控。每个监控项目都制定相应的标准,超过该标准称为触发超限事件,说明飞行操纵品质存在问题,监控项目和标准的设定应便于安全管理人员分析查找原因。

无论是理论研究还是实际应用,我国飞行品质监控工作都取得了显著成效。很多科研机构都自行研制了模拟仿真系统、飞行品质监控系统,通过对飞行数据的分析,可进行飞行技术研究、事故调查方法和程序的研究、飞行品质监控技术研究、安全趋势分析与评价研究、安全评估技术与指标体系研究、空防安全技术研究、航空人为因素研究、防止双机空中相撞研究等[52]。

目前我国各大航空公司都已开展了飞行品质监控及监控数据分析工作:从飞机的数字飞行数据记录器或快速存取记录器上采集数据,然后经过飞行数据分析应用软件处理,帮助航空公司提前准确地找出存在的问题,消除潜在的事故隐患。

充分利用飞行数据记录器所记录的飞行数据,对于飞机的安全保障有着非常重要的意义。通过飞行品质监控,飞行员可及时发现自身问题,提高职业素质和操纵品质,减少人为差错。利用飞行品质监控提供的详细的飞行数据,航空公司可以对飞行员的技术进行客观、公正的评判;也可以帮助发现飞行员自身弱点,对存在的技术问题进行有针对性的培训。

7.2.2　工作流程和原理

7.2.2.1　一般工作流程

FOQA 需要对大量飞行数据进行专业分析,需要专业分析人员负责。除此之外,FOQA 项目的实施还需要有能记录飞行数据的硬件设备和能对数据进行译码分析的软件系统。根据已经开展FOQA 计划的航空公司的经验,该计划的实施至少包括以下几个方面,工作流程如图 7-1 所示。

1) 管理部门

典型的 FOQA 项目的实施需要有一个专门的小组来执行,由他们来负责定义和制定参数的超限标准,负责数据译码和分析,然后根据分析结果给出正确的处理措施。

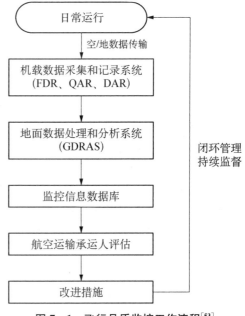

图 7-1　飞行品质监控工作流程[53]

2）原始数据采集和译码

将 QAR 原始数据送到地面的数据分析站，由 FOQA 小组利用专门的飞行数据译码分析软件对原始数据进行译码，将原始的二进制数据转换为工程值，供后面分析处理之用。

3）飞行品质监控结果分析

根据译码后的结果对一些重要的参数进行分析，给出某些重要参数的变化趋势图，根据所制定的标准给出超限报告，提前找出问题所在，并给出相应的处理意见。

4）问题处理

相关部门（如安全监察部、飞行技术部等）根据最后的结果，给出问题的处理措施，改进操作规范。

QAR 数据定期由航线机务人员下载或 WQAR 通过手机网络自动传送。

各航空公司 QAR 管理小组，由飞行副总、飞行员、技术人员组成。管理小组负责制定具体飞行品质监控项目及监控阈值，并由飞行监控人员将监控项目及阈值封装至飞行品质监控程序中，实现数据的自动判别。

飞行品质监控技术人员将飞行数据原码导入软件，利用设置好的飞行数据分析程序自动进行译码，再进行超限事件的监控和判断，最终把事件统计结果和严重事例做成报告，送交领导和有关部门。

7.2.2.2　飞行品质监控系统工作原理

一般飞行品质监控系统集成了飞行数据获取、数据译码、事件探测、报告生成和飞行过程可视化等功能，以辅助分析人员发现安全隐患、识别飞行安全趋势，从而及早采取预防措施。一些航空公司的飞行员通过系统可看到自己飞行相关的数据，了解飞行情况。针对典型严重超限事件还提供仿真飞行姿态和仪表再现，便于分析事件原因。

一般飞行品质监控工作是飞机承运人（一般是航空公司）的工作，但如中国商飞、空客公司、巴西航空工业等飞机主制造商，为改进飞机设计、优化飞机性能，均主动向航空公司提供飞行品质监控服务，以换取航空公司的飞行运行数据。图 7-2显示的是飞行数据译码分析及仿真再现系统的基本构架，该系统可实现网络化的飞行品质监控托管服务。

目前国内大型航空公司的飞行品质监控工作都实现电子化、自动化，都已引进了飞行品质监控软件建立相关系统，进行日常的飞行品质监控工作。

著名的飞行品质监控软件厂家有：法国 SAGEM 公司、美国 Teledyne Controls公司，广泛应用的软件有 AGS、AirFASE 等。虽然软件众多，但基本的工作原理相似，下面以 AirFASE 软件的工作原理阐明。

AirFASE 作为软件平台，提供数据原码译码、数据列表、仿真再现、超限事件触

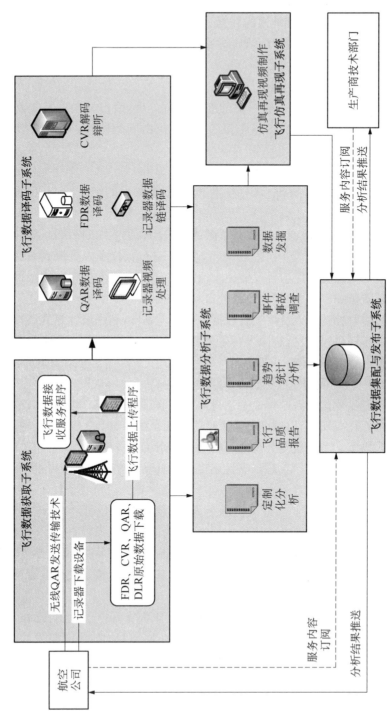

图 7 - 2　飞行数据译码分析及仿真再现系统基本构架

发等主功能。其飞行分析程序(flight analysis process，FAP)作为飞行品质监控程序，封装了所分析机型的译码规则、超限事件逻辑定义、监控标准等。FAP 必须基于 AirFASE 运行，不同的机型需要开发不同的 FAP。

FAP 程序包括参数和事件两部分，具体的分类如图 7-3 所示。

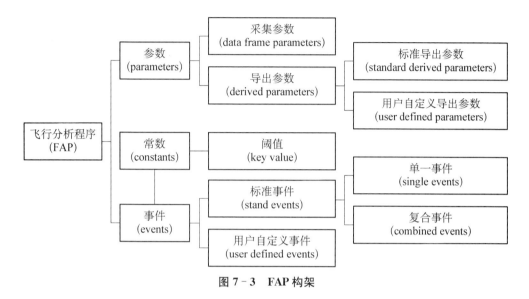

图 7-3　FAP 构架

采集参数(acquired parameter)指的是飞机总线上的具体采集值，不包含任何的逻辑计算。其需要通过 FAP 内定义的译码规则进行译码。具体的参数译码规则与飞机总线上 ARINC717 的输出定义有关，因此会根据机型的不同而不同。关于采集参数的内容在 6.1.2 里有详细叙述。

导出参数(derived parameter)是指对采集参数进行一定的逻辑运算而形成的参数，根据使用性质不同可以分为标准导出参数与用户自定义参数。导出参数从功能上分为通用计算逻辑和特殊计算逻辑。通用计算逻辑，如利用空速和气压高度计算真空速，一般不会因为机型不同而有区别，受机型的影响较小。特殊计算逻辑一般是根据机型特点进行个性化的逻辑运算，如特定的接地/离地判断逻辑，需考虑轮载信号和垂直加速度之间的关系，具体的计算方法因机型而具有较大差异。

事件是对综合利用导出参数和采集参数，加上逻辑判断而触发的一个结果，监控飞行员偏出标准操作程序程度和发动机及飞机部件性能退化情况。具体将滑行、起飞、爬升、巡航、进近、着陆等阶段中的速度、过载、姿态等飞行记录参数的状态组合与预设阈值进行比较，以对飞行安全情况进行量化评估。

FAP 程序首先将 QAR 内数据通过译码形成不同的采集参数，采集参数经过简单的逻辑运算形成各个采集参数对应的导出参数，再通过事件内定义好逻辑，对导出参数/采集参数进行逻辑判断,根据最终判断逻辑,经过阈值的筛选形成高、中、低三个风险级别的事件(见图7-4)。

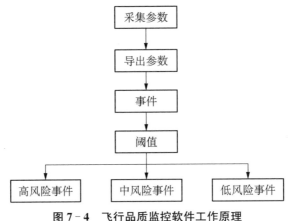

图7-4　飞行品质监控软件工作原理

7.2.2.3　飞行品质监控项目及阈值

航空公司的飞行品质监控项目已包括几十至一百多个飞行品质监控事件,每个监控项目需要制定触发事件的参数及触发门槛。当飞行参数值超过设置门槛,或持续时间超过可接受时间,则触发超限事件。在触发超限事件的基础上,还需区分超限情况严重程度。超限事件严重程度不同,所需注意与采取的应对方式也不相同。

中国民航总局于2000年制定发布了《中国民用航空总局飞行品质监控工作管理规定》中,根据各类事件的严重程度对事件的严重性订出了三级严重等级,依严重程度分为以下三类:

(1)重要事件:航空公司认定的对飞行安全有重大影响的超限事件。

(2)超限事件:超出航空公司监控标准最高限制值的事件。

(3)一般事件:超出航空公司飞行品质监控标准最低限制值,但未超过监控标准最高限制值的事件。

监控门槛一般主要由飞行/飞行安全部门牵头制定,基于飞机制造商制定的飞机性能极限为底线(如参考飞机飞行手册限制章节),配合公司可容忍限度加以调整,考量飞机结构、操作安全,再根据公司燃油政策、旅客舒适度等成本或服务因素进行适度调整,制订出参数临界值、可忍受时间及事件严重等级。确保飞机在安全极限内运作,符合经济效益及旅客舒适的要求。监控项目需要结合飞行监控结果,由飞行安全部门主管、飞行品质监控分析人员、飞行部主管、机队主管定期或不定期研讨,修正不合适的门槛设定或更新监控逻辑。

部分超限事件的监控门槛及可接受时间,会依机型不同而有所差异,而部分则保持一致标准,此类事件常见的包含飞机各阶段仰角、下滑道偏离、GPWS 致动、超速等各项。

根据中国民航局在《飞行品质监控(FOQA)实施与管理》(AC – 121/135 – FS – 2012 – 45R1)中针对波音及空客系列飞机提出了飞行品质监控规范,航空公司监控标准不得低于该监控规范,空客系列飞机具体内容如表 7 – 1 所示。其他机型可以参考空客或波音飞行品质监控标准制定。

表 7 – 1　空客系列飞机飞行品质监控项目和要求

序号	监控项目	监控参数	监控点	偏差限定值			备注
				轻度偏差	严重偏差	持续时间/s	
1	直线滑行速度大	地速	地面滑行	>30 kn	>40 kn	3	跑道上除外
2	转弯滑行速度大	地速	地面滑行	>15 kn	>18 kn	2	大于 60° 的转弯
3	起飞滑跑方向不稳定	磁航向,前空地开关	对正跑道,接通起飞马力至前轮离地	>3°	>5°	2	偏离跑道方向
4	超过最大起飞重量	全重	—	—	>最大起飞重量(kg)	—	—
5	中断起飞	空速	—	—	探测到	—	在速度大于 80 kn 后又降至 60 kn 以下
6	起飞形态警告		—	—	探测到	—	
7	抬前轮速度大	空速,前空地开关	抬前轮时刻	>(V_R+15)kn	>(V_R+20)kn	—	
8	抬前轮速度小	空速,前空地开关	抬前轮时刻	<V_R kn	<(V_R－5)kn	—	
9	离地速度大	空速,主空地开关	主轮离地时刻	>(V_2+25)kn	>(V_2+30)kn	—	
10	离地速度小	空速,主空地开关	主轮离地时刻	<V_2 kn	<(V_2－5)kn	—	
11	离地俯仰角大	俯仰角,主空地开关	主轮离地时刻	>80% 的机型擦尾角°	>90% 的机型擦尾角°	—	
12	抬前轮速率大	俯仰角,前空地开关,主空地开关	抬前轮至主轮离地	>3.5(°)/s	>4(°)/s	—	

（续表）

序号	监控项目	监控参数	监控点	偏差限定值			备注
				轻度偏差	严重偏差	持续时间/s	
13	抬前轮速率小	俯仰率，前空地开关，主空地开关	抬前轮至主轮离地	<1.3(°)/s	<1(°)/s	—	—
14	超过轮胎限制速度	地速	飞机在地面	—	>轮胎型号限制值(kn)	—	—
15	初始爬升速度大	空速，AAL	11 m(35 ft)～305 m(1 000 ft)	>(V_2+30)kn	>(V_2+35)kn	2	—
16	初始爬升速度小	空速，AAL	11 m(35 ft)～305 m(1 000 ft)	—	<V_2 kn	2	—
17	起飞滚转角大	滚转角，AAL	0～11 m(35 ft)(含)	>5°	>6°	—	—
18	爬升滚转角大	滚转角，AAL	11 m(35 ft)～122 m(400 ft)(含)	>20°	>25°	2	—
19	滚转角大	滚转角，AAL	122 m(400 ft)以上	>30°	>35°	2	—
20	初始爬升掉高度	AAL	457 m(1 500 ft)以下	>9 m(30 ft)	>30 m(100 ft)	—	—
21	超过起落架限制速度	空速，马赫数，起落架位置	—	—	>限定值	—	—
22	起飞收襟翼早	襟翼位置，AAL	—	<244 m(800 ft)	<213 m(700 ft)	—	—
23	起飞收起落架晚	起落架状态，AAL	—	>91 m(300 ft)	>152 m(500 ft)	—	—
24	收襟翼速度小	空速，襟翼位置	—	<(F_速度-5)kn	<(F_速度-10)kn	—	—
25	超过襟翼限制高度	空速，襟翼位置	—	—	>6 096 m(2 000 ft)	—	—
26	超过放襟翼的最大允许速度(V_FE)	空速	—	—	>V_FE kn	2	—

（续表）

序号	监控项目	监控参数	监控点	偏差限定值			备注
				轻度偏差	严重偏差	持续时间/s	
27	超过最大操纵空速（V_{mo}）	空速	—	—	$>V_{mo}$ kn	2	—
28	超过最大马赫数（Ma_{mo}）	马赫数	—	—	$>Ma_{mo}$	2	—
29	空中垂直过载超限	垂直过载	—	—	$>1.8g_n$ 或$<0.3g_n$	—	g_n 是标准自由落体加速度
30	近地警告（GPWS）	近地警告	—	—	探测到	—	—
31	下降率大	IVV，AAL	610 m(2 000 ft)～305 m(1 000 ft)(含)	>457 m/min(1 500 ft/min)	>549 m/min(1 800 ft/min)	3	—
			305 m(1 000 ft)～152 m(500 ft)(含)	>396 m/min(1 300 ft/min)	>457 m/min(1 500 ft/min)	3	—
			152 m(500 ft)～15 m(50 ft)	>335 m/min(1 100 ft/min)	>396 m/min(1 300 ft/min)	2	—
32	进近滚转角大	滚转角，AAL	457 m(1 500 ft)～152 m(500 ft)(含)	$>30°$	$>35°$	2	—
			152 m(500 ft)～61 m(200 ft)(含)	$>15°$	$>20°$	2	—
			61 m(200 ft)～15 m(50 ft)(含)	$>8°$	$>10°$	2	—
33	着陆滚转角大	滚转角，AAL	15 m(50 ft)至轮接地	$>4°$	$>6°$	1	—
34	低高度使用减速板	减速板，AAL	使用减速板	—	<305 m(1 000 ft)	—	—
35	进近速度小	空速，AAL	305 m(1 000 ft)～15 m(50 ft)(含)	$<(V_{APP}-5)$kn	$<(V_{APP}-10)$kn	2	—
36	进近速度大	空速，AAL	152 m(500 ft)～15 m(50 ft)(含)	$>(V_{APP}+15)$kn	$>(V_{APP}+20)$kn	3	—
37	着陆速度大	空速，AAL	15 m(50 ft)以下	$>(V_{APP}+11)$kn	$>(V_{APP}+15)$kn	1	—

（续表）

序号	监控项目	监控参数	监控点	偏差限定值			备注
				轻度偏差	严重偏差	持续时间/s	
38	ILS下滑道偏离	下滑道偏离，AAL	305 m(1 000 ft)以下	＞1.0点	＞1.5点	2	—
39	ILS航向道偏离	航向道偏离，AAL	305 m(1 000 ft)以下	＞1.0点	＞1.5点	2	—
40	选择着陆构型晚	襟翼位置，缝翼位置，AAL	着陆构型伸出时刻	＜305 m(1 000 ft)	＜152 m(500 ft)	—	—
41	复飞形态不正确	起落架位置，襟翼位置，缝翼位置	—	—	探测到	—	起落架放下，着陆构型
42	非着陆构型落地	襟翼位置，缝翼位置	—	—	探测到	—	非着陆襟翼、缝翼位置
43	接地俯仰角大	俯仰角，主空地开关	主轮接地时刻	＞80%的机型擦尾角(°)	＞90%的机型擦尾角(°)	—	—
44	接地俯仰角小	俯仰角，主空地开关	主轮接地时刻	＜1.0°	＜0.5°	—	—
45	15 m(50 ft)至接地距离远	地速积分距离	15 m(50 ft)至接地	＞750 m	＞900 m	—	—
46	超过最大着陆重量	全重	—	—	＞最大着陆重量(kg)	—	—
47	着陆垂直过载大	垂直过载	接地前2 s到接地后5 s内	＞$1.60g_n$	＞$1.80g_n$	—	g_n是标准自由落体加速度
48	着陆滑跑方向不稳定	磁航向	前轮接地后	＞3°	＞5°	2	偏离跑道方向
49	最大反推使用速度小	地速，反推	开始收反推时刻	—	＜30 kn	—	—

（续表）

序号	监控项目	监控参数	监控点	偏差限定值			备注
				轻度偏差	严重偏差	持续时间/s	
50	烟雾警告	货舱、电子舱、盥洗室烟雾警告	—	—	探测到	—	—
51	主警告	主警告	—	—	探测到	3	—
52	双侧杆输入	—	—	—	探测到	2	不适用机型：A300、A310
53	风切变警告	风切变警告	AAL＜457 m（1 500 ft）	—	探测到	2	—
54	低空大速度	空速，AAL	762 m（2 500 ft）以下	＞230 kn	＞250 kn	2	—
55	TCAS RA 警告	TCAS RA	—	—	探测到	2	—
56	巡航中自动驾驶仪脱开	自动驾驶	—	—	探测到	5	—
57	迎角平台	A Floor	—	—	探测到	—	不适用机型：A300、A310
58	备用法则	备用法则	—	—	探测到	—	不适用机型：A300、A310
59	直接法则	直接法则	—	—	探测到	—	不适用机型：A300、A310

7.2.2.4 多维度的超限事件分析

通过对日常飞行数据的监控，可以探测到海量的超限事件。航空公司根据这些单一超限事件的严重程度可对飞行员进行有针对性的教育及训练。除了单一事件的针对性研究外，飞行品质监控的意义在于对于历史性数据的趋势分析。如将飞行员的超限事件放在一个相当长的一段时间内进行评判，保证飞行员操纵水平处于一个安全可控的区间，而不是把飞行员训练成一个"会开飞机的机器"。

飞行品质监控的分析可以是多维度的，从不同的维度探究飞行品质，研究发生超限事件的概率，从而对整个机型的飞行机队进行有针对性的训练或者根据监控结果修正监控门槛。

将监控机型作为研究对象,其统计结果如图 7-5 所示。图中各条曲线代表各型飞机的事件发生的概率。

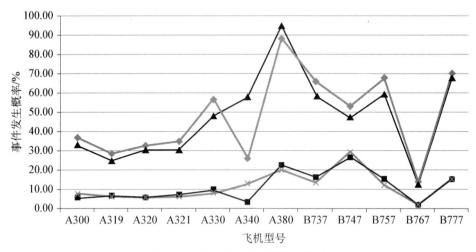

图 7-5 不同机型的超限事件统计

以超限事件为研究对象,根据超限严重程度不同,触发一、二、三级事件的统计分析结果如图 7-6 所示。

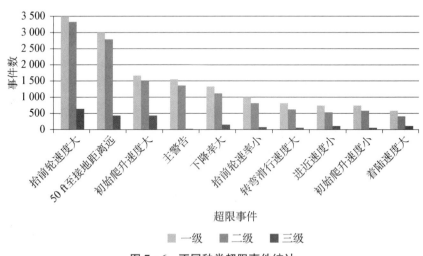

图 7-6 不同种类超限事件统计

以起降机场为研究对象,各超限事件所占百分比的分析结果如图 7-7 所示。

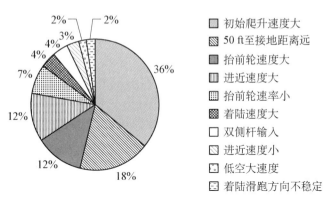

图 7 - 7　特定起飞机场超限事件统计

以飞行阶段为研究对象,各阶段触发一、二、三级事件的统计分析结果如图 7 - 8 所示。

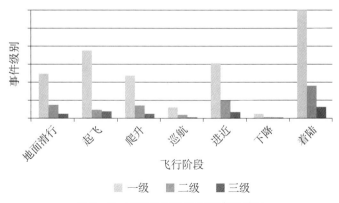

图 7 - 8　不同飞行阶段超限事件统计

7.3　维修品质监控

维修品质监控(maintenance operation quality assurance,MOQA)与飞行品质监控(flight operation quality assurance,FOQA)类似,建立以系统故障和维修操作为监控对象的超限事件,通过监控运行期间超限事件触发的情况,综合判断设备状况及其寿命,采取提前换件和维修等措施,保证飞行安全,提高运行效率。

维修品质监控是一种新提出的观点,业界并没有形成统一的定义,其主要是以飞行数据译码分析为技术手段,通过建立各种"超限"维修事件监控运行剖面,监控飞机的运行状态。综合航空公司的生产运营实际情况以及企业信息化基础建设,灵活调度企业的生产与维修资源,以规避排故与维护过程中的盲目性,达到节约维修成本,安全关口前移的目的。

传统的机务排故主要使用飞机状态监控系统(airplane condition monitoring system,ACMS)的数据定位故障源,但维修品质监控可利用各类飞行数据对系统故障进行监控和排故。飞机系统的故障往往非常复杂、关联度高,系统间或飞机部件间会有相互影响,而且飞机的维修不单就针对某个系统而言,需要对整个飞机系统的故障进行研究。对于某些复杂的系统故障,基于单个系统故障的 ACMS 信息无法准确定位故障源,而使用 QAR 数据进行综合判断则能发挥其优势。

目前维修品质监控主要由各个航空公司按照各自需求进行监控,主要用于发动机性能监控(排气温度、滑油监控等)、系统故障监控(空调、液压系统故障等)、燃油监控(航线油耗技术)等,但并没有形成统一的监控标准。

7.4　飞行数据分析实例

7.4.1　重着陆监控

7.4.1.1　定义

重着陆又称硬着陆(hard landing),在波音公司的训练手册和维修手册中并没有确切的定义,只是规定着陆时垂直加速度超过极限值即认为是重着陆。空客公司的维修手册对重着陆的定义如下:飞机着陆时垂直加速度超过规定极限值或者垂直方向上的速度超过规定值,即为重着陆。

需要指出的是,在飞行品质监控中有一种与此"相似"的不安全事件,即超重着陆(overweight landing),指的是以超过最大着陆重量着陆,该现场与硬着陆有着明显的不同,但由于名字相近,容易混淆。因此,本文中使用硬着陆以示区别。

硬着陆会对飞机的结构造成损坏,尤其是使机翼、起落架和发动机等承受较大的载荷,容易引起结构裂纹甚至断裂。硬着陆往往还会造成空地逻辑错误,接地后减速板可能无法正常升起等故障,甚至可能发生冲出跑道的危险情况,造成灾难性的后果,对旅客生命造成极大威胁,航空公司也会因此蒙受巨大的经济损失。

7.4.1.2　飞行过程分析

如果飞行员发现接地之前飞机下沉较快,拉平阶段姿态改变不大,接地时下降率仍然比较大,则在接地瞬间的垂直加速度(过载)比较大,这时起落架就要承受过大的载荷。

如果飞行员在拉平段想抵消过大的下降率,拉杆修正过急,下降率迅速减小,最终飞机接地比较轻,那么在拉平阶段垂直加速度(过载)比较大,这时翼根就要承受过大的载荷。虽然最终接地载荷不大,但是对机翼结构已经造成了损伤,同样可以认为是硬着陆。

大型客机由于重量大,进场速度相对小型飞机也大许多。当飞机接地后(主轮接地至前轮接地),地面扰流板放出,导致升力迅速减小。由于接地速度大,升力衰减率要远大于小型飞机,导致飞机在接地之后出现第二次垂直加速度极值,该过载在本书内称为着陆过载。在某些情况下,如接地速度大、垂直速度大、机场风向突变等,可能导致飞机接地后再次弹起,由于弹起后飞机几乎没有有效升力,往往会造成更大的弹跳垂直加速度。因此,还需要监控飞机接地后的状态。

典型正常着陆过载变化如图 7-9 所示。

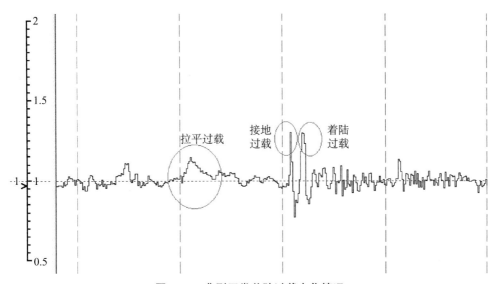

图 7-9　典型正常着陆过载变化情况

7.4.1.3　监控方法

目前航空公司对于硬着陆的判断,基本上还是依靠飞行员的主观感受和 QAR 所记录的着陆 g 值。不同的机型因其重量、结构等特点,对于规定的极限值也是不同的。大型客机 B747-400 规定的着陆垂直加速度极限值为 $1.7g$。B737-600 规定的极限值为 $2.1g$,与 B737 同属于中型客机的空客 A320 则定义的极限值为 $2.6g$。

在飞行品质监控中,一般需要将监控窗口基于接地时刻向前和向后拓展,监控飞机接地前后一段时间内的垂直加速度。例如航空公司监控 B737 机型时,一般筛选出飞机接地前 4 s 至接地后 10 s 内的最大垂直加速度,再对该最大值进行硬着陆严重程度判断。

国内有学者提出目前采用的判断标准和方法不严谨,仅监控垂直加速度值是否超限,忽略了其他参数以及环境因素的影响,存在误判和漏判的现象。于是,综合考虑飞机接地坡度、横向加速度、垂直加速度、垂直速率、仰角变化率等飞行参数,基于神经网络算法建立了重着陆诊断模型和模糊推理诊断模型。国内学者[54]的研究结果显示这两种智能诊断方式能够综合多个参数的信息,有效地进行重着陆诊断,避免出现漏判和误判的情况发生。

7.4.2　发动机性能监控

现代航空公司的发动机一般采用视情维修方式。视情维修的重要基础就是及时掌握发动机的工作状况,也就是对发动机进行性能监控。发动机性能监控一般是基于 ACARS 数据链信息进行实时发动机监控,结合航后 QAR 数据进行趋势分析和寿命预测,以发现异常信息,通过分析判断异常情况。通过发动机性能监控,可以及时发现并排除故障和潜在故障,保障航空运行安全;同时可以减少发动机误拆,延长发动机的装机寿命,节约维修费用。

基于飞行数据监控发动机性能主要应用于以下几个方面。

7.4.2.1　滑油监测

滑油监测是机械设备状态监测与故障诊断的主要方法之一,特别适用于机械磨损类故障(特别是封严系统状况)监控与诊断。一般监控发动机滑油消耗率,并对趋势值进行跟踪,及时报告滑油趋势不正常情况。

滑油消耗率的计算方法是计算若干次加油段的滑油平均消耗量作为趋势值,根据该趋势值与正常值之间的差别,用于判断滑油是否存在泄漏的问题。

滑油中的杂质或滑油温度太低都会造成油滤的堵塞。油滤上装有旁通活门,当油滤堵塞到一定程度时,旁通活门会打开,以保证滑油旁通通过油滤而继续流动。若监控到该滑油油滤旁通警告,维护人员应及时采取措施,排除故障。

7.4.2.2　发动机排气温度监控

现代涡轮风扇发动机使用过程中的性能评定参数主要是 EGT(排气温度)或ITT(涡轮间温度)。发动机投入使用后,由于各种原因造成耗油率增加、排气温度上升(EGT 裕度下降)、推力下降的现象,称为发动机性能衰退。通过对发动机排气温度的监控和分析,可预测民航发动机性能和寿命状况,对快速排故有很大帮助。

一般通过飞行数据可以获取发动机排气温度,但从发动机上获得的状态数据是空中实时运行的状态下采集的,这些不同飞行条件下的数据无法直接使用,必须把原始数据转化为在一个统一的标准飞行状况下的修正值才能用于计算它与相应基线值的偏差量[55]。根据不同发动机的标准化公式,一般需要利用当时的环境温度修正,图 7-10 显示了 Trent700 型发动机排气温度标准化的情况。

通过对标准化后的排气温度与厂商提供的基准进行比较,可以判断发动机的性能状况,并持续监控。若发现发动机排气温度裕度达到临界值,可通过对发动机进气道、风扇叶片及整个核心机气路用一定压力的水(或溶液)冲洗,一般可获得 5～

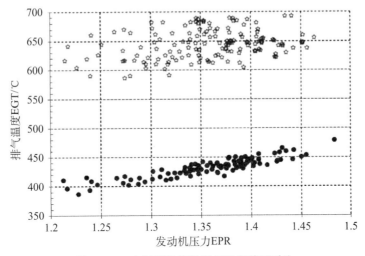

图 7-10　实际测量值数据标准化前后对比

10℃的裕度,个别可达15℃之多。此方法简单省时收效快,被航空公司所广为采用。

7.4.2.3　振动监控

振动信号是发动机状态监控与故障诊断过程中常见的一类数据。发动机的高、低压的转子是由盘、轴、叶片等零部件组装而成,在运行过程中,这些部件不可能做到完全平衡,并且发动机转子是高速旋转部件,这种不平衡在旋转过程中会产生一定程度的振动信号,这些振动信号就是状态监控与故障诊断的征兆信息。发动机生产厂家对转子有一定的不平衡度要求,发动机出厂时都应满足此要求,并且厂家也规定了发动机在使用过程中所允许的最大振动值,只要发动机的振动值不超过此限制值,都是允许的。现在的飞机都装有发动机振动监控系统,可直接监控该系统的警告值。

7.4.3　抬轮过载大事件调查分析

7.4.3.1　事件背景

在 FOQA 监控中,"抬轮过载大"(high acceleration in rotation)事件主要监控飞机在起飞抬轮阶段最大法向过载是否超过标准值,用于判断抬轮过程是否平稳,过大的法向过载会使乘客感觉不安,影响乘坐体验。一般"抬轮过载大"事件可能是由于不规范的飞行操作技术(操纵过猛过快)、飞控系统响应异常或外部环境影响(如风切变)导致的。

某型飞机在 46 次正常运行飞行中,发生"抬轮过载大"合计 31 次,具体超限过载分布如图 7-14 所示。根据事先划分的超限程度,重度事件 6 次($>1.55g$),中度 13 次($1.5g \sim 1.55g$),轻度 12 次($1.5g \sim 1.45g$)。平均每架次发生概率达到 67.4%,明显高于行业监控水平(不足 1%)。

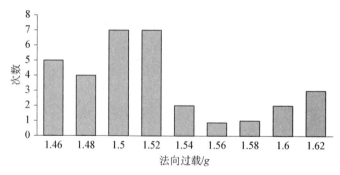

图 7 - 11　超限过载分布情况

7.4.3.2　原因调查

事后收集飞行员评述意见和乘客体验反馈,并未发现抬轮及爬升时有操纵异常或乘坐不适。事发前飞机航电设备进行过维护升级,对比影响该事件的参数法向过载(normal acceleration)在航电设备升级前后的数据,明显发现该值偏大,怀疑飞行参数存在问题的可能性比较大。

由于仅法向过载异常,为计算正确的法向过载,计划利用 QAR 内已确认正确参数,如爬升速率(IVV)、地速(GS)、攻角(AOA)、仰角(pitch)等,推导出法向过载计算公式,通过编程试算出法向过载。推导值与采集值之间的对比如图 7 - 12 所示。

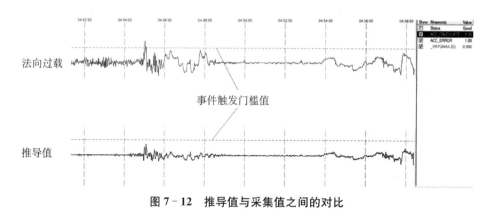

图 7 - 12　推导值与采集值之间的对比

可以看出,推导值与法向过载值的变化趋势大体相同,但在振幅上小于法向过载值。相同时刻下,法向过载值会超过监控门槛,但推导值却低于监控门槛,可判断 QAR 内记录的法向过载参数存在问题。

7.4.3.3　处理方法

问题确定之后,对飞机数据总线的逐一排查,确定该法向过载由传感器输出后,还经过自动飞行软件进行了一次数据补偿。此外,由于航电硬件的升级,该法向过载的输出端也发生了变化。为定位数据错误位置,抽取传感器与自动飞行软件输出端数据进行比较,发现传感器端和自动飞行软件输出端的数据均与预期不一致。

根据排查结果,结合技术资料,重新确定了法向过载的译码规则,修改 FAP 程序。将原译码值、推导值、更新后的译码值进行对比,具体数据如图 7-13 所示。

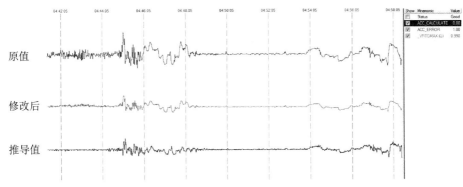

图 7-13 推导值与对比

由图 7-13 看出,修改后法向过载值与推导值基本一致,最大振幅也比较接近,这也从侧面印证推导的正确性。将法向过载修改后再重新监控飞机的"抬轮过载大"事件,发现再无超限事件触发,这与实际航线的反馈一致。

7.4.4 起落架告警问题解决

7.4.4.1 事件背景

某型飞机在起飞收轮后触发了起落架未放下(landing gear)红色告警信息和语音告警。飞行员飞行经验丰富且未发现其他意外情况,继续按照正常程序完成起飞,后续飞行正常。

由于该告警发生在离地的关键时段,虽未造成更大的飞行安全事件,但对飞行员造成了很大的心理压力,若飞行员未能沉着应对,后果不堪设想。

7.4.4.2 原因调查

查阅飞行手册,得知该告警主要用于在进近着陆阶段,目的是提醒飞行员未放下起落架。对应的触发逻辑如表 7-2 所示。

表 7-2 起落架告警逻辑

编号	条件	语音	告警信息	音响告警是否可抑制
1	● 襟翼位置小于 26.5° ● 空速小于 200 kn 且下降速度大于 400 ft/min ● 无线电高度在 500 ft 和 1 000 ft 间时,任一起落架未放下并锁住	三声谐音＋"LANDING GEAR"	LANDING GEAR (起落架未放下)	是

（续表）

编号	条件	语音	告警信息	音响告警是否可抑制
2	● 襟翼位置小于 26.5° ● 空速小于 200 kn 且下降速度大于 400 ft/min ● 无线电高度小于 500 ft 时，任一起落架未放下并锁住	三声谐音＋ "LANDING GEAR"	LANDING GEAR （起落架未放下）	否
3	● 襟翼位置大于等于 26.5° ● 空速小于 200 kn 且下降速度大于 400 ft 每分钟时 ● 任一起落架未放下并锁住	三声谐音＋ "LANDING GEAR"	LANDING GEAR （起落架未放下）	否

调取事发时 QAR 数据，如表 7-3 所示。

表 7-3 起落架告警相关飞行数据

空速/ kn	左升降率/ (ft/min)	右升降率/ (ft/min)	主警告状态	空地电门状态	起落架状态	左无线电高度/ ft	右无线电高度/ ft	左气压高度/ ft	右气压高度/ ft
90.5	64	16	无	地面	放下	−2	−1	−204	−224
97	80	−16	无	地面	放下	−4	−2	−203	−224
103.3	48	−64	无	地面	放下	−4	−1	−203	−227
107.3	48	−96	无	地面	放下	−2	0	−202	−228
113.3	32	−48	无	地面	放下	−4	−2	−201	−228
119	64	−80	无	地面	放下	−3	0	−200	−231
122.8	32	−64	无	地面	放下	−2	−1	−202	−232
126.5	−32	−32	无	地面	放下	−3	−2	−204	−231
134.5	−48	−48	无	地面	放下	−4	−1	−203	−233
141.3	96	−128	无	地面	放下	−3	0	−198	−238
144.3	80	−96	无	地面	放下	−2	0	−200	−236
148.5	−32	16	无	地面	放下	0	2	−204	−233
150.3	−256	256	无	地面	放下	2	5	−216	−220
155.3	−432	496	无	空中	收起	8	14	−223	−207
163	−112	736	警告	空中	收起	23	35	−208	−187
163.5	624	1 088	警告	空中	收起	51	63	−175	−158
165.8	1 472	1 568	无	空中	收起	94	116	−131	−118
166	2 064	2 160	无	空中	收起	147	169	−87	−67
165.5	2 528	2 720	无	空中	收起	213	243	−32	−7

（续表）

空速/ kn	左升 降率/ (ft/min)	右升 降率/ (ft/min)	主警告 状态	空地电 门状态	起落架 状态	左无线 电高度/ ft	右无线 电高度/ ft	左气压 高度/ ft	右气压 高度/ ft
164.8	3 008	3 328	无	空中	收起	279	305	30	64
162	3 504	3 872	无	空中	收起	354	386	102	140
161.5	3 920	4 112	无	空中	收起	422	456	174	208
161.5	4 096	4 112	无	空中	收起	505	531	242	276
162	4 080	4 160	无	空中	收起	577	623	309	346
161	4 096	4 128	无	空中	收起	651	679	379	414
158.8	4 160	4 192	无	空中	收起	702	726	450	486
158.3	4 224	4 176	无	空中	收起	769	788	522	554
159.5	4 304	4 144	无	空中	收起	836	864	595	624
158	4 192	4 144	无	空中	收起	902	927	657	690

由表 7-2 可知，当飞机在进近阶段无线电高度小于 500 ft，下降率超过 400 ft/min，襟翼不在 4 卡位，空速大于 200 kn 时，为防止飞行员在降落前忘记放起落架，飞机触发语音及信息告警（条件 2）。由表 7-3 可知，飞机离地后可能由于静压扰动，导致左侧大气数据计算机（ADC）瞬时给出的垂直速度为 -432 ft/min，当时恰好已经完成收轮动作（属于"未放下并锁住"），飞机状态完全满足起落架条件 2 的告警状况，因此，飞机触发警告。同时，右侧飞行员所观察的右侧大气数据计算机给出的垂直速度为 496 ft/min，根据正常起飞程序，监视飞行员（PM）在接到操纵飞行员（PF）收轮指令后，在观察到右侧正爬升率后就可以收轮，因此右座飞行员收轮的操作符合正常程序的要求。

飞机离地后虽然短暂产生了负爬升率，但飞机的实际高度在离地后不断增加，不存在离地后掉高度的情况，这一现象与垂直速度数据存在矛盾。

由于该告警逻辑使用了离地期间不稳定的垂直速度（V_S）数据，在起飞阶段存在被触发的可能。该告警在起飞阶段出现将会导致飞行员精神紧张，注意力分散，可能做出错误的判断或动作，在运行上存在安全隐患。

7.4.4.3　处理方法

查阅其他飞行数据可知，飞机抬轮后离地的短暂瞬间，由于侧风、姿态变化等因素的影响，气压高度在飞机抬轮后，会随着俯仰角的增加而短暂降低，从而引起 V_S 出现负值。通过飞行数据统计，发现当起飞后高度超过 35 ft 以后，静压受外界影响逐渐减小，垂直速度基本不再出现负值的情况。

因此，机组在起飞高度超过 35 ft 以后再执行收轮动作，就可以解决此告警问题。

7.5 未来飞行数据监控分析趋势

7.5.1 大数据分析方法的应用

大数据应用以及由此产生的商业价值已经在多个行业产生了深远的影响,航空业也不例外。目前大数据主要应用于个性化服务、提高旅客忠诚度和业务流程优化等方面。美联航、美国西南航开展了精细化的大数据应用,其以多渠道、多设备的方式分析客户消费数据和行为,根据消费特点进行定制化信息的推送,提升旅客体验。

对飞行数据使用大数据分析方法,进行深入的数据发掘,同样可以产生十分积极的影响。例如,中国民航局目前正在投资 4 000 余万元建立飞行品质监控基站,构建全国民航飞行品质监控信息共享平台。中国民航现在每天大约有 1 万个航班,共计 2 万飞行小时。QAR 记录参数涵盖了飞机的所有系统和重要部件信息。随着飞行数据的日积月累,数量巨大。基于飞行品质监控基站进行大数据的安全趋势或态势分析,可为行业管理部门搭建一个飞行安全管理的技术平台,将全国民航分机型监控的平均数据向行业公布,既体现了飞行数据分析的权威性,又能体现中国民航相对于世界的独特性。

目前飞行品质监控项目与标准是由局方制定和公布的,虽然参考了很多专家的建议,但仍然需要实际运行的数据来进行检验。例如很多当初设置的监控项目几乎从来不会触发,就需要考虑该监控项目是否仍有意义?航空公司关注的是自己公司的安全水平,面对诸多监控项目,航空公司领导在抓安全工作的重点时往往依赖个人经验。

民航局已筹建飞行品质监控基站,给航空公司提供交流共享平台,共享数据分析结果,完善和指导各个航空公司更加科学地建立飞行品质监控标准,为保障我国民航的持续安全提供可靠的大数据支撑。

7.5.2 新一代飞行数据实时监控与分析技术

新一代的空地宽带数据链是将现有地面宽带通信技术应用于飞机运行所衍生出来的新概念。空地宽带数据链,可使得飞机具备不间断"实时"下传飞机运行海量数据的能力,从而为航空公司提供更为丰富、准确的状态监测信息,成为目前民航无线数据通信技术研究的热点。

空地宽带数据链也是以数据块的形式进行数据传输,可通过通信卫星(L 波段、Ku 波段等)、3G/4G 等无线数据传输网络发送至地面基站。表 7 - 4 为地空宽带数据网络的技术参数对比。

表 7 - 4　地空宽带数据链网络技术参数对比

链路类型	开始时间	典型标准	带宽（兆位/秒·架）	成本（美元/小时）	特点
海事卫星	2004	L 波段	0.8	费用昂贵	稳定性好、适用于国际及跨洋航线；带宽窄、主要用于应急通信
通信卫星	2014	Ku 波段	50（理论）32（实际）	5	带宽高、稳定性好、扩展性强，用于国际及跨洋航线；网络延时较长、卫星链路复杂
3G	2007	CDMA2000（EVDO）	约 10	12.95（>3 h）9.95（≤3 h）	功能简单、受地形天气影响；用于陆地和近海航线
4G	2014	LTE	100～200（理论）50～60（实际）	3～5	带宽高、稳定性较好、网络延时可控；地面链路简单、受地形和天气影响；用于内陆和近海航线

　　由表 7 - 4 可知,空地宽带数据链有效地综合了 ACARS 数据链的"实时性"和航后无线数据链的"带宽优势",具备实现飞机机载海量数据的完全"实时下传"功能。以目前最新的基于 4G 技术的 ATG 数据链来说,其带宽完全可以支持将飞机所有采集和存储的数据实时下传至地面。

　　由于空地宽带数据链在国内还属于比较新的技术,市场尚不成熟,相关组件在飞机上进行加装操作过程复杂,费用也比较高。2014 年,东方航空公司与中国电信在中国大陆开展了首个空地互联测试飞行,航线为京沪航线。这也是目前中国最早得到正式批准的,可向旅客提供商业测试服务的空地互联业务。但可以预见不久的将来,空地互联业务必将逐步普及,甚至会导致"黑匣子"的逐步退役。

　　在空地互联速度提升的基础上,可以期待飞机实时向地面发送飞行数据,地面可实时对飞行数据进行监控和分析。当监测到紧急或者意外情况时,地面可以及时作出决策,指导飞行员进行应急操作,保证飞机飞行安全。

　　同样地,基于实时传输的飞行数据,可以利用经验模型预测飞机各个系统和部件的寿命,为可能的故障状态提前准备,将飞行安全风险和隐患降到最低。

8 飞行仿真与故障复现技术

8.1 飞行仿真概述

8.1.1 飞行仿真技术

仿真技术是综合数学、系统工程以及计算机技术等形成的一门综合性新兴学科,具有可靠性高、可自由定义、成本低、拓展性好的特点,广泛应用于电子、航空、教育、化工等多个领域,并取得了较为明显的经济和社会效益。仿真技术的发展经历了模拟仿真、混合仿真和全数字仿真三个发展历程,并随着一系列新技术的发展,形成了一系列先进的仿真技术,例如虚拟现实技术、虚拟样机技术、激光全息仿真、分布式仿真、面向对象的仿真等。

飞机作为一种高科技的空中武器平台或飞行载体,它的研制过程技术要求高、耗资大、周期长,飞行员的培养也是高投入、高风险的。为了节约经费、降低风险、缩短研制周期、提高设计质量、探索拓展新的技术,飞行仿真技术诞生了[56]。随着计算机处理能力的提高以及计算机图形技术的迅猛发展,飞行仿真技术的应用范围越来越广。

飞行仿真可用于航空航天飞行器的飞行性能、飞行制导与控制过程等领域的研究,其主要研究对象可分为有人驾驶飞行器和无人驾驶飞行器两大类。根据各种飞行器的特点和具体要求,飞行仿真可分为三大类:数字仿真、硬件在回路仿真以及人在回路的仿真。目前,针对有人驾驶飞行器进行的飞行仿真技术研究主要集中在利用飞行仿真器复现空中环境;用于对飞行员进行各种飞行训练;或用于对飞行器的飞行性能、操控品质以及机载系统性能进行分析研究。针对无人驾驶飞行器进行的飞行仿真技术研究则是通过数字仿真或半实物仿真技术,对导弹、火箭以及航天器等有控飞行器的全弹道飞行性能、飞行制导与控制过程等进行研究。

飞行仿真研究对象的显著特点是系统十分复杂、昂贵,工作环境严酷,要求有极高的成功率。飞行器系统的这些特点决定了仿真技术在其研制的全生命周期中的重要地位和作用。国内参与飞行器系统型号研制的各单位与科研院所都纷纷加入，并投入开发了一些能够满足自身研制任务需要的飞行仿真系统。但由于大多数的仿真应用都是应某一专用领域需求而建立的，而且各单位之间缺乏应有的协调与资源共享，从而使得开发出来的仿真系统的针对性太强。此外，这些应用系统及其构成部件往往不能在新的应用开发中重用，即存在通用性差的问题，而且各系统自成体系、互不相容，重复开发情况严重，造成资源浪费。

现代飞行模拟器是典型人在回路中的含硬件仿真系统，与风洞、喷气发动机试验台、结构环境试验设备并列为航空四大试验研究设施。用它来模拟飞机空中飞行与地面运行，对飞行员进行起飞、爬升、巡航、进近、着陆、机动飞行等训练，也可以对飞机飞行性能、操纵品质、机载系统性能进行分析研究。近30年来随着计算机技术和电子数字技术的飞速发展，飞行模拟器对飞行情况的模拟逼真度也日益提高。目前飞行模拟器几乎能在地面上完成一切空中飞行任务。因此，在飞行训练中也正在逐步过渡用飞行模拟器进行全地面训练。

逼真度和实时性是飞行仿真系统的主要要求。而飞机飞行系统、各个分系统的模型均是数学模型，飞机在空中遭遇的各种复杂气象条件也都是数学模型。因此，准确地实现这些模型对提高飞行模拟器逼真度是非常重要的。飞行仿真模型是飞行模拟器的核心和灵魂。它的任务主要是实时求解动力学方程，完成飞机空气动力特性的计算，对飞机各系统的功能和特性进行实时仿真。一方面，作为模拟器核心数学模型的飞行动力学模型，其模型性能决定了模拟器的运行效能。另一方面，模型的准确与否会直接关系到飞行模拟器的运行逼真度。而作为为飞行器提供空气动力的介质——空气，其静态物理特性（密度、压强、温度等）和动态物理特性（大气的运动）对在大气层中飞行的飞行器运动特性的影响，历来都是航空科研工作者极为关注的问题。因此，要使飞行模拟器达到一种高度实用的阶段，尽可能逼真地模拟大气环境是必不可少的。

飞行仿真是计算机在飞行器研制中的应用，是典型的人在回路中的仿真，在飞机设计、飞行训练、事故模拟等领域发挥着巨大的作用。随着计算机与航空技术的发展，飞行仿真再现技术作为系统仿真的一个重要分支，越来越多地应用到飞行器研制、飞行训练、飞行控制等工作中。飞行仿真在民航领域中主要实现飞行过程的仿真再现，可以应用于飞行训练或事故/不安全事件调查等。

飞行航迹再现主要用以把机载飞行数据转换成三维场景、数据列表、二维曲线图以及数据表格等形式进行分析研究，还原飞行过程及状态。飞行操作和飞行数据判断过程比较抽象，飞行航迹再现使分析人员直观有效地把握复杂数据及各参数之间动态的内在关系，及其反应的复杂行为与状况。视景仿真技术的发展为基于机载数据进行飞行轨迹可视化和回放提供了可能。在三维场景中动态回放飞机飞行过程，可以直观准确地反映飞机实际起降情况、飞行过程、飞行程序、飞行姿态、仪表数据、飞机相对于参照物或障碍物（如跑道或地形地貌）的位置关系等,加入气象数据还可以复现雨雪、雾天等情况。另外,还可以把与飞行有关的各种约束条件、限制参数及相关信息集成在一起进行全面、综合地分析和评估。

8.1.2　国内外飞行仿真发展概况

20世纪30年代美国生产了用于训练飞行员的林克飞行训练器,它使飞行员熟悉飞机的操作程序和驾驶技术,着重在飞机的机械操纵特性。经过40年的发展,70年代的飞行模拟器有了很大的进步,仿真计算机由数字式代替了模拟计算机,并着重在飞机的飞行性能、航空电子和武器系统的仿真。现代,仿真平台发展更为迅速,出现了很多新技术和很设备。

近年来,虚拟现实技术（virtual reality,VR）在航空航天和军事领域的成功应用,取得了巨大的经济效益和社会效益,促进政府进一步加大了对VR技术研究的支持力度。VR技术在武器系统性能评价、武器操作训练、指挥大规模军事演习等三个方面的应用中能够发挥重大作用:大幅降低所需的费用,极大地提高效益,并消除意外伤害事故。因此,政府所支持的VR技术研究也正是紧紧围绕着提高这三种能力的系统和环境而展开的。他们拟将VR的一些关键技术进行加强和改进,主要有高速网络和数据的实时交互与显示、数据融合与输出、各个层次（包括地形绘制、天气描述、运动和传感、武器系统与效应、计算机生成的半自动实例等）上的逼真性。

我国计算机的研究与应用开展较早,发展迅速。自从20世纪50年代开始,在自动控制领域首先采用仿真技术,面向方程建模和采用模拟计算机的数据获得较普遍的应用,同时采用自行研制的三轴模拟转台的飞行控制系统的半实物仿真实验已开始应用于飞机、导弹的工程型号研制中。60年代,在开始连续系统仿真的同时,已开始对离散系统的仿真系统进行研究。70年代,我国训练仿真器获得迅速发展,自行设计的飞行仿真器、坦克仿真器、汽车仿真器等相继研制成功,并形成一定市场,在培训操作人员中起了很大的作用,80年代,我国建成了一批水平高、规模大的战用武器仿真和航空仿真设备[57]。

在民用飞机仿真技术方面,某型国产民用飞机借助于CEFA FAS软件、Global Mapper软件和Google Earth软件,已可实现飞行航迹计算、三维场景构建、地理信息采集和飞行过程模拟再现功能。

8.2　飞行仿真平台

目前,在市场上存在多款视景仿真软件,其中大部分都是基于OpenGL函数库编制而成的。OpenGL函数库最初是由SGI公司开发的一套图形库,并逐渐形成为计算机三维绘图的标准图形库,广泛应用于从Windows到Unix的各种软硬件平台。虽然 OpenGL 函数库相对于以前大大减轻了软件开发人员的负担,但是直接基于 OpenGL 进行视景仿真的开发仍是一项十分艰苦的工作。随着视景仿真不断地应用到各个领域,一些软件开发公司又在 OpenGL 的基础上建立了第三方的开发平台,从而降低了对专业计算机图形软件开发人员的需求,缩短了开发时间和成本,并降低了维护费用。这些开发平台有 IRIX Performer、OpenGVS、Vega、VTree 等。下面将介绍几种典型的飞行仿真软件平台。

8.2.1 OpenGL[58]软件

OpenGL(open graphics library)定义了一个跨编程语言、跨平台的程序接口。该接口由近 350 个不同的函数组成,用来从简单的图元绘制到复杂的三维景象。

OpenGL 是与硬件无关的软件接口,可以在多种硬件平台上运行,这使得OpenGL 的应用程序有较好的移植性。

目前,OpenGL 具有高度可重用性,已经有 3Dlabs、ATI Technologies、NVIDIA 等多家公司与研究机构表示接受 OpenGL 作为标准图形软件接口。这一图形软件包现在由代表许多图形公司和组织的 OpenGL 结构评议委员会进行维护和更新。作为图形工业的标准,OpenGL 现在已经广泛应用于各种工作站和高档微机。

对程序员来说,OpenGL 是一些指令或函数的集合,这些指令允许用户对三维几何对象进行说明,允许用户对对象实施操作以便把这些对象描绘到帧缓存上。OpenGL 提供了广泛的图形能力,支持从简单的几何点、线或填充多边形到复杂的带纹理和光照曲面的渲染。

8.2.2 Vega 软件

Vega 是美国 Multigen-Paradigm 公司推出的一款先进的仿真软件,主要用于虚拟现实技术中的实时视景仿真、声音仿真、建筑设计漫游、城市规划仿真、飞行仿真、车辆驾驶仿真、虚拟训练模拟等领域。

Vega 是一套完整地用于开发交互式、可视化仿真应用的软件平台和工具集,它最基本的功能是驱动、控制、管理虚拟场景并能够方便地实现特殊视觉和声音效果[59]。

Vega 可以很好地支持多处理器、多通道渲染、多格式数据块调入和其他的附加可选模块以及第三方提供的模块产品,支持快速复杂的视觉仿真程序,可以快速创建各种实时交互的三维环境。Vega 还支持立体显示、虚拟洞穴、沉浸式虚拟桌面,可以快速建立大型沉浸式或非沉浸式的虚拟现实系统。

Vega 主要包括两部分:一个是被称为 Lynx 的图形用户界面工具,另一个是基于 C++语言的函数库[60]。Lynx 图形用户界面用来定义和预览 Vega 应用程序,最后生成用于 Vega 程序的 ADF 文件。在图形用户界面下,可以很容易地修改参数,使非专业的编程人员也能开发出功能强大的实时应用程序。Vega 采用了面向对象技术,各种图形管理功能以及可选模块都被定义为"类",用户通过类的实例实现和控制某一类图形显示。ADF 文件是图形环境与视景仿真程序所应用的数据库组件地完整描述,它可以直接运行以产生简单的仿真程序,其作用是方便快速地完成初始化设置及预览效果,程序运行时在帧循环前读入 ADF 文件中的数据。

(1)易用性:使用 Lynx 图形界面可以方便快捷地设定和预览 Vega 应用程序。Lynx 是一种点击式图形环境,用户只需利用鼠标就可以快速而显著地改变应用程序的性能和表现方式,可实时调整通道、窗口、视点、观察者等的状态,随时改变时间设定、系统配置,加入特殊效果,模型数据库等[61]。

(2)高效性:Vega 与仿真业界的标准文件格式 OpenFlight 无缝结合,可以对虚拟三维场景中的模型进行精确而有效的控制。

(3)集成性:Vega 通过精巧的设计把实时仿真应用的许多复杂烦琐的步骤,清晰、紧密、高效地集成在一个框架下,使得系统集成者可以在预算内完成预定的功能和效果,并能更好地维护和支持应用系统。

(4)可扩展性:Vega 采用了扩展性极好的模块机制不断完善和补充自身的功能,常用的附加模块包括特殊效果模块、音响环境模块、面板仪表模块、大地型数据库管理模块等。

利用 Vega 设计视景仿真系统时,首先,使用 Lynx 定义窗口、通道、场景、物体、环境及特效、交互设备、碰撞检测等,并对它们进行初始化以实现仿真时所需的虚拟环境。然后,利用 Vega 提供的应用程序接口与视景仿真系统进行交互,改变仿真环境和对象,实现系统状态的更新。

为实现良好的视景仿真效果,必须正确地生成仿真对象和场景,正确处理纹理、光照、雾化等各种效果,生成逼真的视景仿真环境。

8.2.3 CEFA FAS 软件

CEFA FAS 软件基于经过前期开发集成了真实飞机的驾驶舱仪表和飞机外形,利用并识别下载的真实飞机的飞行记录器数据(主要包括 FDR、CVR 和 QAR/WQAR 记录的飞行数据),具备进行飞行过程的仿真和再现能力。同时还可以载入飞行中的情报资料(如机场卫星图、地形、天气信息等),以及导入驾驶舱同步音频信息,加强仿真再现的效果。

软件中可以显示驾驶舱仪表、驾驶杆、油门杆和起落架手柄,构建的三维场景可以动态显示飞机的三维姿态,再现飞行中飞机的速度、高度、姿态、雷达、发动机指示及告警信息。它忠于原数据,可以还原出飞行中飞行员做了哪些操作,飞机姿态发生了什么变化。同时辅助显示航图、飞行剖面、事件列表等,以使用户能全面地了解飞行过程,做出科学、准确的判断。典型的 CEFA FAS 界面如图 8-1 所示。

图 8‑1　典型的 CEFA FAS 界面

8.2.4　Global Mapper 软件

Global Mapper 软件是美国 Global Mapper 公司自主研发的图形地理信息系统（GIS）软件，可以在指定投影和地理坐标的基础上，编辑、转换光栅和矢量地形图，绘制二维、三维地形图以及点、线自编图形，具有良好的绘图、编辑、显示以及数据输出界面。其主要功能包括 3 个方面：①浏览、编辑、显示各种通用的栅格图形、高程及矢量数据；②具有数据、图形的转换、编辑、拼接功能和投影转换；③具有简单的地理信息功能和动态 GPS 接收功能。典型的 Global Mapper 软件界面如图 8‑2 所示。

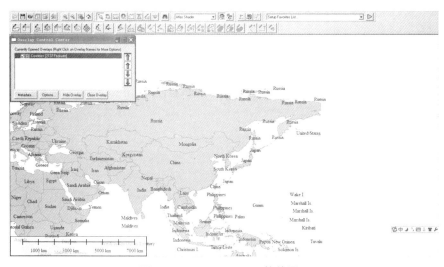

图 8‑2　Global Mapper 软件界面

8.2.5　Google Earth 软件

Google Earth 是 Google 公司推出的卫星影像浏览软件,具有高分辨率的卫星影像和地形数据。该软件具有较强的功能性和可拓展性,具有了多个与外部程序的接口,并可兼容自动处理工具,可以导入外部三维模型、三维航迹等文件,可识别地球模型中的文件地理信息。同时可以导出多种格式、多重视角、写入地理坐标信息的地球地貌贴片,灵活移植到通用地理信息工具、飞行仿真软件、三维模型编辑工具中。同时可以输出集成了诸如学校等多达 44 种与生活密切相关的分类信息。典型 Google Earth 界面如图 8 - 3 所示。

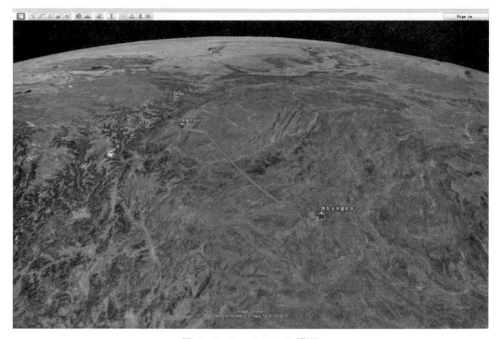

图 8 - 3　**Google Earth 界面**

8.3　飞行仿真关键技术

8.3.1　航迹计算

机载数据的原始记录文件以二进制形式存储,主要使用 AirFASE、AGS 等数据译码软件将其转换成工程值数据,然后再进行相关数据的提取与分析。

飞行数据是按照时间顺序给出的一系列飞行参数集合,可以通过多种途径反映飞机飞行的 3D 航迹,包括时刻和该时刻的三维位置信息。根据飞行数据获得飞行轨迹的方法主要有两种:经纬度转换和速度积分。经纬度转换方法简单、计算速度快,但因数据精度和加密性问题使得飞行轨迹抖动非常大。积分法可得到平滑轨迹,但存在累积误差,需要进行修正。

1) 经纬度转换法

在三维场景中一般采用笛卡尔直角坐标系进行飞行回放,而在机载数据中是按时间顺序记录飞行中离散的经纬度坐标,因此需要进行坐标转换。直接把飞机飞行的经纬度坐标转换成回放程序中的直角坐标就是轨迹的经纬度计算方式。

2) 速度积分法

利用飞行动力学原理可直接采用积分法把机载数据中记录的速度数据转换成对应的飞行轨迹。速度积分获得的轨迹平滑性较好,但存在着累积误差,即随着航迹的变长,累积误差会越来越大,近似线性。因此,在飞机起飞阶段,速度积分获得的轨迹精度较高,可直接应用。根据其偏差随航迹变长而增加的特性,可采用分段积分方式。每段轨迹积分的起始点和结束点为两个定位点,通过选择特征点的经纬度可直接赋予整条轨迹二维坐标,定位点一般不存在偏差。对于起飞和着陆段的积分,起飞段的起始点为跑道上飞机的松刹车点,着陆点的结束点为飞机在跑道上的停止点,可直接用跑道数据。积分得到的三维航迹效果如图 8-4 所示。

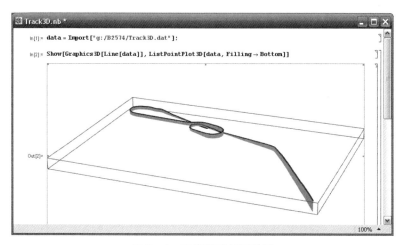

图 8-4　三维航迹显示效果

对经过计算的直角坐标体系内航迹,筛选特征地理信息点,而后利用地理坐标转换工具将该点在 Google Earth 上的经纬度转换为 UTM 坐标,标记改点将直角坐标系内航迹进行地理标记,调整航迹坐标数据成 UTM 坐标,利用地理坐标转换工具将航迹转换成经纬度坐标,将航迹经纬度、高度坐标数据置入 KML 文件航迹模版。最终将 KML 航迹导入 Google Earth 可获得比较真实的三维航迹,如图 8-5 所示。

图 8 - 5 导入 Google Earth 中的航迹

8.3.2 视景及仪表构建

视景和仪表仿真技术是计算机仿真技术的重要分支,是计算机技术、图形图像处理与生成技术、多媒体技术、信息合成技术、显示技术等诸多高新技术的综合运用,通过对现实世界或者是人类想象的虚拟世界进行三维建模并实时驱动,通过头盔显示器或者三维投影技术显示出来。其组成部分主要包括仿真建模技术、动画仿真技术和实时视景生成技术,视景仿真是 21 世纪最有前景的高端技术之一。

目前,视景仿真技术应用的研究领域有:虚拟现实、模拟驾驶、军事演练、城市规划仿真、大型工程漫游、名胜古迹虚拟旅游、模拟训练以及交互式娱乐仿真等。视景系统在运行时,需调用大量的数据资源做高速处理,为提高视景及仪表仿真系统的运行流畅度和逼真程度,尤其是在有限的运算硬件资源条件下,需采用一系列特殊的技术来提高视景和仪表仿真的速度和质量。

1) 消隐技术

在视景和仪表显示过程中,由于视角和物体的遮挡,显示出的画面中有一部分模型是不显示的,在硬件处理显示信息的过程中,分析显示视角下投影关系,提前预判不可见部分做消隐处理,减小绘制的景深,从而大大减小硬件资源的计算量。

2) 纹理映射技术

在构建的三维数模中需要铺贴纹理才会有逼真的视觉效果,需将纹理图像上的各个像素点映射到三维数模的对应点上,此即为纹理映射技术,是一种较为简便的构建逼真三维几何体的方式。纹理映射技术分为不透明纹理映射技术和透明纹理映射技术,两者的区别为,不透明纹理映射技术适合复杂模型的纹理映射,映射后模型真实度较高,有很好的三维效果;而投射纹理技术比较适合树木等物体的构建,采用简单的二维图像来替代三维模型,真实度较差但运算速度快。

3）细节层次技术

在复杂的视景系统内,有大量的三维模型需处理和显示,但对于在视景内较小或较远的物体,视点较远,清晰度较低,因此为节约计算资源,对同一类型物体建立一组不同细节层次的模型,在视景显示中较远的视点物体即采用较低细节层次的模型显示,从而提升运算速度,节约硬件资源。

8.3.3 飞行动力学计算

飞行动力学的仿真是在飞机一般运动方程的基础上,根据仿真目标的需求,建立仿真数学模型,描述飞机在地面上运动或空中飞行时的飞行性能和动态特性。

飞行动力学仿真模型由气动数学模型、飞行器质心运动方程、飞行器转动方程等数学模型组成。其中,气动模块数学模型和软件完成飞机空气动力特性的仿真,即计算飞机的气动系数、气动力和力矩。该模块包括纵向气动系数、横侧气动系数、起落架、襟翼影响和气动系数生成。气动函数取自气动数据文件的单变量、双变量和多变量函数的数据组,以及来自飞行系统其他模块的飞行参数(如高度、马赫数、迎角等参数),并调用一维、二维和三维插值子程序,求出飞行瞬间对应的气动数据,以供计算气动系数使用。

应用以上求出的气动数据、飞行系统其他模块提供的飞行参数及操纵负荷系统提供的操纵面位置等,则可在"横侧气动参数"模块中计算稳定轴上的侧力系数、偏航力矩系数和滚转力矩系数,最后计算出体轴上的气动侧力、偏航力矩和滚转力矩,并输出到运动方程。并可在"纵向气动系数"模块中计算稳定轴上的升力系数、阻力系数和俯仰力矩系数,最后计算出机体轴上的气动力、轴上的气动力和俯仰力矩,并输出到运动方程。

为了逼真地模拟飞机的气动特性,在计算气动系数时除了计算基本项外,还要计入以下对气动特性的影响:地面效应、气动弹性、飞机中心位置变化、结冰、失速、飞机结构变化、动力装置的影响(对于装有喷气式发动机的飞机而言,要计入发动机的进气、喷流的影响;对装有涡轮螺旋桨的飞机而言,要计入发动机的拉力系数和滑流的影响)以及发动机工作不对称的影响。

在飞行实时仿真中,计算飞行器运动的基础是飞行器的数学模型。这里我们把飞机作为单一的刚体来处理,不考虑飞行器的变形,通过求解飞行动力学系统,获得飞机的状态量。

8.3.4 飞行仿真新技术

随着技术的发展,一系列新技术在飞行仿真领域涌现身影。例如虚拟现实技术、视线追踪技术等。

虚拟现实(virtual reality, VR)是一种计算机仿真系统,可以融合多源信息,生成人和虚拟场景交互感,不仅可以数字模拟三维立体场景,具有较高的沉浸感,而且产生类似在现实环境中的感知,能够创造在现实空间中活动所体验的视觉、听觉和力的感觉等,甚至还可体验到嗅觉和味觉。同时配合人体本身的运动,捕捉参与者视线、手势、身体姿态等行为,配合系统响应人体指令,并反馈感知信息。仿真技术的发展已经经历了五个阶段,分别为物理仿真模拟、模拟器仿真、数字机仿真、基于图形工作站的三维可视化多媒体交互仿真和虚拟环境(VE)与虚拟现实(VR)。在国际上,已经有多个大型客机项目应用虚拟现实技术辅助工程设计的先例,例如波音 B777 飞机的全电子化设计、哈勃太空望远镜修复训练均有虚拟现实技术的应用。虚拟现实技术以其灵活、快速、沉浸感强的特点,逐渐应用于汽车外形和内饰设计及评审、个人智能游戏终端、虚拟机务培训教学等领域。

　　典型的虚拟现实系统应用主要包括以下几个领域:动态环境的建模技术、实时三维图像虚拟技术、感知交互穿戴设备、三维立体显示技术、语音智能虚拟技术以及分布式虚拟现实应用等。比较典型的系统结构如图 8-6 所示。

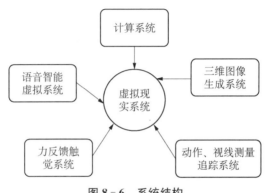

图 8-6　系统结构

　　在飞行仿真方面,传统飞行模拟器设计定型后,更改飞机构型较为困难,且模拟器运行维护人员成本和能耗较高,充分运用虚拟现实技术配合显示头盔和数据手套,营造高度沉浸感的飞行视景和交互式动态体验,可以以较低成本和较灵活的拓展性辅助开展飞行仿真工作。

　　视线跟踪(或眼动跟踪、眼动追踪)(eye gaze tracking/eye tracking)技术是利用电子、光学等检测受试者眼部参数,分析眼睛动作和行为,该技术起源于眼动与阅读习惯关系的研究。视线追踪是综合光学、计算机、生物科学等多个学科的应用科学技术。其原理是通过光纤传感器、电流记录或者电磁感应等方式,测量追踪眼睛的运动及眼睛视线关注位置的变化。视线追踪技术的测量方法按类型分有侵入式与非侵入式、非光学法与光学法、佩戴与非佩戴、桌面型与遥测型等。主要的测量方法有瞳孔-角膜反射向量法、虹膜-巩膜边缘法、眼电图法、接触镜法。其中接触镜法和眼电图法为侵入式测量方式,接触镜法如图 8-7 所示,其精度较其他两种方式高,但舒适性较差。瞳孔-角膜反射向量法为非侵入式方法,误差小,对人干扰小,同时

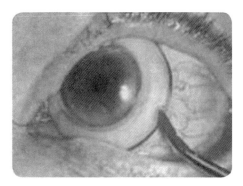

图 8-7　接触镜法

具有较高的准确度,美国谷歌公司研发的谷歌眼镜(google glass)即采用该技术。

视线追踪技术主要研究人眼睛的运动,包括注视(fixations)、扫视(saccade)、平滑追踪(smooth pursuit)、眨眼(blink)等动作行为。通过测量眼动的运动速度、幅度、视线关注点和停留时间、眼睛眨眼的频率和闭合程度,来推断和分析受观测者的行为、状态和心理活动。

视线追踪技术在心理学、人机交互、商业销售领域、航空航天、残疾人辅助、人因分析有广泛的应用前景。在汽车领域可以应用于驾驶员的疲劳程度、注意力以及危险驾驶的监测。在广告、网站和设计领域,可以关注消费者的行为习惯和兴趣点分析。在航空航天领域,可以借助视线追踪技术分析眼动情况,监控飞行员关注点和特殊场景下注意力分配情况和脑力负荷情况,了解飞行员的行为习惯、疲劳程度和工作适应性,辅助进行飞行仿真和飞行训练工作。一方面可以优化飞行程序制订,提高飞行员应急程序响应能力,提升飞行员驾驶舱资源管理水平;另一方面,可以优化驾驶舱布局设置和仪表界面设置,提高人机功效。

8.4　用于故障复现的模拟仿真平台

在飞机运营阶段特别是初始运营阶段,飞机会暴露出一系列的系统和结构故障,部分故障是飞机组件正常的可靠性衰减或使用缺陷导致的,此类问题可通过飞机交付的维修计划进行解决,但部分故障可能是因飞机系统设计缺陷导致,需依托主制造商开展故障复现和设计更改来解决,此时需借助主制造商专业的模拟仿真平台,即地面综合实验设备。地面综合实验设备在飞机立项设计过程中即着手建设,基于飞机设计构型,开展设计评估、设计验证和飞机全寿命阶段的故障复现工作。

在飞机全寿命阶段,早期借助地面综合实验设备主要开展飞行控制率开发、验证和优化,飞行品质研究和评价,系统功能验证及交联关系试验等工作,在后期可以利用这些平台进行故障复现和模拟仿真。地面综合实验设备主要有全动飞行模拟机、FTD/MTD、铁鸟试验台架、航电系统综合试验台等。

以某国产民用飞机的为例,在设计研发阶段,建设 6 个验证平台,分别为全动飞行模拟机、航电系统综合试验台、铁鸟试验台、电源系统综合试验台、电网络试验台,主要针对民用飞机飞行品质与操稳特性、民用飞机自动飞行模拟与验证、民用飞机机载软件测试与适航验证、民用飞机系统综合等开展技术发展和研究工作。

8.4.1　全动飞行模拟机

随着航空领域的技术发展,全动飞行模拟器在飞行培训中扮演了至关重要的角色,并且越来越多地应用于飞机研制阶段的综合测试、系统研制及试飞计划验证等方面。全动飞行模拟器是地面综合实验设备,服务于飞机整个生命周期。在飞机研制阶段可以进行飞行控制率开发验证和优化、飞行品质研究和评价、飞行故障的复现和分析、驾驶员参与设计和优化;在适航取证阶段,服务于模拟器 MC8 试验和驾驶员资格规范 T5 测试等;在飞机持续运营阶段,可以开展飞行员转机型训练、定期复训、飞行问题复现等工作。

根据 CCAR - 60 对飞行模拟机的定义:飞行模拟机是指用于驾驶员飞行训练的飞行模拟机。它是按特定机型、型号以及系列的航空器座舱一比一对应复制的,它包括表现航空器在地面和空中运行所必需的设备和支持这些设备运行的计算机程序,提供座舱外景象的视景系统以及能够提供动感的运动系统,并且最低满足 A级模拟机的鉴定性能标准。

某型民用飞机全动飞行模拟机依据 CCAR - 60 部《飞行模拟设备的鉴定和使用规则》规定的 D 级模拟机性能标准、FAR - 121 部附件 H 中规定的 D 级飞行模拟机标准、FAA 咨询通告 AC120 - 40C 中 D 级飞行模拟机标准、ICAO 飞行模拟机鉴定标准手册(Doc 9625 - AN/938)中 IQTG 的 2 级飞行模拟机标准和 JAR - STD 1AD 级飞行模拟机标准,编制了飞行模拟机设计规范。按照 CCAR - 60 部第60.A.1.1 条规定,飞行模拟机的驾驶舱一般构型、模拟机编程、教员台、运动系统、声音系统和视景系统的功能和性能应与其所模拟的飞机具有一定的相似程度并满足飞机飞行模拟机的一般要求。

该全动飞行模拟机主要系统包括仿真驾驶舱,提供驾驶舱真实环境和仪器操纵;计算机系统进行模型运算提供飞行数据;视景系统根据飞行数据提供真实的驾驶舱外视景,包括跑道、机场、大气环境等;运动系统控制模拟机平台的姿态,给飞行员提供姿态和加速度感受;声音系统模拟机飞行中各种情况下的驾驶舱声音(见图 8 - 8)。

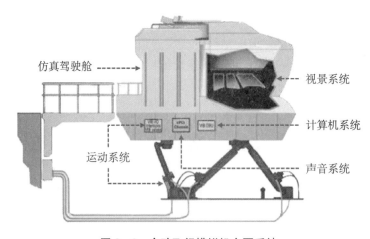

图 8 - 8 全动飞行模拟机主要系统

1) 驾驶舱一般构型

全动飞机飞行模拟机按照该型国产民机驾驶舱进行全尺寸复制,其操纵装置、设备、能够看到的驾驶舱指示器、跳开关、隔板的位置及功能均与真实飞机一致。操纵装置和开关的移动方向应与真实飞机一致。驾驶员座椅可以使驾驶员达到真实飞机上设计的眼点位置。在驾驶舱一般构型上,全动飞行模拟机可以对真实飞机进行复现,模拟机驾驶舱构型如图 8-9 所示。

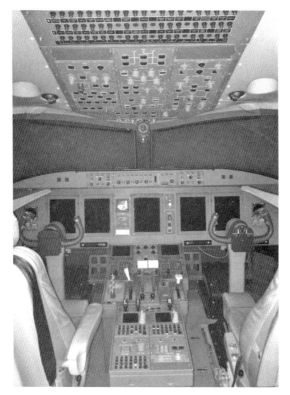

图 8-9　全动飞行模拟机驾驶舱构型

2) 模拟机编程

全动飞行模拟机通过软件编程对飞机性能进行模拟,模拟机编程具有以下性能:

(1) 模拟机编程中包括的飞行中通常遇到的阻力和推力的各种组合对空气动力变化的影响符合实际飞行条件,包括飞机姿态、阻力、推力、高度、温度、全重、重心位置和构型变化的影响。

(2) 模拟机的计算能力、精度、分辨率和动态响应满足 D 级的要求。

(3) 地面操纵达到容许在跑道范围内转弯并对侧风进近着陆时的着陆和滑跑

有足够控制的程度。地面操纵和空气动力编程包括地面效应、地面反作用和地面操纵特性。

（4）具有风切变模型，用于进行风切变现象识别和改出程序的飞行训练，使教员和鉴定人员能够在关键飞行阶段使用。

（5）运动系统、视景系统和驾驶舱仪表的相对响应通过对滞后和传输延迟的控制实现密切耦合，用以提供综合的感觉提示。

（6）可以在不同跑道条件下真实地再现停止时间和距离，准确地模拟刹车和轮胎故障的动态特性（包括防滞失效）和因刹车温度高而导致的刹车效应减弱，并能够模拟飞机的结冰效应。

（7）模拟机空气动力模型包含低高度平飞地面效应、高高度马赫数效应、机身结冰效应、正常推力和反推力动态变化对操纵面的影响以及侧滑产生的非线性气动弹性表现。

（8）模拟机具有故障诊断分析程序和测试结果打印功能。

3）设备操作

模拟机的仪表指示可以自动地对操纵装置的移动或所模拟飞机受到的外部干扰（例如湍流、风切变）做出响应。通信和导航设备与真实飞机上的一致。

模拟机所模拟的飞机各系统与真实飞机在地面和飞行中正常、非正常和紧急条件下的工作相同。模拟机为驾驶员提供的操纵装置的操纵力和行程与真实飞机一致。在相同的飞行条件下，模拟机对操纵的反应与真实飞机相同。全动飞行模拟机驾驶舱控制机构如图8-10所示。

图8-10　全动飞行模拟机驾驶舱控制机构

4）教员或检查人员使用的设备

模拟机驾驶舱内为教员、检查员和监察员留有两个合适的座位,这些座位有足够的视野观察驾驶员面板和前窗;教员或检查人员可以通过教员台控制所需的全部系统变量,将机组使用手册中描述的全部非正常、紧急条件输入模拟机,同时,教员台还具有设定风速和风向以及地面和空中危险情况的功能。全动飞行模拟机教员台系统如图 8-11 所示。

图 8-11 全动飞行模拟机教员台系统

5）运动系统

全动飞行模拟机采用六自由度具有协调性的运动(力提示)平台系统。

全动飞行模拟机具有实现下列特殊效果的功能:使用刹车时的推力效果;跑道上的震动、减震支柱压缩变化、地速的影响和不平坦跑道特性;扰流板(或减速板)放出和反推引起的地面抖振;前起落架和主起落架离地后的抖动;收、放起落架时的抖振;襟翼和扰流板(或减速板)放出引起的空中抖振;马赫数抖振;失速抖振;主起落架和前起落架的接地感觉。

全动飞行模拟机可以提供飞行员在驾驶舱内可以感觉到的由于操纵飞机或大气干扰引起的特征抖振运动(例如高速抖振、起落架和襟翼放出、失速抖振、大气湍流等)。全动飞行模拟机运动系统如图 8-12 所示。

6）视景系统

全动飞行模拟机可以在每个驾驶员座位上提供连续水平 210°、垂直 40°的准直视场,视场同时供两个座位使用并具有可操纵的着陆灯光。

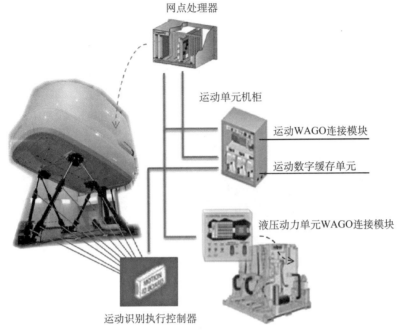

网点处理器

运动单元机柜

运动WAGO连接模块

运动数字缓存单元

液压动力单元WAGO连接模块

运动识别执行控制器

图 8‑12　全动飞行模拟机运动系统

　　模拟机教员台可以进行云底高、能见度、跑道视程、机场选择和灯光控制,每个机场图像显示均包括跑道、滑行道、跑道轮廓、道面标识及灯光等内容。从位于跑道延伸方向 3°下滑道上的飞机到跑道入口的距离内可以看到跑道各项特征。

　　模拟机提供的视景系统与空气动力的程序设计匹配,可提供着陆期间判断下降率(深度感觉)所必需的目视提示,模拟机有能力提供夜间和黄昏或黎明图像,包括通用地形特征和重要地标,并且无明显的量化痕迹。

　　视景系统可以实现与模拟机姿态有关的准确环境图像及快速确认视景系统颜色、跑道视程、聚焦程度和光强度。全动飞行模拟机视景数据库共包含 19 个机场的视景图像,机场清单如表 8‑1 所示。

表 8‑1　模拟机场清单

序号	机场代码	机场名称	廊桥
1	ZBAA	北京首都机场	113
2	ZGGG	广州白云机场	205
3	ZSSS	上海虹桥机场	6
4	ZGSZ	深圳宝安机场	—
5	ZJHK	海口美兰机场	—
6	ZPPP	昆明巫家坝机场	—
7	ZSPD	上海浦东机场	—

（续表）

序号	机场代码	机场名称	廊桥
8	ZLXY	西安咸阳机场	2
9	ZSYT	烟台莱山机场	—
10	ZUUU	成都双流机场	—
11	ZWWW	乌鲁木齐地窝堡机场	—
12	ZGKL	桂林两江机场	—
13	ZGSD	珠海三灶机场	—
14	ZSAM	厦门高崎机场	—
15	ZSHC	杭州萧山机场	—
16	ZGDY	张家界荷花机场	—
17	ZUXC	西昌青山机场	—
18	ZPJH	西双版纳嘎洒机场	—
19	ZPDL	大理荒草坝机场	—

模拟机视景系统有能力产生至少10层遮挡效果并可以表现下列天气现象：可变的云层浓度；局部模糊的地面景象，即从疏云到裂云产生的效果；云雾的逐渐消散；块状雾；雾对机场灯光的影响。视景系统的图像能够表现出已知的可使驾驶员产生着陆感觉的物理关系。

模拟机视景系统能够在起飞、进近和着陆期间表现雷暴附近的轻度、中度和重度降水的特殊天气现象，同时能够表现有积雪覆盖的跑道和湿跑道视景图像，包括潮湿环境对跑道灯光的反射，积雪环境中部分模糊的灯光或适当的可作为替代的效果。视景系统具有表现全部机场灯光的真实颜色和方向性。

全动飞行模拟机视景系统如图 8-13 所示。

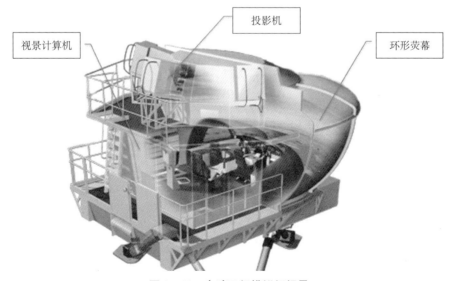

图 8-13 全动飞行模拟机视景

7）声音系统

模拟机具有模拟机和再现飞行中驾驶舱声音环境的声音系统,所模拟的驾驶员的操纵动作导致的驾驶舱声响应与真实飞机在相同情况下发出的声响一致。

模拟机声音系统可以准确地模拟降水、风挡雨刷声响和正常操作期间驾驶员能感觉到的其他重要的飞机噪声,包括飞机坠毁的声响,正常发动机和反推声响,以及收放襟翼、起落架和扰流板的声响。驾驶舱噪声和声响的振幅和频率都与真实飞行环境有高度的逼真性。

8.4.2　铁鸟综合试验

铁鸟试验台,又称飞控液压系统综合试验台,与真实飞机按1：1比例进行设计、安装飞机飞控、液压和起落架系统,构建驾驶舱座舱和视景系统,主要服务于全寿命阶段的系统集成测试、适航验证、故障监测复现试验。

我国民用飞机铁鸟台的研制已经走了40多年的历史,20世纪70年代,随着"运十"项目上马,诞生了第一台民用飞机铁鸟台。21世纪后随着多个民机型号的研制,我国陆续又研制了多个铁鸟试验台。国产某型飞机铁鸟试验台主要承担液压系统、飞控系统和起落架系统的测试工作,加载控制试验验证及相关试验设备的规划和研制工作,同时兼顾飞机系统级试验所需的物理激励设备的论证和研制工作,以及实现集合飞机各系统交联试验。

铁鸟台飞控试验系统主要由飞控铁鸟数据采集处理系统、飞行仿真系统、航电信号仿真系统、驾驶舱信号仿真系统、铁鸟加载系统、可外场使用的组态便携测试系统、飞控加载系统、单轴转台、加速度转台、三轴转台组成,可以实现飞控系统集成测试、飞控系统功能和性能测试、飞控系统MOC4适航验证、飞控系统原理测试、飞控系统故障监测。

铁鸟台液压试验系统主要由液压铁鸟数据采集处理系统、应力测试分析仪、动态测试分析仪、便携式温度测试系统组成,可以承担液压系统功能和性能测试、液压系统MOC4适航验证、液压系统MOC5适航验证、液压系统原理性测试的能力。

铁鸟台的主要设备如8.4.2.1节~8.4.2.8节所述。

8.4.2.1　液压数据采集分析系统

液压数据采集分析系统,配置完成液体特性参数参量的各种传感器,接受存储液压能源系统、起落架和反推力作动系统参数测量的传感器信号。配置VXI/PXI总线仪器模块,完成液压系统、起落架控制系统和反推力作动系统的试验中多通道、多物理量的数据采集数据存储分析系统,用于高速、连续、多通道、长时间、大容量的数据采集记录,供试验中信号监视、分析。

信号调理组件、信号隔离组件,提供多种传感器的高精度供电激励,信号调理、保护,以及传感器与测试仪器设备之间的连接。

数据总线检测仿真设备用于液压系统数据总线提供仿真激励信号,以及检测数据总线信号。

8.4.2.2 便携式动态数据采集及测试分析设备

便携式动态数据采集及测试分析设备用于动态信号分析,特别是多通道频率响应分析,同时也可用于机上试验。

飞控数据采集处理系统(飞控数采系统)是铁鸟飞控系统综合试验中的重要试验设备之一,主要应用在飞控系统综合试验(主飞控系统试验、高升力系统试验),飞控与其他系统(液压、航电和电源等)的交联试验和适航(MOC4)试验中。飞控数据采集系统是飞控铁鸟综合试验的数据测试中心,因此飞控数采系统应负责所有测试数据的综合管理和分发,即包括数据的采集、处理、显示、存储、管理、分配和发送。飞控数采系统主要由数据采集服务器、数据管理服务器,数据调理机箱、板卡,数采客户端和软件组成。

8.4.2.3 舵面加载系统

舵面加载系统主要用于承担铁鸟台有载试验任务,包括舵面有载偏转速率试验、舵面卡阻试验、适航 25.683 条验证试验,以及其他系统(液压、航电和电源等)与飞控系统交联试验中的有载试验,如液压大功率有载试验等。舵面加载系统主要由三部分构成:包括伺服加载控制系统硬件、软件及液压伺服作动器。

8.4.2.4 物理效应激励设备

物理效应激励设备主要是在飞控系统闭环试验中建立飞机的姿态、角速率、过载、总压和静压等参数的物理效应来激励飞机惯导系统、角速率传感器和大气数据模块等飞机传感器的设备,主要包括三轴转台、加速度转台、单轴速率转台、迎角转台和总静压模拟器等。

三轴转台、单轴速率转台、加速度转台和迎角转台主要用来复现飞机在飞行中的运动参数和运动姿态(物理形式),从而激励相应的飞机传感器,使真实航姿系统能够实时地为飞控系统提供航姿信号。

总静压模拟器使飞控系统得到真实的飞机大气数据信号,在试验中通过仿真计算机的飞机运动方程组来解算飞机在空中的大气数据,并将这些解算数据传至总静压模拟器,复现飞机在飞行中的传感器所感受到的压力变化(物理形式),从而激励相应的飞机传感器,使真实大气数据系统能够实时地为飞控系统提供信号。

8.4.2.5 操纵力测量设备

操纵力测量设备是测试座舱系统操纵力特性的设备。在飞控系统试验中,主要用于测量驾驶舱操纵器件的启动力、操纵力和摩擦力等特性。该设备为便携式测量设备,可用于铁鸟试验台试验、研发试验台试验和机上地面试验等。操纵力测量设备主要包括操纵力机械夹具、测试传感器(力传感器、线/角位移传感器、3D倾角传感器和加速度传感器)、操纵力测量计算机和软件。

8.4.2.6 仪器仪表

仪器仪表主要是一些标准的试验仪器仪表,用于系统信号检测和各类激励信号发生等,主要包括各类信号发生器、多功能电压/电流表、示波器、频响分析仪、动态信号分析仪、万用表、手持便携仪器以及其他通用测试设备。

8.4.2.7 测试传感器及二次仪表

测试传感器及二次仪表是飞控数采系统的主要测量信号源之一,在铁鸟试验台上配置各种类型测试传感器,用于检测飞控系统的测试参数,并将相应的工程物理量转换为电信号,供采集、处理和记录使用。测试传感器的类型主要包括线位移、角位移、应变、扭矩、流量、压力等各类传感器以及计数装置等。

8.4.2.8 地面模拟电源

地面模拟电源系统是铁鸟飞控系统的地面供电设备,主要应用在飞控系统单独试验过程中,为飞控系统的调试和试验提供地面电源。此外,该系统还能根据试验的要求用于电源故障的模拟。这些故障模式主要用于考验飞控系统的监控门限和逻辑,往往无法方便地在真实的飞机电源系统中设置这些故障状态,因此在这类故障试验中一般使用地面电源柜作为供电和电源故障注入设备。系统主要由变频交流电源、直流电源、电源控制(器)柜、配电柜、断路器、配电线路(模拟的汇流条)和电源品质测试传感器组成。

8.4.3 航电系统综合试验台

航电系统综合试验台主要承担航电系统需求确认、功能验证和故障复现。试验台配备民机航电系统研发试验和适航试验所需的集成试验环境与手段,开展系统仿真、数据采集与功能验证功能,为国产飞机航电系统研发、飞机电子系统集成、试飞和运行保障提供技术支持。

国产某型民机航电试验台研制并提供民用飞机航电系统数字仿真试验环境,半实物仿真集成试验环境和全实物地面模拟联试试验环境,提供从系统顶层设计到地面综合验证的全部研制生命周期的仿真试验手段。主要承担飞机数据网络接口与功能验证,核心处理系统、指示/记录、通信/导航/综合监视系统、机载维护系统、客舱系统、信息系统等航电电子系统的集成验证,航电系统与其他飞机系统的交联功能试验,与铁鸟、动力装置、反推试验台和供电试验室一起构成国产民机全地面综合试验环境,为机上地面试验和试飞取证试验提供支持。

航电系统综合试验台需要承担的验证试验可以分为以下几个部分:其一为航电系统内部功能验证试验,如验收试验、子系统集成试验和航电级集成试验;其二为航电系统与各非航电系统的交联功能试验,这些试验属于支持飞机级功能的验证试验;其三为了向飞机交付某一阶段的试飞设备和软件,所开展的特殊构型功能验证试验或航电级/飞机级完整构型功能的验证与地面构型确认试验。

　　航电系统集成/功能验证试验大致可以分为两个阶段：航电子系统功能测试和全系统集成联试。

　　航电子系统功能测试主要任务是对子系统本身进行单独的全面测试，在这种测试场景下，被测试的航电子系统是真件，其他的子系统均通过仿真系统来进行模拟。

　　航电全系统集成联试是一个反复迭代的过程，在逐步加入真件的同时，不断对系统进行测试验证，对试验中发现的问题及时定位并解决。所有试验故障的复现、定位、归零等工作均通过重复试验来进行。

　　航电系统综合试验台是飞机航电系统与飞机其他系统集成验证的重要平台，承担着航电系统各工作包集成与验证等研发试验，以及航电与电源、飞控、动力装置等系统的综合交联试验，承担着飞机首飞前需要完成的关键性工作。通过开展航电系统综合试验，不仅可以验证航电与其他 30 多个系统数据交换的功能，还可以验证各个系统功能实现的正确性、完整性及安全性能。

　　同时，这些试验工作也将为飞机后续试飞、交付运营、持续适航提供有力的数据与信息支持。在后续飞机故障复现及定位，也可以利用该航电系统综合试验台进行模拟，从根源上查找飞机的故障。

9 航空事故调查技术

9.1 概述

9.1.1 事故调查的程序

飞行事故调查,各国都有相应法规进行规范。而民用航空方面,更是由国际民航组织制定了法规文件 ICAO 附件 13《航空器事故和事故征候调查》[62],同时还制订了相应的技术手册《航空器事故和事故征候调查手册》[63] 和《航空器事故调查员培训大纲》,作为各国进行民用航空器事故和事故征候调查工作的法规性文件依据。根据 ICAO 附件 13,各国又制定了法规或条例,以符合本国国情,如美国联邦航空局(FAA)制定了《航空器失事与事故的通知、调查和报告》,俄罗斯制定了《飞行事故及事故征候调查方法(第一部分)》,中国民航制定了《民用航空器事故和飞行事故征候调查规定》(CCAR - 395 - R1)[64]。

各国民用和军用飞机飞行事故调查程序大同小异,各种法规文件对飞行事故调查都提出了全面、客观、科学的要求。通常按照调查前准备、基本调查、分析查证、事故原因分析、做出事故结论、提出安全建议和完成事故调查报告等步骤来组织实施,如图 9-1 所示[65]。

9.1.2 事故调查机构

调查飞行事故应该由一个独立的常设机构来组织和领导[66]。这个机构是国家级或军队级的,与飞机的适航、使用、维修、设计、制造等部门都没有任何直接的利害关系。这是几个航空发达国家在几十年的飞行事故调查中得出的重要经验。如果没有这样的机构,无法避免"事故调查不能自己检查自己"的禁忌;同时,事故调查专业人员的培养、事故调查所需专门技术的研究发展、事故和事故征候信息的统一收集和分析等问题也都难以解决。飞行事故调查的一般程序如图 9-1 所示。

下面介绍世界上主要的事故调查机构的情况:

美国的 NTSB。1966 年美国在其运输部内设立了一个相对独立的国家运输安

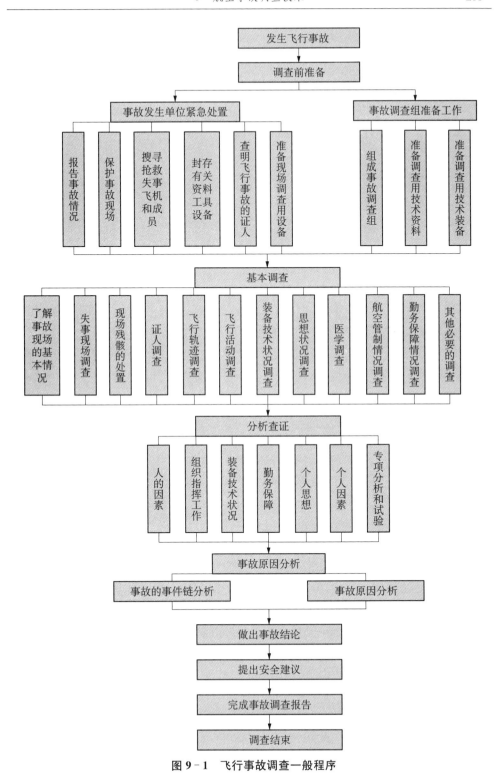

图 9 - 1　飞行事故调查一般程序

全委员会(NTSB),负责调查交通事故(包括陆上、海上和空中的事故)等工作。1975年 NTSB 从运输部独立出来而成为一个直属于国会的机构。该机构的领导人由总统任命,下设事故调查局、技术局、事故预防局和管理局,其主要力量是放在飞行事故调查方面。NTSB 在飞行事故调查方面积累了丰富的经验并进行了许多将高新技术应用于事故调查的课题研究,在国际上具有相当的权威性。

美国空军于 20 世纪 60 年代设立空军检查和安全中心(AFISC),负责空军的战备管理、资源管理和安全管理,总部设在诺顿空军基地。该中心于 1991 年分为空军检查局和空军安全局(AFSA)两个独立机构。空军安全局是空军飞行、地面、导弹等各系统安全计划的管理部门,负责预防事故和调查事故等具体工作。

英国的航空事故调查局(AAIB)。英国早在 1919 年就成立了独立的事故调查局(AIB)。该机构设在范堡罗,为世界上历史最长的飞行事故调查机构。当时民航的规模还很小,AIB 的主要任务是调查军用飞机的事故,实际上是一个准军事机构。1942 年英国空军设立了自己的飞行安全机构,空军的飞行事故由空军自己调查,AIB 只负责调查民用飞机事故,但仍协助军方分析军用飞机事故。AIB 隶属于运输部,但在事故调查方面有独立性。他们在调查飞机结构破坏事故、爆炸事故以及海中残骸回收等方面有丰富的经验和独到的技术。1989 年 AIB 改名为 AAIB。

独联体的飞行安全委员会(КБП)。1973 年,苏共中央成立了一个统一的飞行安全机构。该机构负责调查飞行事故、审批适航规定、向工业部门提出飞机的安全性要求,并统一收集民航、工业部门和军队的事故和故障信息。1985 年成立了独立性、权威性更大的飞行安全监督委员会,其领导人和成员都由国家委派,只向国家报告事故的调查结果。为了进一步排除各种干扰,委员会还建立了自己的实验基地——科技中心。飞行安全监督委员会工作了 6 年,在此期间,苏联民航的全部严重飞行事故都是由他们做出结论,没有出现过大的意见分歧。他们还建立了与国际民航组织等国际组织的联系,并按国际标准修改了事故、事故征候的定义,建立了数据库等,从而使苏联民航的飞行安全水平有所提高。

1991 年苏联解体后,独联体成立了一个由各国民航、空军航空工业部门首脑参加的航空和空域使用理事会,其常设机构是国家间航空委员会,下设飞行安全委员会(КБП)、空域使用和航管委员会、航空标准和验证委员会、航空注册处 4 个职能部门。飞行安全委员会有 65 人,下设飞行事故调查处和科技中心,前者负责调查飞行事故,后者负责记录器数据的处理分析、失效分析和飞行使用因素分析。

过去,苏联的空军、海军航空兵和国防空军飞行部队分别有自己的飞行安全机构。后来,苏联在国防部设立了统一的飞行安全局,让其负责调查所有的军用飞机事故。苏联解体后,国防部的飞行安全局仍然存在。

当前,国际上已经设立的国家级飞行事故调查机构有两种形式,一种是完全独立的飞行安全委员会,如美国、独联体、法国、加拿大、瑞典、丹麦、挪威、芬兰、新西兰等国的机构;另一种是行政上隶属于运输部的事故调查局(在事故调查业务上有其独立性),如英国、德国、荷兰、瑞士、澳大利亚、日本、阿根廷等国的机构。

上述各国的飞行事故调查机构只调查民用飞机事故,军用飞机事故由军队的事故调查机构调查。但是,瑞典的飞行安全委员会却例外。他们既调查民用飞机事故,也调查军用飞机事故。

9.1.3　飞机主制造商参与事故调查

如2.6节所述,规章中对飞机主制造商参与事故调查赋予了明确的权利、义务和话语权。

成熟的飞机主制造商参加事故调查,必然会提早制订准备措施,主要包括:

1) 建立应急反应(ERP)的机制

飞机主制造商建立的预案和机制应适用于其生产制造的飞机在未交付客户前的试飞(包括首飞、研发试飞、申请人表明符合性试飞、局方审定试飞、生产试飞、交付试飞等)、表演飞行等过程中发生飞行事故以及交付客户后发生事故及严重事故征候,所应采取的危机响应、应急救援、事故调查等工作。

飞机主制造商还需要建 ERP 的组织机构。按照国际惯例,飞机主制造商首先在公司内部成立由核心领导组成的安全委员会,全面领导和应对事故危机事务。安全委员会下设安全管理办公室负责日常事务。当发生事故危机时,根据危机的等级,视情成立危机控制中心(CCC),可以调动公司内部资源,以集中处理和应对危机事务。在实际操作中,针对每一起事故案例,安全委员会或 CCC 还会任命一位个案经理,以具体处理前线事务。根据国际民航公约附件13,应事故调查组织机构的要求,飞机主制造商的调查员和技术专家可组成专家团队作为飞机设计制造国授权委派代表的技术顾问,与调查组织机构任命的主任调查员(IIC)及授权委派代表一起参与调查。具体组织机构如图 9-2 所示。

2) 具备事故调查的能力

飞机主制造商的事故调查能力,主要体现为 3 方面的内容:

首先,建立事故调查队伍。飞机主制造商设计、制造的飞机在发生事故或事故征候后,应按照民航事故调查部门的要求,向事故现场派遣技术调查团队。其主要职责是依照 ICAO 附件 13 为国家民航事故调查机构充当技术顾问,协助事故调查。现场技术调查团队成员从在局方事故调查机构备案的人员中选择,一旦确定可迅速派往事故现场开展工作。

其次,建立必要的技术分析能力。这主要包括译码分析能力和失效分析能力。飞机主制造商在飞机研制过程中的飞行数据译码分析能力、飞行数据仿真再现能力、结构材料失效分析能力、铁鸟及模拟机实验验证能力都将发挥重要作用。

最后,建立必要的调查预案。主要就飞机主制造商自己的机型特点,对开展事

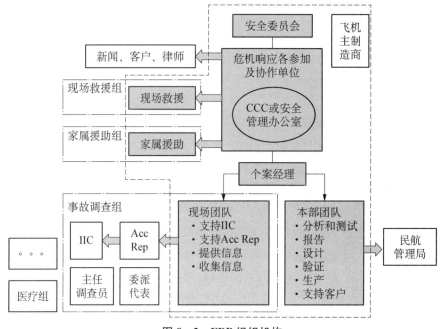

图 9 - 2　ERP 组织机构

故调查时可以提前准备的措施,进行针对性预先研究。这些预案包括但并不局限于飞机空中解体事故、失火事故、操纵系统事故、发动机事故、雷击事故、断电事故和鸟撞事故等。

另外,飞机主制造商参加事故调查主要分为 3 个阶段:

第一阶段:应急反应阶段。这个阶段从收到事故或严重事故征候报告开始。在这个阶段,非常重要的是必须对是否派出现场调查团队、是否成立本部团队做出决策;并决定是否立即采取针对机队的行动(通过持续适航委员会发通告来落实)。

不管是否派出团队,通常调查当局决定要开始调查,飞机主制造商就必须提供支持。完成现场调查后,第一阶段即告结束。

决定是否采取针对机队的行动是一个持续的过程,因为在调查中可以获得越来越多关于事件原因的细节信息。

该阶段主要由 CCC 或安全管理办公室负责组织,任命的个案经理将发挥重要作用。

第二阶段:调查阶段。在这个阶段中须开展详细分析。或许会进行部件测试、飞机测试和模拟实验,以确定或推翻可能的故障情形,一般情况下事故调查当局都要派人现场目击测试过程。同时,飞机主制造商建立的各种测试设备将发挥重要作用。证实并确定最有可能的原因后,这个阶段即告结束。

该阶段调查由本部团队(一般是负责持续适航及工程调查的机构)来组织完成。

第三阶段：关闭阶段。在这个阶段中，如果必要，会针对已确定的事件原因制定纠正措施，获得批准后，并通过飞机的改装、手册修订等方式将这些措施引入机队。

该阶段也主要是由负责持续适航及工程调查的组织完成，但需最后报告个案经理—安全管理办公室—安全委员会确认批准关闭该次事故个案。

飞机主制造商参加事故调查三阶段如图9-3所示。

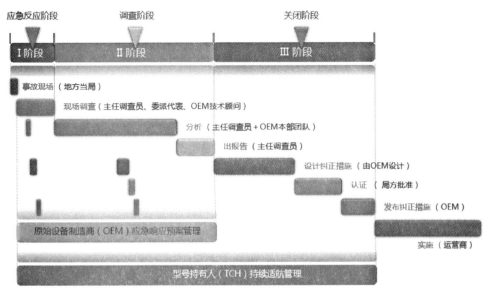

图9-3　飞机主制造商参加事故调查三阶段

9.1.4　调查员的资质

飞行事故调查是特别专业的活动，各国对调查员的资质都有明确的要求。国际民航组织（ICAO）颁发的 DOC9756《航空器事故和事故征候调查手册》（第1版）对事故调查员有特别的规定，要点有：

（1）飞行事故调查是一项高度专业性的工作，只有那些具有多种品质且训练有素的人，才能胜任这一工作。然而许多国家没有专职的调查员，则这些调查员投入事故调查工作前必须进行培训并被鉴定为合格的调查员，并且身为调查员必须明确自己的职责。

（2）飞行事故调查是一项令人生畏的工作，没有专业边界，参加调查越多，就越有经验。而为获得经验进行培训还是必要的，《航空器事故调查员培训指南》（Cir 298号通告）对调查员的培训做了具体建议。

（3）飞行事故调查员应该有航空专业背景，以此为基础来发展调查技能。获取经验的工作经历包括专业飞行员、航空工程师和航空维修工程师，其他有用的工作经历包括飞行管理、飞机运行、适航管理、空中交通服务、航空气象服务和人为因素管理等。

（4）除了调查技能外,事故调查员还必须具有一定的个人品质,包括记录事实要诚实公正,具有分析能力,调查时有坚定的信心,能承受艰难困苦的处境,对待遭受事故创伤的各类人群处事老练等。

另外,在事故调查中,小组工作人员从无预先准备的状态下集中在一起工作。因此,所有参加者必须极大限度地体现出职业特性和专业能力。在调查过程中,每位参加者既要创造性地相互合作,又必须具有不可替代的特殊技能。这就要求调查员需要具备一定的成熟品质,包括:

（1）好奇心。

（2）细致。

（3）同情心。

（4）组织管理。

（5）交流与沟通的技巧。

（6）调查判断。

（7）机敏和外交。

（8）经验。

9.2 空难搜证技术

飞机发生事故或空难,按照 ICAO 附件 13 的要求,需要查明事故原因,改进飞行器或飞行的安全性。而搜集各种空难证据是查明事故原因的基础,在空难证据的搜集过程中也涉及诸多技术。

9.2.1 事故飞机的定位追踪技术

飞机事故后迫降或坠毁,如何寻找到失事飞机? 这就要用到飞机定位追踪技术,主要技术形式有:

1）飞机应急定位发射机（ELT）

民航规章要求载客 19 人以上的飞机必须至少装备一台应急定位发射机（emergency locator transmitter, ELT）,其在事故后能通过无线电和卫星方式发送定位信号。

飞机应急定位发射机（ELT）分为固定式和便携式,固定式一般安装在后客舱顶部,便携式一般在乘务员位置（见图 9 - 4）。ELT 可以主动或被动触发,当被施加 $12g$ 以上加速度,速度改变达到(1.37 ± 0.15)m/s 时,碰撞力激活传感器或者重力加速度开关（G-switch）被激活,ELT 自动开始工作。当 ELT 操控面板或 ELT 发射机前面板的开关有一个处于 ON 位时,ELT 也会触发。其发射分两部分：VHF

(121.5 MHz/243 MHz)和 UHF(406 MHz)的数字信号。入水之后 ELT 同样可以工作,但由于其发射信号为频率较高的电磁波,在电介质环境中传输损耗较大,作用效果有限。406 MHz 应急定位发射机在工作时,每隔 50 s 就会发射一段二进制数据串。该数据串包含有编码协议、国别码等多类标识信息,通过全球卫星搜救系统COSPAS/SARSAT 传输到地面站,以提供大范围的搜索。

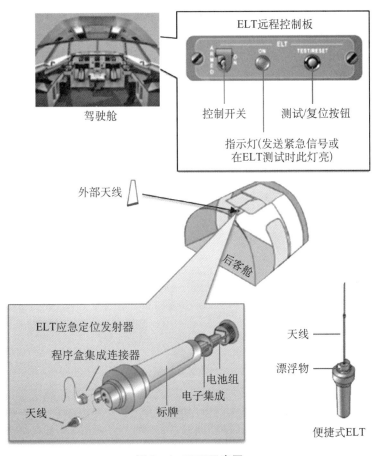

图 9-4　ELT 示意图

　　全球卫星搜救系统 COSPAS/SARSAT(见图 9-5)是由美国、苏联、法国和加拿大四国在 1981 年联合开发的,在全球范围内利用卫星进行搜索救援信息服务的系统。全球卫星搜救系统由遇险示位标、卫星空间段和地面处理分系统 3 大部分组成。遇险示位标是一个独立的小型专用发信机,根据其使用载体的不同分为 3 种类型。飞机应急定位发射机(ELT)、航海船载示位标(EPIRB)、个人用示位标(PLB)。全球卫星搜救系统 COSPAS/SARSAT 在 2009 年 2 月 1 日后中止 121.5/243 MHz频率业务,所有设备与 COSPAS/SARSAT 通信采用 406 MHz 频率。

图 9 - 5　全球卫星搜救系统

　　系统的空间段部分主要由静止轨道卫星和极轨道卫星组成,主要任务是对遇险示位标发出的报警信号进行变频、存储、转发等处理,然后送到地面处理系统的本地用户终端(LUT),对 406 MHz 频率的示位标信号,卫星既可用下行 1 544.5 MHz 频率,实时转发给 LUT 进行处理,也可以先将数据存储起来,飞行中当遇到 LUT 时再以全球模式转发。目前已经有美国、印度、欧盟、俄罗斯等国家和地区的多个正在运行(包括试行)的地球静止轨道卫星,分别定位在东经 9.5°、76°、93.5°、167° 的同步轨道和西经 3.4°、60°、75°、135° 的同步轨道上。除此之外,还有美国国家和海洋大气局(NOAA)和欧洲气象卫星应用组织(EUMETSAT)的 6 颗极轨道卫星。

　　地面处理分系统包括本地用户接收终端(LUT)和搜救任务控制中心(MCC)两部分。LUT 跟踪搜救卫星并接收卫星转发下来的遇险示位标信号,然后解码、运算并给出位置数据和示位标信息,同时又实时修正其跟踪卫星的轨道参数。最后将示位标的报警数据和统计信息,送到相应的搜救任务控制中心。MCC 的主要功能是搜集、整理和存储从 LUT 送来的数据,对这些数据进行过滤虚假报警、解除模糊值等处理,并在全球卫星搜救系统内,与其他 MCC 按照国际组织规定数据分布计划和报文格式进行信息交换。

我国民用航空规章 CCAR 91 第二版规定:2010 年 1 月 1 日后航空器装备的 ELT 必须能同时具备 121.5 MHz 和 406 MHz 的发射频率。民用飞机上一般都装备有一套自动固定式应急定位发射系统,由一个 ELT(包括 ELT 信标、ELT 飞机信息模块、ELT 电池、ELT 备用天线)、ELT 外部天线、ELT 远程控制板组成。ELT 如 ELTA 公司生产的 ADT 406 AF/AP 型号,安装在机身后部上方,外部天线安装在机身后部上方,远程控制板安装在驾驶舱顶部板上。可发射 121.5 MHz/243 MHz 和 406 MHz 频率的信号,规章要求在−20～+55℃环境下最低持续工作24 h,实际可以持续工作 60 h 以上。

利用飞机上的 ELT 装置,搜寻人员就可以利用专用设备追踪 ELT 发射的信号,从而定位发生事故的飞机。

但如果在水面失事时幸存人员来不及携带和打开 ELT,或 ELT 与残骸一同沉入水下,ELT 就不能发挥定位作用。这时飞机就需要水下定位信标(ULB)。

2) 水下定位信标(ULB)

除了搜寻事故飞机,为了弄清事故真相,开展事故调查,调查员同时还要寻找事故飞机的“黑匣子”(包括飞机飞行数据记录器(FDR)和驾驶舱话音记录器(CVR))。如何在茫茫大海中找到飞机及其“黑匣子”,有人曾做这样的比喻,如同在一片草地里面寻找一根绣花针,难度可想而知。好在按照民航规章的规定,“黑匣子”都配备了水下定位信标(underwater locator beacon,ULB)。

水下定位信标(ULB)是安装在“黑匣子”前缘的部件(见图 5−3),记录器入水之后会触发水下定位信标工作,发射频率为 37.5 kHz 的声波信号。以声波这种机械波的形式来发射信号与电磁波相比,可以有效减小水体环境里远距离传输的信号衰减问题。信标可以连续工作 30 天,可探测范围上千米。在黑匣子入水之后,可以利用声呐设备捕捉 ULB 的超声波信号,探测“黑匣子”及飞机所在位置。飞机配置的 ULB 一般可以在深达 6 000 m 的水下工作,探测范围可达 1 600～3 800 m。

3) 新的替代性定位技术

尽管有 ELT 和 ULB 技术,但还是发生了 MH370 这样的飞机失踪而长时间找不到飞机的情况。

新的替代性定位技术呼之欲出,主要体现在对“黑匣子”的技术改进上。这在5.4 节已有介绍,主要分为两个方面:

一种如可弹射可漂浮“黑匣子”,在飞机事故前可以被弹射,还配备气囊系统,使其可以漂浮在出事海域水面,等待搜救人员的搜寻并确定失事飞机的大致范围。

另外一种是利用实时数据传输技术,通过卫星或基站中继转发无线电波,能够实时传递飞机的飞行数据,其中也包括飞机的位置信息,能够很好地弥补和解决传统定位方式的局限。

9.2.2　事故现场记录与文件收集技术

对于一起事故,现场包括飞机发生空难的地方和发生事故的现场环境。在进行事故调查的初期,必须立即采取行动,收集现场留下的证据和文件,防止遭受自然条件的影响和人为损坏,力图在有限的时间内对飞机残骸的分布、现场的破坏情况以及留存的文件做好分析和记录。这都需要进行全面、细致的技术准备,这包括但并不限于以下几个方面。

9.2.2.1　失事现场的照片和视频

失事现场的照片和视频纪录非常重要,当现场证人有记录时,一定要设法获取。此外则需要调查员自己现场拍摄采集,在拍摄时应注意:

(1) 确定拍摄的优先次序;

(2) 至少从四个方向对一般残骸进行拍照;

(3) 以其他物体为参照,在原地对人体遗骸进行拍照;

(4) 拍摄容易灭失的证据,例如地面撞击痕迹和火灾的存在/不存在痕迹;

(5) 在移走飞行记录仪之前,在原地对其进行拍照;

(6) 在使危险系统及部件失去效力或将其移除之前,在原地对其进行拍照;

(7) 对地形和一般撞击区进行拍照;

(8) 对一般部件进行拍照,如机翼、发动机和尾翼等;

(9) 确定摄影测量的要求;

(10) 确定航空摄影的要求;

(11) 详细阐述照片拍摄的任何可疑区域或部件;

(12) 与现场勘察小组组长联系,以确定拍摄要求,例如:

- 重要的地面特征;
- 初始撞击点;
- 主要部件的位置;
- 地面失火区;
- 严重财产损坏;
- 撞击的飞行航迹;
- 证人所在位置。

(13) 在运行小组组长配合下,拍摄驾驶舱环境,尤其要注意:

- 仪表;
- 操纵装置的位置;

- 开关位置；
- 断路器面板；
- 无线电设定位置；
- 自动驾驶仪设定位置；
- 燃料控制装置的位置；
- 驾驶员座椅、座椅安全带、肩套带；
- 地图、图表。

（14）与运行小组和系统小组组长联系，确定驾驶舱区域的其他具体拍摄要求；

（15）与医学/人的因素小组和结构（适坠性）小组组长联系，确定对可能存在设计缺陷的项目进行拍摄的要求，例如：

- 仪表的设计/位置；
- 操纵装置的设计/位置；
- 工作空间的不相容性；
- 因结构导致的视觉限制；
- 驾驶舱缺乏标准化；
- 个人设备的干扰；
- 座椅的设计/构型。

（16）与医学/人的因素小组、结构（适坠性）小组组长联系，确定下列项目的拍摄要求：

- 客舱环境；
- 未固定的内部设备；
- 座椅、座椅结构；
- 安全带、座椅安全带固定装置；
- 安全带扣；
- 客舱地板；
- 货物固定装置；
- 紧急出口。

（17）与结构（适坠性）小组组长联系，确定对下列项目的拍摄要求：

- 地形角；
- 撞击角；
- 地面痕迹的宽度、长度与深度；
- 对航空器底面的破坏深度；
- 能量衰减器的压缩情况；
- 火灾的发生与蔓延；
- 烟熏、烟灰和变色情况；

- 表面凹痕；
- 爆炸证据。

（18）与空中交通服务与机场小组组长联系，确定下列项目的拍摄要求：

- 跑道或滑行道；
- 机场布局；
- 空中交通服务与机场管制员的视线障碍；
- 进场通道的航拍照片记录；
- 塔台工作间布局。

（19）与动力设备小组、系统小组、结构小组组长联系，确定对选出的航空器部件进行拍摄的具体要求。

9.2.2.2 "现场"文件

发生事故或事故征候，除了飞机出事现场外，在运行飞机的各个"现场"，还会留下大量文件，这也是进行事故调查的重要证据。这些文件包括但并不限于：

（1）来自运营人/航空公司的文件：

- 航空运营人证书；
- 航空运营人运行手册；
- 飞行手册（FM）；
- 飞行机组与客舱机组成员的培训记录；
- 航空器操作手册（包括标准操作程序）；
- 现用驾驶舱检查单（正常情况、异常情况和紧急情况）副本；
- 驾驶员记录簿；
- 驾驶员飞行日志；
- 最近6个月驾驶员飞行时间表；
- 航空器飞行记录簿；
- 最低设备清单（MEL）；
- 航空运营人调度日志；
- 每日调度记录，包括事故发生前一周和事故发生当日的记录；
- 事故航班与前次航班的质量与平衡及重心计算；
- 客运与货运舱单；
- 航空运营人时刻表与航空器时刻表；
- 航空运营人航线手册；
- 与部分或全部登记国责任的移交相关的国内和国际协定（如适用）；
- 加油的文件记录；
- 相关通信记录。

（2）来自相关民航当局的文件：

- 飞行机组人员颁照档案文件；
- 经批准的飞行手册(FM)副本；
- 经批准的最低设备清单(MEL)副本；
- 公司主最低设备清单(MMEL)副本；
- 正驾驶、首席检验员、客舱机组、首席飞行工程师和维修主管的档案文件；
- 最近 6 个月的飞行检查文件副本；
- 航空运营人证书申请辅助文件；
- 适用于该公司的任何民用航空当局的政策文件副本；
- 与部分或全部登记国责任的移交相关的国内和国际协定(如适用)；
- 由民用航空(监管)当局对该公司进行的最后一次审计的报告副本；
- 航空运营人档案文件。

(3) 酌情获取下列气象文件：

- 飞行路线、飞行区域、终端区、目的地、备降机场以及事故现场的实际和预测天气状况；
- 每小时的报告和特殊报告；
- 气象雷达报告；
- 驾驶员天气报告(PIREP)；
- 地面天气观测结果、日志和记录；
- 降水记录；
- 气压仪记录；
- 风况记录；
- 天气图；
- 高空大气图；
- 跑道视程(RVR)记录；
- 无线电探空仪观测结果；
- 卫星图片；
- 自然光与日出/日落状况；
- 特殊天气观测结果；
- 重要气象信息(sigmets)天气报告；
- 证人天气报告。

(4) 酌情获取下列空中交通服务与机场文件：

- 飞行计划；
- 飞行计划报文；
- 离港报文；
- 航行通告(NOTAMs)；

- 相关空中交通服务与机场记录；
- 机场管制进程记录条；
- 地区管制进程记录条；
- 进场控制进程记录条；
- 进场终端进程记录条；
- 雷达记录（包括军事记录（如有））；
- 当班空中交通服务人员的姓名和档案文件；
- 单位日志；
- 相关手册与指令；
- 相关故障报告；
- 机场使用许可证；
- 机场认证安全标准/报告；
- 制动作用报告；
- 机场总体规划；
- 航站日志；
- 设备检查文件；
- 机场经理日志；
- 机场值班人员的姓名和档案文件。

（5）查找并获取下列客舱相关文件：

- 航空运营人运行手册；
- 客舱机组培训记录；
- 航空运营人与航空器标准操作程序（SOP）；
- 客舱机组记录簿；
- 驾驶员飞行日志；
- 客舱机组飞行时间表（最近六个月）；
- 航空器飞行日志；
- 航空运营人调度日志；
- 维修放行表；
- 客运与货运舱单；
- 航空运营人维修管理手册；
- 航空运营人时间表；
- 航空运营人航线手册；
- 相关电话记录；
- 客舱机组手册；
- 客舱机组应急手册；

- 航空运营人批准的航空器安全公告；
- 航空运营人乘客安全须知与视频（如适用）；
- 经批准的航空器飞行手册副本；
- 经批准的最低设备清单（MEL）副本；
- 适用的主最低设备清单（MMEL）副本；
- 客舱机组执照与健康状况；
- 适用于该公司的任何民用航空当局的政策文件副本；
- 由民用航空（监管）当局对该航空运营人进行的最后一次审计的报告副本；
- 航空运营人档案文件；
- 经民用航空当局批准的客舱机组培训大纲；
- 飞行前的维修文件；
- 问题整改表。

（6）酌情获取下列维修文件：

- 航空运营人证书；
- 适航证；
- 登记证；
- 航空器飞行日志；
- 航空器技术日志；
- 维修管理手册；
- 维修日志；
- 机身日志；
- 发动机日志；
- 螺旋桨日志；
- 飞行前的维修记录；
- 问题整改表；
- 适航指令记录；
- 标准与程序；
- 质量保证；
- 人员与培训；
- 设备与设施；
- 双发飞机延伸航程运行性能标准（ETOPS）维修要求（ICAO 附件 6 附篇 E）；
- 飞行记录仪文件，包括与飞行数据记录仪数据帧和定期校准相关的文件；
- 大修或改装；
- 经批准的维修机构或分包商所完成的主要工作；
- 危险物质货物记录；

- 国际租赁安排；
- 强制性事故报告（趋势分析）；
- 系统困难报告（SDR）；
- 技术人员档案文件；
- 航空器档案文件；
- 主最低设备清单（MMEL）副本；
- 关于机队维修可靠性的信息。

9.2.3 证人调查技术

历次事故证明，见证人是事故调查的重要信息来源之一。因此，根据 ICAO 附件 13 规定，事故调查中会设证人小组。证人小组负责联系和采访事故航班的所有幸存者，以及可能看到或听到航班的某一段飞行，或可能了解事故航班或事故发生时天气状况的所有人员。

证人小组到达现场后，应尽快开展证人访谈工作。不过，在开始正式的证人访谈工作前，还需做必要的准备工作，如到事故现场做一遍巡视；整理证人名单；制订访谈计划等。

巡视事故现场主要是获取直观的认识。

寻找证人一般可通过以下几种渠道：

（1）现场调查指挥部或先到人员提供；

（2）通过当地政府或公安部门提供；

（3）通过走访寻找，如当地村民；

（4）通过媒体新闻寻找可能的目击证人；

（5）生存机组成员、旅客；

（6）直接保障的当事人及提供证据的其他人等。

访谈计划主要包括：

（1）把幸存者和目击证人进行分组，这样方便针对性地访谈。

（2）确定访谈方式是面谈、Email 或电话，目击证人较多而调查员少时——面谈难以实施，这种情况下推荐使用电话调查。另外，不太重要的信息可以采用 Email 进行调查。

（3）访谈时间应在事发后尽早安排进行，这主要考虑时间长证人易遗忘，最好安排在事发后 24~48 h 进行。另外，若证人受伤，还需征询医生介绍证人的健康情况后再决定访谈时间。

进行访谈时，应注意如下技术细节：

（1）访谈场所的选择，如果目击证人能重返事故现场，对目击证人的访谈最好在事故现场或附近进行，这样便于回忆。

（2）访谈心理学的准备，最好选择房间里是圆桌，证人的桌椅不设在背靠门的位置，而设在靠墙位置，与调查员呈直角，准备香烟（如证人需要），调查员要寻求证人的配合，不要让证人产生抗拒心理。

访谈内容要计划好，主要包括：

（1）对于目击者访谈：

- 时间；
- 地点；
- 事发经过；
- 事故发生时目击者所在的位置与活动；
- 当事人采取的行动等。

（2）对当事人访谈：

- 常发生的时间和现象，当事人的判断、决策、处置和效果；
- 当事人的工作特点、任务、职责及相应的技能、知识要求；
- 公司的操作程序，在实际运行中公司要求与实际操作的差异；
- 当事人的个人信息。

（3）对专业人士访谈：

- 当事人的训练情况和工作背景；
- 公司的训练大纲；
- 运行政策和实际情况。

访谈问题的设计，要提前制订访谈大纲，访谈的问题要一层层展开，必须把问题问透而不遗漏，但一般问题的设计不要超过 2 级嵌套。

访谈记录方式不建议录像，可选择录音。速记是主要模式，提前做好访谈笔录的模板，在记录时尽量记要点，访谈完后注意要签字。

访谈技巧的把握，应注意：

（1）先回忆性自由回顾，再提问。

（2）先易后难、先整体后局部（或后具体）。

（3）多问开放式问题，少问封闭式问题。若问了一堆问题，证人答案只是"是"和"否"两个字，就可能得不到有用的信息。

（4）共情原则，调查非专业证人时少用专业术语，尽可能附和证人的语言习惯，适时还可以提供一些与自身有关的负面信息，以拉近与证人的距离。

（5）语气语调的把握，避免咄咄逼人或连珠炮式地发问，避免采用辩论式、轮攻式、强硬式的语气发问。

（6）帮助回忆方法的应用，提供一些共享信息、影像资料、图纸、照片，或重返现场或借助模拟设备来进行提示和帮助证人记忆重构。

访谈控制，要注意对局面的控制和节奏的控制。

访谈结束后的技术细节,主提问官要对证人的关键陈述进行总结,广泛收集证人可能提供的物证;将不同证人证词进行核对,将证人证词和其他途径获得证据进行核对等。

9.2.4　残骸收集技术

飞机残骸是事故调查的重要物证,务必全部收回所有飞机残片,并进行恰当的处置、保护和运输,以使得飞机残骸作为物证能在事故调查中发挥其最大的作用。这之间,有如下技术问题需要注意。

1)陆地飞机残骸

确定飞机残骸的主残骸区非常重要,以主残骸区为中心再逐次扩大残骸搜索范围。如果飞机估计是空中解体或爆炸,可以根据飞机的飞行航迹、风的影响构建力学模型分析,算出残骸的大致范围。

如果飞机撞地,就可能有残骸埋入地下,应根据坑口状况、土质、飞机接地角和速度,估算出挖掘的坑口直径,坑口直径一般应为坑深的3~4倍。

残骸中要关注飞机中的重要部件,如飞行数据记录器和舱音记录器,到现场后应首先卸下,防止其被火烧毁或遭到其他损坏。其他重要残骸如作动筒、仪表、灯泡、电门、操纵手柄、传动装置、快速存取记录器、飞行管理计算机等,以及能反映驾驶操纵动作、各操作面位置、发动机及飞机系统工作状态的残骸。对这些残骸,有污染的要进行初步清理,去除污染物,容易腐蚀的可涂少量滑油进行保护。在保持原始状态的情况下,各残骸都要进行拍摄记录。

特别注意,在完成残骸搜集后,要根据记录绘制出残骸分布图。

2)坠水飞机残骸

事故飞机坠入水中,特别是坠入海中,残骸的搜集工作就更为复杂,所用到的技术则更加综合。

残骸的定位需要熟知当地的水文条件,如湖泊或海洋底部结构,洋流特点、流沙作用等。利用记录器上的声波信标器所发出的信号要尽量在30天电池耗尽之前,还可以利用声呐或扫雷仪进行搜索。更新的技术是利用水下机器人或潜艇进行潜水搜索,以及利用卫星定位系统来精确定位和导航等。

同样,一旦确定水下飞机残骸区域后,也要绘制一张残骸在水底的分布图。因为残骸从水底打捞后,会破坏原始状态,在打捞或切割前应用水下摄像或照相设备记录下残骸的状态和原始连接情况。

从海水打捞出的飞机残骸部件要采取有效的措施,否则金属件极易腐蚀。飞机上铝件较多,出水后应先用淡水彻底清洗,若清洗后仍不能全部阻止腐蚀发生,则可以在零件断口涂防腐剂处理。

对于飞机上的记录器,从水中打捞出来后,现场不要分解,要连同保护壳体一同送往实验室进行处理。如果是从海水中捞出的,则仍将其浸在盛有海水的密封容器内运往实验室；淡水中捞出的，则浸在清水中运送。

9.3 事故调查技术

9.3.1 事故调查的基本方法

当前常见的事故调查分析方法按其所参照的模型概括为基于原因结果模型、过程模型、能量模型、逻辑树模型、SHE 管理模型等 5 大类。以下进行分类描述，并在其基础上对各方法的优缺点进行比较分析，旨在为事故调查者快速、合理地选择分析方法和技术提供参考。表 9-1 列出了国外广泛应用的事故调查技术[67,68]。

表 9-1　国外广泛应用的事故调查技术

模型	方法	适用情况	描述	优缺点
原因结果模型	根本原因分析	管理缺陷	识别并矫正安全管理体系中的潜在缺陷，预防相同或类似事故的再次发生	分析深刻，但所需方法手段复杂
	系统原因分析技术	只需找出原因，不需解决方案	以检查表的形式分析事故发生原因，包括 5 个单元：①事件的描述；②可能导致事故的常见关联分类；③常见直接原因；④常见基本原因；⑤损失控制图中的重要活动	主要用于确定问题，较少提供解决建议，即仅检验系统存在与否，而无法检验其运作是否正常。优点是较容易使用
	TRIPODBeta 模型		以计算机为基础，融合 HEMP 及 TRIPOD 两种模型，通过事故树的形式描述所调查的事故	提出了不同的事故致因模型，利于找出问题本源
过程模型	事件与原因因素图表分析	多原因事故	用图形描述事故发生的诱发环境和必要条件，将事故的事件系列按时间排序并及时更新，便于搜集和组织证据，并对事故进行描述	①图形对数据描述清晰，事件顺序一目了然；②调查过程平稳，便于识别多种原因及诱发条件，鉴别信息缺陷。但需预先设置假设条件
	变化分析		分析导致事故的可预见和非预见变化，调查由不符合标准规范的非预见变化所导致的问题，通过对比分析每一项变化与实际事件序列的差别确定其发生原因	特定原因的鉴别十分有效。但未清晰说明给定事件之间的关系和考虑复合效应的增加变化，仅简单分析变化出现原因，没有深入的综合分析
	事件时间序列图	复杂、非线性事故	考虑意外事件发生时段内的活动，将意外事件视为许多程序，分别以非期望的变动和损失作为开端和结束，构建所有与意外事件有关的人员时间表，强调人与人之间的互动关系	有良好的可靠性及有效性，有助于识别安全状况及提出安全建议，易于使用

（续表）

模型	方法	适用情况	描述	优缺点
过程模型	人、技术和组织分析		基于人的绩效增强体系的分析方法，强调事故调查应同样地关注人为、组织及技术方面的因素	
	瑟利模型		这是一个典型的根据人的认知过程分析事故致因的理论。该模型把事故的发生过程分为危险出现和危险释放两个阶段。这两个阶段各自包括一组类似的人的信息处理过程，即感觉、认识和行为响应	不仅分析了危险出现、释放直至导致事故的原因，而且还为事故预防提供了一个良好的思路
能量模型	屏障分析	调查者对屏障信息十分了解	对事件按从有害行为到目标的路径追踪分析，弄清屏障功能（主动障碍、被动、硬、软）、位置、是否有效及如何失效，辨识与事故相关的危害因素及防止事故应具备的屏障，以控制、防止危险因素	识别目标保护屏障，有利于找出调查分析起点。缺点是找不出屏障失效原因和有效的解决方案，常需与其他能找出失效原因的方法连用
	事故演化与屏障功能模型		将事件到事故的演化看成是人和技术系统一系列相互作用的过程，包括可能导致或已经造成事故的失效、故障或失误，此方法要求分析人员在分析事故时综合考虑人和技术系统两方面	能找出屏障功能失效的原因，并通过设置其他屏障来使其加强。缺点是难于区别事故是由于失误还是屏障失效而发生的
逻辑树模型	事故树	高度重复性系统	树形图表示系统可能发生的某种事故与导致事故发生的各种原因之间的逻辑关系，通过对事故树的定性与定量分析，找出事故发生的主要原因	可快速、形象、简明分析工程技术系统各因素的相互关系，缺点是对人因系统分析不理想
	事件树	可靠性	由决策树演化而来，从一个初始事件开始，依次分析事件向前发展的各个环节成功与失败的过程和结果	直观展现事故发生发展过程，易于在事件发展的不同阶段采取恰当措施阻断其向前发展以预防事故发生
SHE管理模型	管理疏忽与监督风险树	管理、设计、生产、维修工作	依据表面上由个人违章造成的某些事故，实则为管理上的原因，由美国能源部门 20 世纪 70 年代提出来的一种综合分析方法	适用于探索事故的管理方面的缺陷，以加强管理工作，保障安全。缺点是分析过程复杂，需要借助专家分析
	事故地图		动态社会基于实践的风险管理方法，该方法不是纯粹的事故调查方法	

（续表）

模型	方法	适用情况	描述	优缺点
SHE 管理 模型	影响图分析		将事故基本事件、决策与影响这些基本事件的措施、基本组织因素及其之间的依从关系以影响图的形式表示出来	用于分析系统故障根本原因的层次结构：管理决策、人为失误及部件失效

9.3.2 事故调查的技术方法

9.3.2.1 现场调查的技术手段

事故现场集中了飞机残骸、证人等第一手资料，是开展事故调查工作的起点，因此掌握必要的现场调查技术手段，有利于调查员主动开展调查，有助于早日发现事故原因的蛛丝马迹。

1）飞行员人为因素分析方法

飞行员对飞机直接操纵，对飞机的飞行安全具有举足轻重的作用。因此，分析事故飞行员的行为是事故调查的重要环节。而从事故现场的面板、手柄、操纵杆位置可以反映飞行员的诸多操纵行为；从舱音记录器可以反映飞行员的心理状况；从遇难飞行员的血液、人体组织可以分析其心理状况；从证人访谈可以了解飞行员的生活和思想情况等。这种围绕飞行员组织现场信息的方法在事故调查中非常值得推广。

2）痕迹分析技术

在现场调查中，痕迹分析是非常重要的技术。通过对痕迹的分析，可以对事故的发生过程进行推理和判断，也可以为最后的结论提供证据。常用的现场痕迹分析如：通过地面擦痕，可以判断飞机撞地的姿态；对蒙皮的痕迹分析可以判断飞机受到的撞击或爆炸情况；对轮胎的擦地痕迹可以判断是否爆胎及飞机偏离跑道的情况；对现场油液的痕迹分析可以判断飞机油箱受损情况等。

3）残骸分析技术

现场残骸为调查员提供了最为丰富的信息，分析残骸涉及的技术也非常多。如残骸轨迹分析是检查飞机空中解体事故的一种有效方法；仪表残骸分析可以判断飞机坠地瞬间的仪表指示值（主要针对指针式仪表有效）；灯泡残骸分析可以判断飞机残骸上各种指示灯泡的工作状态（主要针对卤素灯有效）；发动机尾喷口附近植物烧焦或变色痕迹可以判断发动机坠地后是否还在工作；发动机上的燃烧痕迹可以判断发动机是在空中着火还是坠地后着火等。

9.3.2.2 记录器分析技术

如前所述，飞机记录器主要分为飞行数据记录器、舱音记录器，以及可能新出现的视频记录器等,记录器分析技术也根据记录器的不同而各有不同。

飞行数据记录器分析技术主要针对飞行数据进行研究处理,在本书第 6、7 章已做了详细介绍,这里就不再重复。

舱音记录器分析技术主要针对驾驶舱舱音进行分析,包括机组人员之间的谈话、机上内话系统通话、与机外进行的无线电空地通话、输入飞行员耳机内的飞机设备发出的语言或音响提示警告信息以及驾驶舱环境声响等。这里面包含了大量的有价值信息。语音分析技术包括了 3 方面的内容:

(1) 传统语音分析,为了确定那些用裸耳无法听清辨别的语音,应用语音处理与识别技术,"除噪"、分析空地通话录音中的不清晰词句及声响。

(2) 语音分析测谎,人类是自己语言的俘虏,现在的语音测谎技术日趋成熟,通过对特定段的驾驶舱对话或空地通话进行分析后,可以得到一些有效信息。

(3) 特殊环境音辨析,各种声音都有其特定的频率和特性,可以作为辨析证据。如对记录器录下的发动机声音分析确定发动机的转速,对驾驶舱特殊作动声响分析可以确定开关/手柄的操作等。

值得注意的是空地通话录音在空管部门也有,这部分数据可以和舱音记录器的声音数据进行比对。

最后,视频记录器则更为直观,利用图像处理软件,可以再现驾驶舱等部位的仪表/警告显示和开关/手柄的操作情况。

9.3.2.3 雷达数据分析技术

雷达分为一次雷达和二次雷达。

目前民航航行管理雷达为二次雷达,二次雷达要和一次雷达一起工作,它的天线安装在一次雷达的上方,与一次雷达同步旋转。二次雷达系统工作时要求飞机上要装应答机,当接收到地面航管二次雷达发出的询问信号后,进行相应的回答。地面二次雷达天线接收到回答的信号后,进行译码,就能在一次雷达屏幕上显示飞机的编号、高度、方向等参数。二次雷达一般都具有自动记录功能。

一次雷达是通过发射电磁波进行探测,利用目标的回波信号发现目标,并进行参数测量获取距离、方位和相对信息的雷达。因此,一次雷达也能发现飞机目标,但没有二次雷达那么准确的信息。民航用的一次雷达主要有机场监视雷达、航路监视雷达、机场地面探测设备等,这些一次雷达一般有人工语音通报或标图记录。

飞行事故调查中,应派专人及时获取二次雷达和一次雷达的记录资料,利用雷达记录信息,结合飞机飞行计划,就可以确定飞机的位置以及在飞行中出现的偏差情况。

另外,当飞机出现应答机故障或关闭应答机,二次雷达就不能发挥作用了。就要考虑利用一次雷达的信息,包括军用警戒雷达(一次雷达)的数据。

9.3.2.4 实验室分析技术

实验室分析技术主要包括材料失效分析技术、航空油液分析技术和医学痕迹分析技术。

材料失效分析技术主要针对飞机结构件、系统件等进行受力分析,对于部件发生的裂纹甚至断裂,都反映了部件受到内部、外部、力学、化学以及物理等诸多因素的作用。对断口和裂纹进行分析一般利用体视显微镜进行宏观分析,用光学显微镜、电子显微镜进行微观分析。宏观分析与微观分析相结合,才能避免判断错误,得出正确的结论。另外,对裂纹的分析目前也使用无损检测技术,使用超声波、涡流等手段检测部件是否存在问题,还可以用 X 光拍电子照片分析部件是否有故障等。

航空油液分析技术,主要针对飞机运行需要的燃油、滑油和液压油等,分析油液是否受到污染,性能是否有改变等。使用到的主要设备是红外光谱仪、多元素油料分析仪等。

飞行事故医学痕迹分析,是从医学角度分析飞行事故与机上人员的关系,分析救生过程中机上人员致伤、致死的原因,并分析影响飞行安全的各种因素,提出预防事故的有效措施。医学痕迹分析需注意对死者的拍照、收集有关物证送检化验,进一步需要在医院由法医做专门检查和分析。

9.3.2.5 试验验证技术

在事故调查中,进行必要的推断和假设是必需的,但最后都要进行验证,否则最后的调查报告无法说服公众。现在的试验验证技术主要分为两类:

一类是实物试验验证,验证类型包括有故障再现实验、条件复制实验等,操作中主要利用飞机上的真实部件,模拟飞行故障时的真实环境,以复现部件故障的发生。飞机主制造商和系统部件制造商在研制飞机的过程中曾建有大量的实验台,可以为此类实验提供方便。

另一类是模拟试验验证,验证类型包括后果模拟实验、过程仿真实验,主要利用飞行模拟机、工程模拟机(即"铁鸟")等设备,模拟飞行过程,查找事故原因。

另外,如果必要,还可以利用真实飞机进行飞行实验进行验证。

9.3.3 事故调查新技术

自飞机发明以来,飞行事故调查经历了一百年的历史,事故调查技术也不断总结和发展。近年来,随着科学技术的不断发展,一些新兴技术也应用到事故调查中,如下所述。

1) 信息技术在调查分析中的应用

以计算机为代表的信息化浪潮对社会生活影响日益加剧,飞行事故调查工作也可以利用信息技术助力事故调查工作开展。首先,事故包含的信息非常多,涉及的专业技术也非常广,调查员对一些特定的人员/事物信息不容易获得,对一些新工艺、新技术的指标并不了解。有了互联网络资源就可以快速查询,还可以在网上建立疑难问题解决平台,可以为迅速、科学认定飞行事故提供支持。另外,借助现代计算机多媒体技术的发展,可以把调查获得的信息转换成数码视频资料,加上声音信息,可以快速复现事故情形,方便更加形象地理解和分析事故发生的机理。

2) 数值模拟技术在事故分析中的应用

近年来,数值模拟技术得到快速发展,可以用于利用飞行数据和其他数据进行模拟飞行事故的发生;可以利用飞行数据仿真再现飞行过程,这在前面第 8 章已经进行了介绍;也可以利用计算机建立飞行/工作场景模型,分析飞机的气动飞行情况,分析部件的受力及受损情况。这些都已发展出许多专用数值模拟软件,并可调用大量的数据库数据。数值模拟的方法可以为事故调查的方向提供依据,一旦发现有价值,一般还需进行真实实验,以确认计算结果与实际调查结果一致。

3) 新的失效分析技术在事故调查中的应用

失效分析是比较专业的技术,随着分析技术的发展,也被应用到事故调查中,从而提高调查的能力。在显微技术方面,体视显微镜、光学显微镜、扫描电子显微镜(SEM)等都发挥了重要作用,但在分辨表面原子时还是存在缺陷。扫描探针显微技术的出现,使得人类第一次能够实时地观察单个原子在物质表面的排列状态和与表面电子行为有关的物理、化学性质,也推动了鉴定技术的发展。光谱分析是油液分析的有效手段,如红外光谱仪、多元素油料分析仪等,而最新的有气相色谱-质谱联用(GC-MS)技术是最高级的检测方法,对于有挥发性的燃油检测非常有效,兼有色谱法分离效率高、定量准确和质谱法鉴定能力强、选择性高等特点。

4) 测谎技术在证人访问中的应用

兴起于 20 世纪初的测谎技术已用于许多领域,甚至有的国家可作为司法证据。测谎技术是通过一定物理技术的辅助,测试被测对象是否有撒谎现象的方法。测谎通常使用一套准备好的问题提问被测试者,与此同时,测谎仪不停地监视被测试者的生理活动状况。通过对仪器异常活动数据的分析得出结果。测谎仪是"多参量心理测试仪"的俗称,工作原理是人在说谎时会不由自主地产生一定的心理压力,而心理压力又会引起一系列的生理反应,如心跳加快、血压升高、手掌出汗、体温微升、肌肉微颤、呼吸速度和容量略见异常等。由于这些生理反应是受人体植物神经系统控制,所以人的主观意志很难改变。随着测谎技术的不断发展,准确性也日益提高,因此在证人访谈中也有尝试应用。

5) 无人机技术在现场调查中的应用

无人机具有全天候、全天时的作业能力,能够克服气象条件的影响进行低空飞行以及目标区域的快速数据获取,且具有飞行系统升空准备时间短、操作简单、运输便利等优势。近年来无人飞行器发展较为迅速,已初步应用于电力、安防和军事领域,应用于运输线路巡检、地面目标识别监视。在航空方面,特别是事故调查领域,利用无人机进行地面探测、航迹追踪和复现、飞机残骸识别定位、紧急定位装置(ELT)搜寻和生命信息探测等任务,具有高机动、高精度、高时效等特点,发展和应用空间广阔。

9.4　典型事故原因

飞行事故的原因很多,如1.4.3所述,一般有如下13类:

(1) 飞机系统;

(2) 空管导航;

(3) 货物;

(4) 碰撞;

(5) 外部因素;

(6) 飞行机组;

(7) 火灾;

(8) 起飞/着陆;

(9) 维修;

(10) 意外结果;

(11) 安保;

(12) 天气;

(13) 未知因素。

按事故统计数据分析,造成事故/事故征候的因素排在前5位的分别是飞行机组、飞机系统、空管导航、恶劣天气和地面维修。

9.4.1　飞行机组

随着现代民用飞机的设计不断优化,人们发现飞机的可靠性越来越高,而造成飞行事故/事故征候的主要原因主要来自飞行机组,比例超过33%。这主要包括两个方面:

(1) 人为因素。飞机是由飞行员来操纵的,而只要是人在操纵飞机,就难以避免存在失误。如2015年2月4日,台湾复兴航空公司一架航班号为GE235、编号B-22816的ART-72-600型民航客机在台北飞往金门过程中撞到高架桥,在基隆河坠机。后调查证实失事客机在起飞过程中,2号发动机失效,机组错误地关闭了1号发动机,造成飞机失速而发生事故。

(2) 恶意操作。由于飞行员个人情绪的原因,恶意操作飞机,故意造成飞行事故。如2015年3月24日,德国之翼航空4U9525航班空难,飞机上载有150人全部罹难。事故调查显示,患有精神疾病的副驾驶安德烈亚斯·卢比茨故意将上厕所的机长锁在驾驶舱门外,而后驾机撞山。

9.4.2　飞机系统

飞机是一台复杂的机器,现代飞机可靠性越来越高,由于飞机结构或系统本身故障造成的空难已经越来越少。但对自 20 世纪 70 年代以来所有事故的统计发现,飞机系统原因造成的事故/事故征候仍然占比较高,超过 21%。飞机及系统失效原因一般分类两类:

(1) 飞机结构失效。这种失效主要是飞机承力的结构件(梁、长桁、隔框和蒙皮等)因设计、腐蚀、疲劳等原因而失效,造成飞机事故。如 1988 年 4 月 28 日,美国阿罗哈航空公司的一架波音 B737 - 200 飞机在飞行途中发生爆裂性失压事故,前机身左侧蒙皮突然爆裂,导致由驾驶室后方一直到机翼附近的一块长约 5.4 m 的蒙皮撕裂,脱离机体。幸运的是,客机在事发 10 min 后安全迫降机场。这次事故造成一名乘务员死亡,另有 8 人重伤,57 人轻伤。美国国家运输安全局(NTSB)组织调查,查明事故是由于飞机蒙皮的腐蚀和疲劳损伤造成的。

(2) 飞机系统失效。这种失效主要是由于飞机上各类机电或航电系统故障或失效,造成飞行员无法操纵或控制飞机,从而造成飞机失事。如 2009 年 2 月 25 日,一架波音 B737 - 800 型飞机执行从土耳其伊斯坦布尔飞往荷兰阿姆斯特丹的航班,在阿姆斯特丹斯希普霍尔机场的 18 跑道进近期间,飞机坠毁在距离跑道入口约 1.5 km 的农田里,机身断成 3 截。事故造成 9 人遇难,120 人受伤。事故调查表明主要是飞机在进近时,左侧无线电高度表系统错误计算并显示了高度"−8 ft",这个错误数值使得自动油门系统进行了错误操作,减小发动机推力造成飞机提前降落坠毁。

9.4.3　空管导航

飞机在天上飞行也必须要遵守空中交通规则,也要受到专门机构的指挥与调度,这就是空中交通管制(air traffic control, ATC)。空中交通管制系统利用通信、导航技术和监控手段对飞机飞行活动进行监视、控制和导航,保证飞行安全和有序。这套技术发源于 20 世纪 50 年代,而且不断发展成熟。但任何技术都有其局限性,据统计由于空管导航原因导致的事故/事故征候占比例超过 9.7%。比较典型的事故如俄罗斯巴什克利安航空第 2 937 次班机,是一架 Tu - 154 型客机,原计划由俄罗斯首都莫斯科飞往西班牙的巴塞罗纳。DHL 快递公司第 611 次航班,是一架波音 B757 - 200SF 型货机,原航线是从巴林国际机场经意大利的贝尔加莫国际机场(Aeroporto di Bergamo-Orio al Serio)飞往比利时的布鲁塞尔。两架飞机于当地时间(UTC)2002 年 7 月 1 日 21 时 35 分在德国南部康士坦茨湖(Bodensee)畔毗邻瑞士的城市乌柏林根(Überlingen)附近的半空中相撞。这次事故导致包括双方机组在内的 71 人遇难。德方事故调查团认定空中交通管制系统的处置失当是导致此次灾难发生的主要原因。

9.4.4　恶劣天气

现代飞机的功能越来越好,如配备有气象雷达可以探测雷暴和风切变等,但恶劣天气仍公认是飞行杀手。恶劣天气的表现形式主要有低能见度、雷暴、结冰、颠簸气流、低空风切变等。据统计,因恶劣天气造成的事故/事故征候占比例超过 9%。另据资料统计,超过 30% 的事故都与天气有关。比较典型的恶劣天气事故如 1985 年 8 月 2 日,达美航空执行 191 号航班的 L-1011 型飞机(N726DL)在达拉斯机场降落时遇上微下击暴流,先撞击了一辆在 114 号公路上行驶的私家车,飞机稍微升高后再撞向两座水塔,全机断为两截并引发大火,共有 137 人死亡(包括私家车司机)。

9.4.5　地面维修

早期飞机由于地面维修问题造成的飞机事故非常多,后飞机维修业推广人为因素管理后大为减少,但无法杜绝地面维修事件的发生。据统计因地面维修问题造成的事故/事故征候占比例超过 7.7%。比较典型的如 1990 年 6 月 10 日,英国航空 5390 号班机由伯明翰飞往西班牙马洛卡,飞行途中飞机的驾驶舱中其中一块风挡玻璃突然飞脱,并将机长吸出机外。凭着副驾驶的努力,飞机安全降落于南安普敦,而且机长奇迹般生还。调查发现飞机于出事前 27 h 曾更换风挡玻璃,但在维修过程中没有参照维修手册,而是以"尽量相似"为准则选用螺钉,结果 90 颗安装风挡玻璃的螺钉有 84 颗直径比标准的小,其余 6 颗长度比标准的短。结果当飞机内外有压差时,风挡玻璃最终承受不了气压而导致爆炸性减压。

9.4.6　新的事故隐患

在长期的飞机运行过程中,发生了大量的事故,通过事故调查,发现了飞机设计及运行中存在的问题,从而优化飞机设计和运行程序,改进飞行安全。但随着新的技术发展,新的运行环境,又会给飞行安全带来新的隐患,这也需要我们及时改进和预防。

(1) 新材料的应用。材料是民用飞机的基础,新一代民用飞机对航空材料的要求越来越苛刻,复合材料、钛合金、铝锂合金、高温合金、陶瓷材料开始更多地用于飞机和发动机上。虽然任何材料的选用都会经过大量的实验验证,确认其安全可靠,综合性能优于以前的常规材料(如铝合金、钢等)。但毕竟没有经过长时间的实际使用验证,新材料在投入飞机使用时都会存在或多或少的问题。如新一代的 B787 飞机使用复合材料机身,复合材料的缺陷和裂纹检查,以及维修都给航线维修工作带来了挑战,同时也带来了隐患。

(2) 新技术的应用。飞机更新换代,使用了许多新的技术。但新技术需要经过长期的使用检验。如 2013 年 1 月 16 日,全日航空一架波音 B787 在飞行途中发生故障而紧急迫降,事故原因则是锂离子电池起火。为了增大容量,减轻重量,波音 B787 飞机选择了日本生产的锂离子电池取代传统的镍氢电池(Ni-MH)作为配件。

但锂电池害怕高温且易燃易爆,存在安全隐患。在不远的将来,可能出现的新技术还很多,如燃料电池、起落架驱动器、无线飞控系统、多电飞机等。这些新技术都可能给飞机的使用和维修带来了挑战。

(3)互联网的应用。机舱 Wi-Fi 的普及给"黑客"接入飞机控制系统提供了可能,好在目前飞机的娱乐系统与飞机控制系统是物理隔离的。另外,便携式电子设备,如手机、IPAD 和手提电脑等,都带有网络接口(这种网络接口包括蓝牙、红外、Wi-Fi 等),能在很近的间隔发出高频率无线电波,这些高频电波可能会影响一些飞机机载设备的工作。不过现代飞机已通过改进设计,使得这样的影响越来越小。

(4)空管系统升级。目前使用的区域程序管制和雷达管制系统已沿用了半个多世纪。由于系统稳定可靠,一直在全世界发挥着重要作用。随着高科技的发展,飞机自动化程度大幅度提高,空中交通流量不断增长,以及雾霾等恶劣天气的影响,现有空管导航模式的技术瓶颈就显现了出来,使各个国家的现行航行系统出现了不同程度地超载或饱和。为此,国际民航组织提出了以卫星技术为基础的全球一体化的通信、导航、监视和空中交通管理系统的概念及其基本实施方案。ADS-B 等一批新的空管系统随之而出,新系统的使用和推行需要磨合,在走向成熟的过程中同样存在安全隐患。

9.5　事故调查报告及案例

9.5.1　事故调查报告

按照国际民航组织制定的法规文件 ICAO 附件 13《航空器事故和事故征候调查》的规定,完成事故调查以后,还必须完成事故调查报告。关于完成最后报告每一部分的详细指导则见《航空器事故和事故征候调查手册》(Doc 9756 号文件)第Ⅳ部分。

航空器事故调查的最后报告是预防再次发生相同原因事故的必要措施。因此,事故最后报告必须详细列明发生了什么事情、如何发生和为什么发生。最后报告的调查结果、原因和/或促成因素应得出安全方面的建议,从而能采取适当的防范措施。

最后报告应提供:

(1)所有相关事实的记录(包括任何相互冲突的证据);

(2)对相关事实的分析;

(3)以调查结果、原因和/或促成因素的形式得出的结论;

(4)安全建议。

最后报告的调查结果、原因和/或促成因素应明确指出应该加以解决的安全问题。

航空器事故调查,在尚未公布所有的相关调查事实、对事实分析结果以及在最后报告中记录结论和安全建议之前不能视为结束。最后报告的结构应该有逻辑，并且以清楚和简练的文字编写。报告应该解释发生了哪些事情、如何发生和为什么发生了事故，同时还应该提到所涉及的安全事项。最后报告的标准格式将会协助对事故调查产生一份完整的和可靠的记录。

在重大调查当中，调查负责人收取小组的报告，并负责编写和起草最后报告。最后报告应该是整个调查过程的一份完整报告。调查当中所收集的事实资料应该作为报告分析部分的基础，进而得出和支持查明的调查结果、原因和/或促成因素和安全方面的建议。载于附件13附录当中的最后报告的标准格式提供了一个结构良好的调查记录。最后报告包含5个部分：引言（标题和大纲）、事实资料、分析、结论（调查结果、原因和/或促成因素）和安全方面的建议。

最后报告格式和内容的详细指导载于《航空器事故和事故征候调查手册》（Doc 9756号文件）第Ⅳ部分第1章附录1。附录2提供了报告编写准则和附录3列出了可能用于最后报告的符号和缩写。附录4载有说明性的技术和人为因素用语及其定义，而附录5列出可能用于事故报告的调查结果例子。

调查结果的最后报告包括其建议可用于促成防止事故的再次发生。因此，这项最后报告必须详细列明发生了什么事情、如何发生和为什么发生。许多国家对小规模调查报告采用简化报告的格式，其中仅载有飞行历史、通过调查发现的缺陷资料、分析造成事故的因素及对缺陷的调查结果。简短的报告有一定有利之处，包括减少了进行调查所需的资源和编制报告所需的时间。

有些国家采用的报告列有述说部分，能在其中说明事件发生的顺序；按要点说明的部分，能在其中填入想要作出的说明；和某些要点核查单，它能便利统计数据的存放和提取。一份制作妥善的表格能用作调查核查单和/或调查结果的最后报告。

根据附件13，进行调查的国家应将最后报告草稿的副本提交给开始进行调查国家和所有参加调查的国家，请他们对报告提出重要的和实质性的意见。这些国家主要包括：

（1）发起调查的国家；

（2）登记国；

（3）经营人所在国；

（4）设计国；

（5）制造国；

（6）按照附件13第5章参加调查的国家。

进行调查的国家还应分别通过经营人国家、设计国和制造国，将最后报告草稿的副本送给航空器经营人和负责型号设计和最后组装的机构，以便经营人和上述机构能对最后报告草稿提出他们的意见。

另外，事故调查报告是全世界的公共经验和财富，为了预防事故的发生，最后报告应是一份公开发表的文件。

进行调查的国家应该尽可能在最短时间内公布最后报告,如果可能,应在事故发生后 12 个月内公布。如果不能在 12 个月之内公布报告,进行调查的国家应该公布一份临时报告,或使用其他方式详细介绍调查的进展情况和查明的安全事项。

除了在本国国内公布和散发最后报告之外,进行调查的国家还应在最短耽搁的期限内将报告送给:

(1) 展开调查的国家;

(2) 登记国;

(3) 经营人所在国;

(4) 设计国;

(5) 制造国;

(6) 蒙受公民死亡或重伤的国家;

(7) 提供相关资料、重要设施或专家的任何国家;

(8) 国际民航组织(如果航空器的全重超过 5 700 kg)。

国际民航组织收到的最后报告将存放在国际民航组织最后报告电子图书馆(e-Library)并在事故调查(AIG)网站公布,其内容可查阅国际民航组织公共网站:http://www.icao.int/safety/AirNavigation/AIG/Pages/e-library-of-final-reports.aspx。通过这种方式,在调查中得到的经验教训和在最后报告中得到的信息可提供给更多使用者,包括安全调查员、其他安全官员和有关各方。

9.5.2 亚当航空 574 事故调查报告案例

<table>
<tr><td colspan="1" align="center">亚当航空 574 事故调查报告</td></tr>
<tr><td>

一 标题

运营商:亚当航空公司

航空器型号:波音 B737 - 4Q8

注册号:PK - KKW

事故等级:特别重大飞行事故
</td></tr>
<tr><td>

二 事故概述

事故通知:空管

事故调查组织:印尼国家运输安全局(NTSC)、美国国家运输安全委员会(NTSB)

运营商:亚当航空公司

航空器的制造厂商、型号及注册号:美国波音公司生产的波音 B737 - 4Q8 客机,登记号码为 PK - KKW。
</td></tr>
</table>

国籍：印尼

失事时间：2007 年 1 月 1 日 14 时 53 分

失事地点：苏拉威西岛帕雷帕雷镇南方 8 km 岸外，约 300 m 的海域

航班类型：国内公共乘客运输、KI574 航班

运载人数：飞行员 2 人、乘务员 4 人、乘客 96 人

事故概述：2007 年 1 月 1 日 12 时 59 分，这架飞机于泗水祝安达国际机场起飞。有 96 名乘客（85 个成年人、7 名儿童和 4 个婴儿），主要是印尼国民；唯一的外国人是美国的一家三口。预定在 3 h 后，即当地时间 16 时正抵达万鸦老萨姆·拉图兰吉机场。当时，该地区有暴风雨，虽然泗水机场曾给予警告，要求机组注意有关天气情况。这架飞机于苏拉威西岛西部的望加锡海峡遇上时速达 70 km/h 的侧风，并在那里改变航向向东，然后失去了联系。由于飞机惯性导航系统失效及机长误操作，飞机于当地时间 14 时 53 分，于苏拉威西岛南部的马卡萨的航空交通管制的雷达屏幕上消失。

事故后果：

	人员			设备
	死亡人员	人员受伤	未受伤	
机组人员	6	—	—	解体坠毁
乘客	96	—	—	
第三方	—	—	—	

事故等级：特别重大飞行事故

三　正文

（一）调查中查明的事实

（1）出事的飞机是一架波音 B737－4Q8，登记编号 PK－KKW，制造于 1990 年。飞机于出事前飞行了 45 371 h，并于 2005 年 12 月 25 日取得了印度尼西亚运输部的适航认证。

（2）当天的当地时间 12 时 55 分，这架飞机于泗水祝安达国际机场起飞。预定在 3 h 后，即当地时间 16 时正抵达万鸦老萨姆·拉图兰吉机场。但飞机于当地时间 14 时 53 分，于苏拉威西岛南部的马卡萨的航空交通管制的雷达屏幕上消失。而一个新加坡的探测卫星，则探测到飞机最后的飞行高度位于 35 000 ft（10 670 m）。

（3）当时，该地区有暴风雨；虽然泗水机场曾给予警告，要求机组注意有关天气情况。这架飞机于苏拉威西岛西部的望加锡海峡遇上时速达 70 km/h 的侧风，

并在那里改变航向向东,然后失去了联系。在最后的通话记录中,飞行员报告说,侧风来自左方,但航空交通管制声称风应该从右方而来。直至现在还不清楚这是否是事故原因,但它可能表明导航错误。

(4)出事客机没有发出求救信号,可能因为当时机组人员忙于应付紧急情况。

(5)当飞机于35 000 ft巡航时,机员开始专注于处理机上的惯性导航系统故障。由于该仪器故障导致飞机偏离航道,机长解除自动驾驶系统。但解除自动驾驶系统却导致飞机的人工地平线短暂停止运作,飞行员未能及时发现飞机缓慢右转,令飞机倾侧角度过大并令机上警报响起。尽管倾侧角度达到100°,机鼻朝下达60°的姿态,飞行员依然没有发现异样,因此没有及时修正机翼平衡及尝试重新控制客机。

(6)这架飞机于通话中断时,向下俯冲的速度达到接近声速的490 kn,超过了飞机的最高俯冲速度(400 kn)。最后飞机在"黑匣子"记录结束前20 s,终于承受不了设计上限,而在坠海前解体,当时的调查结论是飞机已处于一个"无法恢复的严重状态"。

(7)机上的惯性导航系统的问题一直存在。虽然机组多番反映,可是亚当航空并无跟进。结果出事时,飞机的自动驾驶系统依据来自惯性导航系统给予的错误信息,导致飞机严重偏离航道。

(8)出事的亚当航空亦是调查对象。调查员发现出事的正副机长在处理574号班机的问题上,都有明显的失误。从接受调查的一些在职机师口中得知,航空公司并没有提供相关的事故训练。在当时,短短数年间包括亚当航空在内有数十间廉价航空公司于印度尼西亚成立。这些航空公司为求降低成本,除了不提供免费餐饮、引进机龄老旧的飞机外,飞行员训练也欠资,这直接导致574号班机的机组在应付飞机一连串问题时,接连失误。

(二)事故原因分析及主要依据

我们运用了瑟利模型对此次事故进行了原因分析。

1. 瑟利模型简介

瑟利模型是在1969年由美国人瑟利(J. Surry)提出的,是一个典型的根据人的认知过程分析事故致因的理论。该模型把事故的发生过程分为危险出现和危险释放两个阶段,这两个阶段各自包括一组类似的人的信息处理过程,即感觉、认识和行为响应。在危险出现阶段,如果人的信息处理的每个环节都正确,危险就能被消除或得到控制;反之,就会使操作者直接面临危险。到危险释放阶段,如果人的信息处理过程的各个环节都是正确的,则虽然面临着已经显现出来的危险,但仍然可以避免危险释放出来,不会带来伤害或损害;反之,危险就会转化成伤害或损害。

2. 事故原因分析

危险状态——导航系统故障

(1) 感知：飞机导航设备发生故障导致飞机偏航,管制员发现异常状况时,通知机组人员飞机所处的状态。

(2) 认识：机组人员没有受过相应的培训,不知道导航设备故障应采取什么措施。

(3) 行为：机组人员使用自动导航系统继续维持飞机飞行高度。

危险状态——自动驾驶仪失效

(1) 感知：飞机偏航后飞行机组人员用自动导航设备维持飞行高度,但此时自动驾驶仪已经失效,机组人员获得来自管制员的警报。

(2) 认识：驾驶员由于专注于恶劣的天气状况以及导航设备故障而忽略警报。

(3) 行为：由于专注于导航设备,机组人员对于所获得的警报没有采取任何的应对措施。

危险状态——飞机向右翻滚

(1) 感知：由于机组人员专注于解决仪器问题,而且当时天气恶劣,有暴风雨及雷暴,令飞行员没法留意机外环境去判断飞机当时的飞行姿态,导致飞行员未能及时发现飞机缓慢右转。

(2) 认识：由于该仪器故障导致飞机偏离航道,机长解除自动驾驶系统,但解除自动驾驶系统却导致飞机的人工地平线短暂停止运作,机组人员对于所面对的危险性未做出正确判断。

(3) 行为：机组人员认为飞机使用自动驾驶系统,可以使飞机保持平衡,故没有采取措施完全控制飞机。

危险状态——飞机右倾 100°失速向下坠落

(1) 感知：尽管倾侧角度达到 100°,机鼻朝下达 60°的姿态,飞行员依然没有发现异样,因此没有及时修正机翼平衡及尝试重新控制客机。可能是他们专注于解决仪器问题,而且当时天气恶劣,有暴风雨及雷暴,令驾驶员没法留意机外环境去判断飞机当时的飞行姿态。飞机倾角过大令机上警报响起,驾驶员获得警报。

(2) 认识：驾驶员由于没有经过此类事故的训练,未能及时发现飞机飞行姿态出现问题的原因,不知道处理此类事件的正确做法。

(3) 行为：面对飞机大幅侧倾的问题,由于没有模拟训练以及相应的培训经验,机组人员采取的应急措施操作顺序错误,从而加重了事故的危险性。

（三）事故结论

通过运用瑟利模型分析本次事故原因，我们从人机环境角度总结事故结论如下：

1. 设备方面

本次事故的主要设备原因为飞机导航系统仪表失效，导致飞行偏离规定航线。

2. 人员方面

机组：

（1）亚当航空机长未按照操作程序操作，在将导航模式转换为高度模式时未按照程序先平飞 30 s；

（2）机组成员均致力于处理导航设备故障而导致无人驾驶飞机；

（3）机长未对机组成员进行合理的责任分工，导致机组忽略警报声；

（4）机长未能及时发现飞机飞行姿态出现问题，因而没有及时修正机翼平衡及尝试重新控制客机，反而先拉高机头导致飞机旋转直至解体。

管制员：管制员在对于机组的指挥不合理。

3. 组织方面

（1）调查发现，机上的惯性导航系统的问题一直存在，虽然机组多番反映，可是亚当航空并无跟进做出及时维修。

（2）印尼当地政府大力鼓励发展廉价航空，导致当地很多航空不注重安全绩效。

（3）亚当航空对于人员的培训严重不足，甚至在调查中发现均没有培训，如未对机组成员进行操作程序以及紧急情况处理的培训等。

4. 环境方面：天气恶劣，当时有雷暴。

方法优缺点：

优点：瑟利模型是从事故发生阶段的角度寻找事故原因，且可以按照事故发生阶段提出相应的建议措施，可操作性强。

缺点：

（1）从事故发生的阶段找原因，导致只关注一线的操作人员，只能分析到直接原因；

（2）在责任追究的时候过于片面，只关注操作者，不够深入和全面；

（3）在模型中体现的都是人的活动，原因分析有些片面。

（四）安全建议

通过本次事故分析，分别从人员、组织、设备三个方面提出安全建议措施。

1. 人员

(1) 针对飞机状态转换后，飞行员没有让飞机平飞 30 s 后等待飞机平衡，而是直接拉升高度，机组人员应该在工作中严格执行正确的操作程序。

(2) 对于该飞机上的惯性导航系统，机务人员只是简单地清理一下，没有检查它是否适航，机务维修人员应严格遵循维修程序，不可以有一点漏洞。

(3) 机组应该增强自己在恶劣环境下的定向和应急能力，在复杂环境中沉着冷静地处理危险。

(4) 机组人员应该合理的分配任务，关注各方面的问题，不仅仅是把注意力都集中在仪器故障上。

(5) 管制人员应合理地指挥。

2. 组织

(1) 航空公司应对飞行员、机务维修人员等进行各种技术、CRM 等培训。比如针对惯性导航系统失灵情况下飞行复原过程的培训。

(2) 航空公司应对维修人员监管，避免维修人员漏掉工作程序。

(3) 针对惯性导航曾多次出现类似问题，航空公司应对多次出现的问题及时整改。

(4) 航空公司应有足够的安全投入，避免购买老飞机。或购买老的飞机后对飞机加大维护和保养，并对飞行员和维修人员充分训练。

(5) 航空公司应严格考核飞行员的技术水平。

(6) 航空公司应从失败中总结经验，避免类似事情再次发生。

(7) 航空公司应承担该承担的责任，及时打捞飞机碎片，及时收集有效证据，有助于事故的调查。

(8) 当地政府应该加强对航空公司的监管，并制定可行的发展政策，用发展的眼光看问题，充分考虑政策的后果。例如像这样鼓励航空公司节省成本购买旧飞机带来的隐患，当地政府应予以考虑。

3. 设备

在转换飞行模式时仪表暂时关闭，应针对这个问题对设备进行改进。

四　附录

(1) 证词的收集(略)

(2) 气象资料(略)

(3) 空管、航空器设备状态资料(略)

10 飞机运行安全管理与飞行安全文化

10.1 飞机运行安全管理

10.1.1 飞机运行安全管理的理论发展

10.1.1.1 安全管理理论的发展

人类从事生产工作,就与安全息息相关。如工厂生产、矿山采矿、交通运输等,一旦发生事故,就会有人员伤亡和财产损失。因此,加强安全管理,不是一句空话,而是从血的教训中得到的结论。按安全科学理论的形成与发展,可以分为四个认识阶段:

第一阶段,"听天由命"认识阶段,主要针对农牧业、手工业时代。由于工业革命前,生产力和仅有的自然科学都处于自然和分散的状态。没有大规模的生产,基本无成熟的安全管理思想和理论。

第二阶段,局部安全认识阶段,主要针对蒸汽机时代。工业革命后(17 世纪至 20 世纪初),生产中已使用大型动力机械和能源,导致生产力与危害因素的同步增长,促使人们局部认识安全并采取措施。

第三阶段,系统安全认识阶段(20 世纪初到 50 年代以前)。经历了第二次工业革命,人类进入了电气时代,并逐步发展形成了军事工业、航天工业、特别是原子能和航天技术等复杂的大型生产系统和机器系统,局部安全认识已经无法满足生产生活对安全的需要,必须发展与生产力相适应的生产系统并采取相应的安全措施。

第四阶段,动态安全认识阶段(20 世纪 50 年代以后)。随着生产和科学技术的发展,特别是高科技的发展,静态的安全系统安全技术措施和系统的安全认识(即系统安全工程理论),已不能满足动态过程中发生的具有随机性的安全问题,必须研究更加深入的安全系统认识理论和采用更加先进的安全技术措施。

在安全认识的发展过程中,也发展了安全管理理论,主要有:

(1) 事故频发倾向论。认为个别人具有发生事故的内在倾向,阐述了企业工人中存在着个别人容易发生事故的、稳定的、个人的内在倾向的一种理论。

（2）事故因果论。事故的发生与其原因存在必然的因果关系，是事故致因的重要理论之一。事故因果类型有集中型、连锁型、复合型和多层次型。海因里希提出的"多米诺骨牌"模型（见图 10-1）是事故因果论的模式之一。

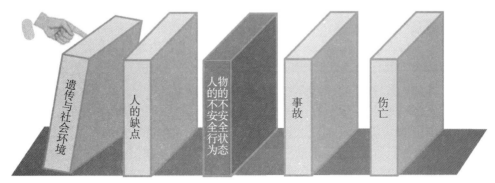

图 10-1 "多米诺骨牌"模型

（3）人为失误主因论。人为失误是指人的行为结果偏离了规定的目标，或超出了可接受的界限，并产生不良的影响。人为失误构成了所有类型事故的基础。人为失误主因论还强调管理是事故链中最主要的因素，管理失误是构成事故的主要因素。

（4）事故综合论。事故发生是各种因素综合作用的结果。综合论认为，事故的发生绝不是偶然的，而是有其深刻原因的，包括直接原因、间接原因和基础原因。事故乃是社会因素、管理因素和生产中的危险因素被偶然事件触发所造成的结果。

（5）安全系统论。系统中存在危险源是事故发生的原因。安全系统论认为，在系统运行过程中，避免事故的最有效方法是在设计和研制阶段消除或减少危害和危险。

10.1.1.2 航空业安全管理理论发展

自 1903 年 12 月 17 日，莱特兄弟发明飞机以来，航空业走过了百年历史，航空界也一直在为飞机运行安全而不懈奋斗。随着航空运输的发展，航空安全管理理论也经历了长足的发展，人们普遍公认的发展阶段为三段，即机器时期、人因时期和组织时期。

（1）机器时期（从 20 世纪初到 20 世纪 60 年代后期）。该时期是民航发展初期，机械故障是导致飞行事故的主要原因。民航安全管理围绕着飞行—维修—飞行，即事故发生后，找到事故原因，修理后飞机再继续飞；又出现事故时，再找原因再修飞机，再继续飞。在机器时期，飞机结构比较简单，飞行流量较小，这样的安全处理手段对较少事故很有效。这个阶段，注重航空器引擎、结构和整个系统的不断完善，机械方面原因所引起的事故得到高度关注,航空器适航性及设计制造水平得到飞速提高,以应对因机械而引发的事故。

(2) 人因素期(从 20 世纪 70 年代初期到 20 世纪 90 年代中期)。在这时安全人员开始将重点放在人/机交互上。在人为失误主因论的指导下,关注人为失误原因,积极寻求解决方案。随着大量严重事故的发生,人们在设计中纳入人机工程学、科学的人机界面等原理,开发了驾驶舱资源管理、机组决策和配合能力训练等项目。同时也研究飞行人员与地面人员之间的相互作用。人为因素时期的产生是由于当时 80% 的事故是由于人为因素产生的。

(3) 组织时期(从 20 世纪 90 年代中期到现在)。组织时期,人们将注意力投向了组织和管理因素导致的事故。关注整个组织建设和组织管理的有效性,关注安全隐患,并将系统的风险评估、风险分析和控制作为安全组织管理的主要工作内容。关注系统各个部分的相互配合和协同工作,安全文化建设成为组织建设的核心内容。

10.1.2 民航安全管理系统介绍

对于航空公司,希望公司能持续健康的运行,并且能获得利润。安全是确保航空公司持续运行的一个非常重要的方面,改进公司的系统安全是运营人或航空公司的基本要求。随着航空器的增多,航空旅行频率增大,虽然航空事故的相对比例并没有增大,但航空事故的绝对数量仍有抬头的趋势。由于航空事故造成的影响颇大,一次性死亡比率高,往往引起公众的极大关注甚至恐慌,使得人们又不得不重新审视航空安全问题。

20 世纪 90 年代,安全专业人员和管理者将目光转向了系统安全和以安全模型(如里森模型)为导向的新型公司管理模式,结论就是安全管理系统(SMS)。SMS 着眼于公司危险控制方面的管理活动,这些活动是公司运行中常规航线管理职能的一部分。在某种意义上,公司的 SMS 是组织结构的一部分,而不是脆弱的附加在公司结构和功能上的外来物。

国际民航组织(ICAO)于 2012 年颁发的《安全管理手册(SMM)(第三版)》中指出,安全管理体系(SMS)是有组织的安全管理的方法,包括必要的组织结构、问责方法、政策和程序。具体来说,SMS 涵盖安全政策、安全文化和支持安全组织,及特别界定的安全监测、安全评估、安全审核、安全促进等安全管理因素而构成安全管理体系。SMS 是一个国家或组织安全管理的体系性指导文件,即安全管理指南。SMS 是依据民航安全管理政策(绩效指标、安全目标、安全战略),提供或建立支持性组织、安全文化(安全宣传、培训等)、安全管理信息系统,通过危险识别、风险管理、安全监督和安全绩效监控(安全监测、安全评估、安全审核、安全促进),实现民航安全性能的保证。

SMS 遵循管理学中管理的计划、组织、领导、控制四大职能,即在计划职能中确立安全政策,组织职能中设置支持性组织及控制职能中的安全监测、安全评估、安全审计、安全促进,并侧重在管理学的监控职能。SMS 的核心理论是风险管理,风险管理的 3 个步骤——"危险识别、风险评估、风险控制与管理",几乎涉及并影响所有的安全管理行为(安全信息管理、安全评估、事故调查、安全监控等),它也是主动控制安全最有效的方式。根据中国学术界对质量保障体系的界定,即保障体系主要是通过管理职能中的控制,即内外部控制来实现管理目标。因此,SMS 实质是安全保障体系。据此,可以说 SMS 是 ICAO 自定义的"安全管理体系",是基于具有普遍意义的民航安全管理体系,即建立安全方针和安全目标并实现这些目标的体系[69]。

另外,进行民航安全管理系统的建设,应考虑四方面的改进:①健全安全管理体制;②完善风险管理流程;③加快民航安全管理的信息化建设;④加强安全文化建设。

10.2 飞行安全文化

10.2.1 飞行安全文化的实质

一个组织的文化包括组织的价值观、信念、习惯、仪式、使命目标、绩效考核以及对员工、顾客、集体的责任感。除非组织内的员工共同努力促进安全运行,否则前面讨论的"安全""管理""系统"将不能实现它们各自的目标。安全文化包括心理的(人们怎么想)、行为的(人们怎么做)及组织的因素。组织因素大部分处于管理控制之下,其他两方面因素的结果则视其努力而定[70]。

组织的文化是一系列理念、规范、态度、任务、社会实践和技术实践的组合。简单地说,文化是"我们做事情的方式!"

CEO 和他/她的管理者的目标需要建立一种公司文化,这种文化鼓励以积极的方式进行建设性的批评和安全监察。这就是所谓的"安全文化"。

如前所述,安全文化已成为组织建设的核心,在国际民航组织(ICAO)于 2012年颁发的《安全管理手册(SMM)(第三版)》中,详细介绍了安全文化的实质[71]。

安全文化包含对关乎公共安全组织里成员的基本理解和信任,并以此作为组织成员行为的决定因素。健康的安全文化依赖个人和组织间高度的信任和尊重,因此,安全文化需要由组织高层来发起并给予支持。健康的安全文化积极关注系统的改进优化,保持高度的风险意识,并使用系统工具来持续监控、分析和开展调查。在国家航空组织以及产品和服务的提供商都必须拥有安全文化。健康的安全文化还包括在安全系统中对个人安全责任、信心的分享和一整套政策、规章的文件。最终责任的建立以及可靠的安全运行还取决于组织的管理,安全文化如果不能纳入组织自己的文化就没有作用。

安全文化主要包括如下 4 方面的内涵:

（1）安全文化应是组织的文化。组织价值体系包括在产量与质量、安全与效率、技术与理论、执行力与正确性等行动中制定策略、做到平衡。建立和维护进行安全管理的文化，若要产生最大的作用，则需要建立在组织的层级上。飞机交付后，人们实施管理和监管活动，组织具有决定性的意义。组织文化通过建立规范和限制来设定可接受的执行操作边界。这样，组织文化为管理决策和员工决策提供了基石。

组织文化具有以下的潜在影响：

a. 在组织中高级成员和低级成员间相互作用；

b. 在工业界和监管当局人员间相互作用；

c. 影响程度决定于组织内部以及与监管当局信息分享的情况；

d. 影响程度还决定于监管当局或工业组织团队工作的推行情况；

e. 在需求运行条件下的个人反馈；

f. 可用和使用的特殊技术；

g. 针对产品或服务提供商的运行错误采取惩罚性措施的趋势。

组织文化还受如下因素的影响：

a. 业务政策和程序；

b. 监管行为；

c. 提高安全的目标及最小容忍水平；

d. 对质量或安全的管理态度；

e. 员工培训和动机；

f. 产品或服务提供商与监管当局的关系；

g. 工作生活平衡政策。

处理每日安全问题的方式也是组织文化提高的基础，"前线"人员与质量安全管理人员及监管当局代表之间的相互合作展示了积极的组织文化。而这种关系应在确保客观或负责任的前提下以"维持尊重""专业的谦恭"为特点。

促进安全运行的有效方式是确保组织在良好的环境下发展，其全体员工都自觉地对安全负责。这种情况下，员工会认为安全将影响他们所做的每一件事，并且报告所有的危险、错误和威胁，并支持识别和管理所有他们相关的风险。另外，我们还必须构建一种环境来进行管理，给意识到安全风险的员工提供足够的自我保护——通过安全报告系统去透露安全信息。

（2）安全文化是专业文化的反映。特殊专业组（飞行员、空管员、民航监管人员或维修工程师）均有不同特点的专业文化，虽然个人的选择、教育背景、培训、在职经历和同龄人压力等存在不同，但专业趋势是采用价值体系和发展与他们同龄人或前辈一致的行为方式。有效的专业文化能反映专业组织的安全能力，这一点与组织的契约性或工业性是有区别的。健康的专业文化既是专业组织的特点，也融合了安全的性质。

（3）安全文化也反映民族文化。不同民族有不同的民族文化，包括社会中个人的作用,监管当局传递的行为方式,民族中关于资源、责任、道德、主观和不同的法律体系的推崇等。从安全管理的角度看,民族文化在确定监管执行政策的种类和范围时扮演着重要角色,同时民族文化还延伸影响到对安全相关信息的保护。

民族文化形成了个人天生信仰,并形成了个人在成为组织成员前的安全观点。因此,组织文化将受组织成员各种民族文化的影响。管理者在实施布置安全管理系统时要评估和考虑不同个人民族文化存在的影响,例如,对安全风险的理解可能因民族文化的不同而存在巨大差别。另外,安全相关的各个方面,包括相互交流、领导方式、监管方与被监管方的相互作用都需要调和出一种多文化的工作环境。

(4) 安全文化推崇报告文化。报告文化表现个人的信仰和态度,对于报告系统发现潜在危险非常有利,并最终影响报告系统的推广和使用。报告文化将显著影响组织文化、专业文化和民族文化,同时也是判断安全系统效力的重要标准。健康的报告文化要区分故意和非故意报告,对组织整体和单独个人的行为都能做出圆满的评判。

一个报告系统的成功在于能从"前线"人员处源源不断获取信息,监管政策要能区分明知故犯的肆意妄为和工作不小心的疏忽,从而有针对性地采取惩罚和非惩罚性措施,是保证能报告出系统安全隐患的关键。"完全不责备"文化是既不合理也不可行的,虽然管理获益于安全的信息,而干涉正当的惩罚行为也会使安全系统失效。相反,报告文化不能区分故意和失误也将抑制报告的进行。如果员工因害怕惩罚而不报告,管理层将无法获得重要的安全信息。总之,员工必须坚信任何事关安全的行为决定都将获得支持,也必须明白对安全政策的故意违规行为是零容忍的。因此,自愿报告系统应该是秘密运行,并与适当的无惩罚政策相一致。系统也应该给员工提供收到报告后进行安全改进的反馈。这就客观要求安全报告系统可靠并容易进入,便于安全数据的收集和预先处理。

应该为航空安全改进而单独进行安全信息的收集,并且确保信息持续有效对于保护信息也是非常重要的。通过安全报告系统可以实现秘密、自愿和无惩罚的功能,其效用也是加倍的。通常,员工最靠近安全危险源,因此,安全报告系统应能方便他们积极识别身边的危险,同时管理层应与员工建立信任并收集相关的安全危险信息。另外,一旦数据被收集并储存,还必须给"前线"员工及时传递信息,证实针对他们报告的信息,已经采取恰当的措施。

对于安全文化,进行深入分析,在结构上还可分为 4 个层次:

(1) 第一层次是安全物质文化。航空安全物质文化包括飞机本身以及保证飞行安全而装备的机场设施、飞机内部设施。

(2) 第二层次是安全制度文化。安全制度文化包括的内容很多,劳动保护、劳动安全与卫生、交通安全、消防安全、减灾安全、环保安全等方面以制度化的形式所表达的社会组织形式或者是个人的社会关系网络。

(3) 第三层次是安全精神文化。这一层次开始是民航安全文化的重点内容,该层次内容包括安全哲学思想、宗教信仰、安全审美意识、安全文学、安全艺术、安全科学、安全技术以及安全管理等方面的经验和理论。安全文化的精神层次从其本质来看,它是人类的思想、情感和意志的综合表现,是人对外部客观和自身内心世界的认识能力与辨识结果的综合体现,属于文化结构系统中的"软件"的部分。

（4）第四个层次是安全价值与规范文化。在这一层次中包含了人们对安全的价值观和安全的行为规范。安全文化事业的工作重点是保护和爱护人类的安全、和谐以及持续地发展进步,安全文化事业是为他人、为自己、为社会奉献爱心和力量的公益性工作,安全文化事业的价值观应是美好的,同时也是大众的、全社会的,并且是最有活力和最有前途的光明事业。如果把安全价值观念反映在人际关系上,则形成了公认的安全价值标准,并且存在于普通大众的内心,指导着普通大众的安全行动,安全生命观制约着人们的安全行为,也就是我们所称的安全行为规范。在安全行为规范中,具体表现为安全的社会道德、风俗、安全习惯等。安全价值规范层次处于整个安全文化系统的深层结构之中,是安全文化中最不易变更的而最为顽固的成分。

综上所述,安全文化的核心是以人为本,这就需要将安全责任落实到企业员工的具体工作中,通过培育员工共同认可的安全价值观和安全行为规范,在企业内部营造自我约束、自主管理和团队管理的安全文化氛围,最终实现持续改善安全业绩、建立安全长效机制的目标。

10.2.2　民航安全文化建设

从国内外民航安全管理的实践来看,推行民航安全管理系统（SMS）的建设,必须进行民航安全文化的建设。

自有民航运输以来,民航安全文化的建设走过了漫长的历史,也取得了不俗的安全成绩。"安全第一"是民航安全文化的灵魂;"诚信严实"是民航安全文化的精髓;"安全就是效益"是民航安全文化的价值反映;法规规章是民航安全文化的制度保障;设施设备是民航安全文化的物质基础。而进行有竞争力的安全文化建设,将是长期的任务和要求。

基于前述观点,进行安全文化的建设,应注意以下原则[72]：

（1）以人为本,围绕安全抓管理。

航空企业中,要开展大规模的普及和推广工作,牢固树立安全为本的价值观念,使得安全文化成为航空企业文化的核心。同时,航空企业也一定要建立以人为本的经营理念,做到关心员工、爱护员工,依靠基层员工建立安全生产的堡垒。从思想上牢固树立安全第一的安全观,从行动上体现预防为主的安全管理理念,从而从根本上提升各级民航企业以及行业的安全管理水平。

（2）加强规章制度建设,提高安全管理水平。

法律、法规是实施和监督航空生产的依据和保障,要使航空安全生产走向法制化的轨道,就应以法制建设为重点,推进安全生产管理体制和机制的创新。在安全价值观指导下建立起的安全管理系统(SMS),是在更为高效的方式下规范和约束企业员工的行为,落实企业的安全价值理念。如果没有健全的安全管理规章制度,就会出现安全管理目标不明、安全责任不到位等现象,就会存在安全隐患,就有可能导致各类事故的发生。所以安全管理的核心还是制度,法规是民航安全文化的制度保障。在推行安全理念的同时,应当加强安全管理的规章制度建设,提高安全管理的水平。

(3)加强职业规范培训,提高执行力。

航空业的技术性、系统性和风险性特征要求行业必须有一个统一的职业规范。职业规范的形成,可以帮助员工形成统一的行为准则和思维方式,同时可以明确各岗位职责,使员工各就其位,各负其责。加强职业规范的培训,就是在安全管理的前提下,提高员工规范作业的水平,减少人为差错,提高企业的作业效率和执行力。近几十年来,从航空安全管理的实践中可以看到,安全系统有效性的决定因素是安全管理文化,而安全生产的落实还在于员工的安全行为,而推进规范作业的文化对于提高安全生产的水平非常有效。

(4)加快信息化建设,促进自愿报告体系发展。

SMS的建设,代表了新一代安全管理思想的发展趋势。利用信息化的手段来加强安全数据的收集,已成为行业共识。此外,离开了信息化的手段,针对安全隐患的风险分析、统计分析也非常困难。因此开发建设符合自己工作流程的安全管理系统(SMS)管理软件,是各航空企业进行SMS建设的重要内容。同时,进行安全管理文化建设,倡导发展自愿报告体系,而信息化系统是实现自愿报告的便捷平台。在进行自愿报告体系建设中,应注意以下三点:①互通信任,没有这种信任,员工将不愿意报告他们的失误,并且也不会报告他们所意识到的其他危险。报告不安全事件的单位或个人必须信任接收报告的组织,并相信他们所提供的任何不安全信息将不会用来作为追究责任的依据。②明确承诺,管理机构收到不安全事件的自愿报告时,只作数据收集统计,应采取相对应的措施,并对其进行分析找出根本性原因,而不作为惩罚性的依据。③公正原则,作为管理机构承认人是会犯错误的,应当理解差错的发生,但是有意犯错误是不可原谅的。

(5)提高物态安全系统,夯实物质基础。

进行安全文化建设,突出了意识形态方面的管理和提高在安全管理上的作用,但这并不否定物态安全的作用。物质的安全状态是指航空企业和机场的安全硬件设施、安全设备和安全环境。在任何年代,我们都不可否认物质安全是整个安全文化的基础,保证了物质安全的基础,安全文化才能生根发展。航空企业要营造一种物质安全的文化,就要对直接关系到民航安全的设备、设施开展全面质量管理,落实设备设施采购、维护和改造等各环节按规施行,保证达到安全标准。

（6）积极营造安全文化舆论环境。

最后，必须再提营造安全文化的舆论环境。安全文化建设是行业预防事故的基础性工程，要加强安全文化理念的宣传，使员工在心理、思想和行为上形成自我安全意识和环境氛围；要加强安全知识、规则意识和法制观念的宣传，使"诚信"成为从业人员的基本素养和职业精神。同时，在航空企业内部，要通过安全文化的营造，完成三个转变，即由被动管理转变为自我主动管理，由个人行为转变成团队协作，由不规范作业转变成规范作业。从而，用积极的心态，通过多种形式的宣传和推广，在全行业甚至全社会营造起积极的安全文化氛围，并筑起一道保障安全的坚固防线。

10.3　SMS 及飞行安全文化建设实例

航空公司是 SMS 和飞行安全文化的主要践行者，下面以某航空公司为例，说明 SMS 和飞行安全文化的推行和重要作用[73]。

10.3.1　SMS 的建设

某航空公司，在 SMS 的建设过程中，首先确定把国际民航组织 ICAO DOC9859《安全管理手册》[71]和中国民用航空管理局 CAAC AC‐121/135‐2008‐26《关于航空运营人安全管理体系的要求》[74]作为理论依据，并采取了十大具体措施：

1）制定 SMS 安全政策

由总经理确认并颁布公司营运的安全政策，承诺实施 SMS，持续改进安全水平，对风险进行管理，遵守适用的法规要求，鼓励员工主动报告安全问题且不受到报复，为安全政策的实施提供人力和财力支持等。

2）制订 SMS 安全目标

防止运输飞行重大事故，杜绝劫机、炸机事件发生，防止重大航空地面事故，运输航空事故征候万事率不超过 0.5，飞行严重差错万时率不超过 1.2，机务维修严重差错万时率不超过 1.2，航班正常率高于 80％等。

3）组织机构及职责调整

公司成立 SMS 建设领导小组，总经理任组长，安全总监任副组长；航空安全管理部负责具体实施，在安全总监的直接领导下，独立于生产运行部门，独立开展安全监督工作；领导小组的其他组员由安全相关的业务部门（如飞行部、运行控制部、飞机维修部、地面保障部、保卫部等）派经验丰富的管理人员和技术人员组成。

4）制订建设时间表

制订包括培训、调整机构、编写文件、系统建设、政策宣贯、试运行、申请审核和接受复审等具体时间。

5）手册编写

首先是航空公司安全管理体系手册，用以规定安全政策、安全目标、管理体系要求、安全相关程序与过程、职责与权限、相互接口和安全体系的输出等;其次是各条业务线标准操作手册,包括飞行管理手册、飞行技术管理手册、运行控制管理手册、客舱服务管理手册、货运管理手册、地面服务管理手册、航食管理手册和飞机维修管理手册等。

6) 文件及记录管理

遵循以下原则,易读、有日期标识、易于识别、有序保存、易于查找、定期评审、必要时进行修订、由授权人员批准和过期收回防止误用等。

7) 建立风险管理系统

SMS 的核心是"风险管理",某航空公司通过建设 SMS,将安全管理工作的建设重点放在查找各业务操作流程中的危险源上,建立危险源识别、风险分析、风险评估、风险控制的流程,坚决防范潜在的运行风险并将风险降低到可接受的水平,从而实现从事后被动型管理向事前主动型管理模式的转变。

8) 建立 SMS 内部审核机制

建立总经理首问负责的内部审核机制,当识别出风险源时,及时增加专项审核,以此来为生产运行部门提供一种有计划的、有条理的、有效的评审和查证机制。由生产运行部门的负责人负责建空管对应的技术过程,评价风险控制措施的实施状况,找出 SMS 运行过程中存在的违规情况,找出存在的风险和隐患。

9) SMS 管理评审与持续改进

对 SMS 的持续适用性、充分性和有效性进行评估,其目的是在内部审核的基础上,对 SMS 运行现状进行分析评价,查找 SMS 的薄弱环节,找出 SMS 有效运行的证据,发现 SMS 变更的机会。每年进行一次管理评审。

10) SMS 培训和安全文化的宣贯

某航空公司通过生动、灵活、多样的途径对 SMS 进行宣贯和培训,牢固树立安全观念,确保每个员工(尤其是一线员工)都学习领会到 SMS 理念,并把安全管理的理念融入具体的管理实践和操作业务中,体现到每一个细节中。

以飞机维修部为例,共组织了 70 余次的 SMS 讲座培训,全面覆盖各维修基地的员工参加;利用办公网络,组织网上学习、网上讨论和网上考试,加强 SMS 和安全文化的宣贯;利用手册的编写、修改和完善,多次组织专题讨论会,以此作为现场实践培训,收到良好效果;组织编写《排故技巧与安全要点》,并推广学习,以将 SMS 的建设深入一线,提高一线机务维修的工作能力和安全管理水平。

10.3.2 颠簸防护案例

颠簸是一种常见的飞行危险现象,其形成的原因很多。如飞机进入气流不稳定区;在山区、高原地区飞行,地形使空气受到阻力;受季节的影响,像夏季雷雨较多的时候和秋天风较大的时期等,这几种颠簸都是可预见的。还有一种比较少见的颠簸叫作"晴空颠簸",发生比较突然,属于不可预见的颠簸。

按颠簸程度可细分为轻度颠簸、中度颠簸和严重颠簸三级。各航空公司都依据颠簸的三个级别,做了专门预案和措施,对应明确的处理方法,以此来规范和指导客舱乘务员的行为操作,减少颠簸带来的危害。

当预计要发生轻度颠簸情况,飞行机组可通过接通一次"系好安全带"电门(带一声谐音)或使用预先约定方式通知客舱;当遇到中度或严重颠簸时,飞行机组可通过连续两次接通"系好安全带"电门(带两声谐音)或使用预先约定方式通知客舱,客舱乘务员应停止客舱服务,做好自我防护,并及时提醒旅客系好安全带,暂停使用盥洗室;离开颠簸区后,飞行机组通过关闭"系好安全带"电门或使用预先约定方式通知客舱。

1) 事件经过

2012 年 8 月 8 日,某航空公司一架 B737 - 800 飞机执行西宁—西安航班,飞机在下降广播播放完毕约 2~3 min,乘务人员正在将餐车推回后厨房车位,驾驶舱发出了一声铃声提醒。20~30 s 后,飞机突然发生颠簸。将正行进在客舱中后部(约23 排)面向机头方向的乘务员 L 摔倒在客舱过道地板上,腰部在摔倒过程中正好碰到旅客座椅扶手,后经医院诊断为软组织挫伤。

2) 根据 SMS 的流程处理

事件发生后,当事人员及时登陆了公司安全管理系统(SMS)的系统信息报告平台,第一时间通过自愿报告系统报告情况,建立了员工报告。

系统识别、筛选了报告人提交的报告,确认升级为需要调查的事件,调查确认如下事实:

(1) 乘务组派遣情况。当班乘务组人员训练合格证均在有效期内,当班乘务组任务书表明当班乘务组为 5 人,分为 5 个号位,符合航空公司 B737 - 800 的乘务人员标准配置。

(2) 餐食配备情况。调取航班配品单得知,该航班旅客配备轻正餐。航班预计飞行时间为 1 小时 15 分钟,配轻正餐符合配品管理要求。

(3) 译码情况。根据事件发生后航安部调取 QAR 译码情况显示,此次颠簸时飞机最大载荷为 $1.705g$,与乘务人员反映的颠簸情况基本一致。

(4) 颠簸信息传递情况。据乘务长反应该颠簸事件发生前 20~30 s 驾驶舱提前向客舱发出一声铃声作为颠簸警示。前舱乘务员立即进行广播,仅广播"颠簸广播"第一句时,该颠簸出现。

(5) 人员受伤情况。颠簸发生后,乘务人员及时进入客舱巡视,确认航班中无旅客因颠簸受伤,或因颠簸引发后续不适症状。乘务人员 4 号 L,5 号 Z 因站立在客舱中造成摔倒,其中 4 号 L 因跌倒瞬间腰部与旅客座椅扶手碰撞造成无法站立。

通过进一步调查分析,确认:

(1) 在当日乘务组飞行前协调会上,乘务长针对当天的天气情况和航班特点进行了提醒,并复习防范颠簸的要求和预案。

(2) 飞行组和乘务组在进场机组车上对颠簸进行了协同,机长介绍了当日航路天气情况,并通报航路上可能会有颠簸。颠簸信号,如遇到可能存在中度以上颠簸会采取连续两次操作旅客信号牌,如遇轻度则操作一次。

(3) 根据乘务组反应,该航班中颠簸为阶段性的,在此次颠簸发生前,乘务组曾4次向乘客作"颠簸广播",提示旅客做好自身防护。

(4) 该航班乘客人数较多(161人),实际飞行时间较短(1 h),乘务员服务压力较大(轻正餐)。

(5) 事件调查中,当事乘务人员反映,事发前均听到驾驶舱发布的颠簸信号,但由于该信号为一声铃声,乘务员错误判断可能发生的颠簸强度不大。

(6) 当时正值夏季雷雨季节,天气情况复杂,发生颠簸的风险较高,且出现颠簸迹象到严重颠簸的时间跨度较短(从打铃预警到颠簸发生仅为20~30 s)。

最后,形成了调查结论:

该事件是由于夏季天气情况复杂,机组对颠簸情况没有准确预知;而乘务人员因航线飞行时间较短,航线工作压力大,安全意识薄弱,存在"重服务轻安全"的情况。导致了发生突然颠簸时,乘务人员不及防范而受伤的不安全事件。

同时,还发出了主要的整改要求:

(1) 重新规定:若因颠簸等特殊原因临时调整或终止客舱服务程序,航后乘务长可通过SMS系统平台进行报告,由此造成的服务投诉或旅客不满,经调查核实确认后,一律不追究乘务组责任。

(2) 航班中乘务员应强化安全风险意识和自我保护意识,严格按照手册中颠簸等级判断标准进行判断,并快速反应,采取恰当的保护措施;对于驾驶舱发布的颠簸信号也要及时响应,按原则正确处置。

3) 开展风险管理

风险管理包括危险源识别、风险评估和风险控制等,其理论基础主要包括风险评估矩阵如表10-1所示。

表10-1　风险评估矩阵

风险可能性	风险后果严重程度				
	灾难性的-A	危险的-B	严重的-C	轻微的-D	可忽略的-E
5-频繁的	5A	5B	5C	5D	5E
4-偶然的	4A	4B	4C	4D	4E
3-很少的	3A	3B	3C	3D	3E
2-不可能的	2A	2B	2C	2D	2E
1-极不可能的	1A	1B	1C	1D	1E

右下角浅色区域为可接受的风险区域,左上角深色区域为不可接受的风险区

域,在可接受与不可接受的区域之间还有一个白色区域,代表可容忍风险区域。落到可容忍区域的风险,还必须根据实际情况进行深入评估,同时综合考虑成本效益和风险,必要时采取措施力争将可容忍降低为可接受风险。

关于风险可能性和风险严重程度的解释如表 10-2 所示。

表 10-2　风险可能性和风险严重程度解释

风险可能性			风险严重程度		
定义	定性标准	等级	定义	界定标准	等级
频繁的	可能发生很多次	5	灾难性的	航空器损毁;多人死亡	A
偶然的	可能会发生几次	4	危险的	航空器损坏;一定数量的人员严重受伤或死亡	B
很少的	很少的	3	严重的	主要设备损坏;人员受伤	C
不可能的	不可能的	2	轻微的	设备损坏;安全系统下降;操作受限	D
极不可能的	极不可能的	1	可忽略的	影响很小	E

通过以上调查和分析,对飞行工作实践中造成颠簸存在的潜在风险源识别、风险评估和相应的风险控制措施如表 10-3 所示。

表 10-3　风险识别、风险评估与风险控制措施

序号	潜在风险源识别	风险评估	风险控制措施
1	乘务长在飞行前一日进行网上准备当中及航线准备会上,可能忽视对航路天气的关注,而没有相应准备及防颠簸预案	不按规定执行,乘务长会受到惩罚,极少发生;该风险不会对颠簸结果造成直接影响。属于 3E 级可接受风险	无须采取措施,按规操作
2	飞行机组和乘务组在进场机组车上可能忽略对颠簸进行协同,机长也可能忘记介绍当日的航路天气情况、颠簸信号	飞行部门和客舱部都有规定,相互制约,极少发生;该风险不会对颠簸结果造成直接影响。属于 3E 级可接受风险	无须采取措施,按规操作
3	雷雨季节或雨雪天气,天气情况复杂,发生颠簸的风险极高,且易出现颠簸迹象到严重颠簸的时间跨度较短。客舱易出现反应慢、监控提醒不到位的麻痹行为或来不及采取防范措施的情况	天气情况复杂多变且无法预知,极少发生;但该风险造成的结果却是严重的。属于 3C 级可容忍风险	航班过站期间,主动向飞行组了解下一段航路天气情况,及时调整服务策略

（续表）

序号	潜在风险源识别	风险评估	风险控制措施
4	随着乘客数量增多、服务范围扩大的情况,乘务员容易出现"重服务、轻安全"的现象	乘务员经过严格训练,安全意识强,很少发生;但该风险造成的结果却是严重的。属于3C,可容忍风险	如因航路颠簸暂停服务等原因造成20 min下降时还未完成服务程序,乘务长可向旅客广播说明,并及时停止服务
5	在颠簸广播后,旅客仍不系安全带,在颠簸中受伤	旅客素质参差不齐,在航班上偶然发生;造成后果也会非常严重。属于4C,可容忍风险	持续颠簸,加强内话通知。甚至建议旅客在座位上一直系好安全带

4）持续监控及整改

某航空公司航空安全管理部门持续监控 SMS 的推进和执行情况。主要采取如下措施：

（1）员工报告监督统计。以 2013 年 7 月为例,SMS 系统中收到员工报告 59 起。其中涉及客舱安全事件报告 15 起。没有因颠簸受伤的报告。

（2）不安全事件统计。以 2013 年 7 月为例,客舱部共有 1 258 名乘务人员参与飞行,安全飞行共计 20 244 h,乘务员总计飞行时间 100 113 h,平均飞行时间为 79.6 h。共发生客舱不安全事件 17 起,同比上年减少 3 起,环比上月减少 2 起。

（3）安全保证。在安全报告中,增加"安全服务预警"模块。在此模块中,将报告统计期间发生频率较高、情况较为典型的情况进行分析,对比往年同期发生频率较高的不安全事件,进行安全服务警告。

（4）安全培训。将月度安全教育主题纳入试题库,加强培训考核。针对需紧急传达的上级安全会议精神,通过汇总、整理形成文件资料,通过 SMS 系统进行宣贯。

5）安全审计

安全审计是指航空公司通过建立和完善安全管理系统（SMS）,全面掌握被审计方安全运行状况,查找安全管理上存在的问题,督促并指导其进行安全整改。某航空公司的安全审计分为公司级审计和部门级审计。

公司级审计是由公司航空安全管理部门发起,针对公司内的所有部门进行安全审计；部门级审计是由公司的各个部门发起,针对部门内部的各个处室进行审计。

6）安全监察

安全监察是指航空公司针对日常工作进行持续坚持和监督,对发现的问题进行及时整改和反馈;某航空公司的安全监察分为定期监察和不定期监察两种类型。

对于定期监察需制订监察计划,按照计划对受检部门进行现场检查后填写监察结果,针对不满意项可要求受检部门进行整改;对于不定期监察,监察员可随时对受检部门进行检查,检查后填写监察结果,并可针对不满意项要求受检部门进行整改。

缩 略 语

A

AAIB	Air Accidents Investigation Board	英国航空事故调查局
AC	advisory circular	咨询通告
AC	airworthiness certificate	适航证
A/C	aircraft	飞机
ACARS	aircraft communication addressing and reporting system	飞机通信寻址和报告系统
ACMF	aircraft condition monitoring function	飞机状态监控功能
ACMS	aircraft condition monitoring system	飞机状态监控系统
ADS-B	automatic dependent surveillance-broadcast	广播式自动相关监视
AEG	aircraft evaluation group	航空器评审组
AFHA	aircraft functional hazard assessment	飞机级功能危害性评估
AOC	airline operation center	航空运行中心
APU	auxiliary power unit	辅助动力装置
ARINC	Aeronautical Radio Incorporation	美国航空无线电设备公司
ARP	aerospace recommended practice	宇航推荐
ATA	Air Transport Association	航空运输协会（美国）
ATC	air traffic control	空中交通管制
ATG	air to ground	空地基站

B

| BITE | built-in test equipment | 机内自检装置 |

C

| CAAC | Civil Aviation Administration of China | 中国民用航空管理局 |

CCA	common cause analysis	共因分析
CCAR	China civil aviation regulations	中国民航规章
CFIT	controlled flight into terrain	可控飞行撞地
CFR	code of federal regulations	联邦规章法典
CIR	cockpit image recorder	驾驶舱图像记录器
CMA	common mode analysis	共模分析
CMS	central maintenance system	中央维护系统
CPDLC	controller pilot data link communications	数据链通信
CRM	crew resource management	机组资源管理
CVR	cockpit voice recorder	驾驶舱舱音记录器

D

DAL	development assurance level	研制保证等级

E

EAFR	enhanced airborne flight recorder	增强型飞行记录器
EASA	European Aviation Safety Agency	欧洲航空安全局
EFIS	electronic flight instrumentation system	电子飞行仪表系统
EFVS	enhanced flight vision system	增强飞行视景系统
EICAS	engine indicating and crew alerting system	发动机指示和机组告警系统
ETOPS	extended operations	延程运行
EVS	enhanced vision system	增强视景系统
EWIS	electrical wiring interconnection systems	电气线路互联系统

F

FAA	Federal Aviation Administration	美国联邦航空管理局
FAR	federal aviation regulations	美国联邦航空条例
FAR	fatal accident rate	致命事故率
FBI	Federal Bureau of Investigation	美国联邦调查局
FDAL	function development assurance level	功能研制保证等级
FDR	flight data recorder	飞行数据记录器
FHA	functional hazard assessment	功能危害性评估
FMEA	failure mode and effect analysis	故障模式及影响分析

FMES	failure modes and effects summary	故障模式与影响摘要
FMS	flight management system	飞行管理系统
FOQA	flight operation quality assurance	飞行品质监控
FR	failure rate	失效率
FSDO	Flight Standards District Offices	地区飞行标准办公室
FTA	fault tree analysis	故障树分析
FTD	flight training device	飞行培训设备

G

GPS	global position system	全球定位系统

H

HIRF	high intensity radiated fields	高强度辐射场
HUD	head up display	平视显示

I

IATA	International Air Transport Association	国际航空运输协会
ICAO	International Civil Aviation Organization	国际民航组织
IFE	in-flight entertainment	空中娱乐系统

J

JAR	joint aviation requirements	联合航空要求（欧洲）

L

LRU	line replaceable unit	航线可更换件

M

MEL	minimum equipment list	最低设备清单
MMEL	master minimum equipment list	主最低设备清单
MOC	means of compliance	符合性方法
MSD	multiple-site damage	多部位损伤结构
MSG	maintenance steering group	维修指导小组
MSN	manufacture serial number	制造序列号
MTBF	mean time between failures	平均无故障时间

| MTBUR | mean time between unscheduled removals | 平均非计划拆卸间隔时间 |
| MTTF | mean time to failure | 平均故障时间 |

N

| NASA | National Aeronautics and Space Administration | 美国国家航空航天局 |
| NTSB | National Transportation Safety Board | 美国国家运输安全委员会 |

O

| OpenGL | open graphics library | 开放图形库 |

P

PASA	preliminary aircraft safety assessment	初步飞机安全性评估
PFD	primary flight display	主飞行显示器
PFHA	preliminary functional hazard assessment	初步功能危害性评估
PMMEL	preliminary master minimum equipment list	初始主最低设备清单
PRA	particular risk analysis	特定风险分析
PSSA	preliminary system safety assessment	初步系统安全性评估

Q

| QAR | quick access recorder | 快速存取记录器 |

S

SAE	Society of Automotive Engineers	汽车工程师协会(美国)
SARP's	standards and recommended practices	标准和建议措施
SB	service bulletin	服务通告
SFHA	system function hazard assessment	系统功能危害性评估
SSA	system safety assessment	系统安全性评估
SSCVR	solid state cockpit voice recorder	固态驾驶舱语音记录器
SSFDR	solid state flight data recorder	固态飞行数据记录器

U

| UTC | universal time coordinated | 世界协调时 |

V

VR   virtual reality   虚拟现实

Z

ZSA   zonal safety analysis   区域安全性分析

参 考 文 献

［1］维基百科编者.航空史[EB/OL].维基百科,2015(20151212)[2016－06－21].https://zh.
wikipedia.org/w/index.php?title＝％E8％88％AA％E7％A9％BA％E5％8F％B2&
oldid＝38314323.

［2］李业惠.飞机发展历程[M].北京:航空工业出版社,2007.

［3］波音官网编辑.设计亮点——驾驶舱设计的领袖[EB/OL].http://www.boeing.cn/
productsandservices/737ng/＃designhighlights.

［4］空客官网编辑.先进的驾驶舱[EB/OL].http://www.airbus.com.cn/cn-aircraft-families/
passengeraircraft/a350/commonality/.

［5］杨春生.世界航空安全与事故分析[M].北京:中国民航出版社,2002.

［6］Airbus. Airbus Commercial Aviation Accidents 1958－2013［R］. France:Airbus Print
Centre,2014.

［7］Boeing. Statistical Summary of Commercial Jet Airplane Accident［R］. American:Aviation
Safety Boeing Commercial Airplanes,2015.

［8］ICAO. ICAO Safety Report 2015［R］. Montreal:International Civil Aviation Organization,2015.

［9］Allianz. Global Aviation Safety Study［R］. Germany:Allianz Global Corporate&Specialy
SE,2014.

［10］武维新,张楠.飞机事故调查与分析导论[M].北京:国防工业出版社,2008.

［11］武维新.典型飞行事故调查与分析方法[M].北京:国防工业出版社,2008.

［12］杨琳,舒平.航空记录器的过去和未来[J].中国民用航空,2006(10):60－64.

［13］赵云帆,肖宪波.民航驾驶舱图像记录器相关技术和发展[J].中国民用航空,2011,127:
56－59.

［14］姬永兴.航空安全百年历程及其启迪[J].劳动安全,2003(4):71－73.

［15］徐柏龄.新中国民航飞行安全回顾与思考[M].北京:中国民航出版社,1999.

［16］孙瑞山.人为因素与航空安全[M].北京:中国民航出版社,2009.

［17］班永宽.航空事故与人为因素[M].北京:中国民航出版社,2002.

［18］谢燕生.飞行事故调查的现状和发展[J].国际航空,1994,23(04):47－48.

［19］David Noland. 10 Plane Crashes That Changed Aviation［EB/OL］. Popularmechanics,2007
(20070828)[20160621]. http://www.popularmechanics.com/flight/g73/10-airplane-
crashes-that-changed-aviation/＃slide-1

［20］维基百科编者.九一一袭击事件[EB/OL].维基百科,2016(20160618)[2016－06－21].

https://zh. wikipedia. org/w/index. php? title＝％E4％B9％9D％E4％B8％80％E4％B8％80％E8％A2％AD％E5％87％BB％E4％BA％8B％E4％BB％B6&oldid＝40513907.

[21] 空军世界网编辑. 航空安全史上的精彩发明[EB/OL]. http://www. airforceworld. com/a/20160215/3035. html.

[22] CCAR－25－R4. 运输类飞机适航标准[S]. 北京：中国民用航空局飞行标准司, 2011.

[23] IATA. IATA safety report 2015 [R]. Montreal: International Air Transport Association, 2016.

[24] 王敏芹, 郭博智. 民用飞机事故/事故征候统计与分析手册[M]. 北京：航空工业出版社, 2015.

[25] Airlineratings 网站编辑. 2016 最安全航空出炉[EB/OL]. http://www. airlineratings. com.

[26] 航空安全网编辑. 100 worst accidents [EB/OL]. https://aviation-safety. net/statistics/worst/worst. php? list＝worstcoll.

[27] 孙承. 我国通用航空事故调查系统研究与实现[D]. 成都：电子科技大学, 2010.

[28] 国际民用航空公约附件 13：航空器事故和事故征候调查[S]. 蒙特利尔：国际民用航空组, 2010.

[29] 张玲, 陈国华, 国外安全生产事故独立调查机制的启示[J]. 中国安全生产科学技术, 2009, 5(1)：84－89.

[30] 冯振宇. 从一起航空事故看民用飞机制造商的适航责任[J]. 国际航空, 2007(7)：65－66.

[31] FAA-AC 25.1309－1B [DRAFT] System Design and Analysis [S], US: FAA. 2002.

[32] ARP4754 REV. A (R) Guidelines for Development of Civil Aircraft and Systems, US [S]. SAE, 2010.

[33] SAE ARP 4761, Guidelines and Methods for Conducting: The Safety Assessment Process on Civil Airborne Systems And Equipment [S]. US: SAE, 1996.

[34] ARP5151, Safety Assessment of General Aviation Airplanes and Rotorcraft in Commercial Service [S]. US: SAE, 2006.

[35] 龚庆祥, 等. 飞机设计手册第 20 册(可靠性、维修性设计)[M]. 北京：航空工业出版社, 1999.

[36] Temporary Guidance Material: TGM/25/8(issue 2) Wheel and Tire Failure Model [S], JAA, 2002.

[37] 中国民航大学民航安全科学研究所世界民航安全分析报告[R]. 2011.

[38] 徐庆宏, 任和, 马小骏. 民用飞机实时监控与健康管理技术[M]. 上海：上海交通大学出版社, 2018.

[39] 上海航空测控技术研究所. 航空故障诊断与健康管理技术[M]. 北京：航空工业出版社, 2013.

[40] 肖建德. 飞行数据/话音记录器—黑匣子[M]. 北京：国防工业出版社, 1993.

[41] 杨琳, 舒平. 航空记录器的发展回顾和未来趋势：飞行技术与航空安全研究[M]. 成都：四川科学技术出版社, 2006.

[42] Rouse W B. Flight Parameter Recording for Safety Monitoring and Investigations[J]. Transport Canada, 1998, 8(2)：255－261.

[43] 张法勤. 现在飞机的"黑匣子"[J]. 江苏航空, 1998, 3：204－207.

[44] 张立成, 黄圣国. 飞行数据译码及应用新发展[J]. 江苏航空, 1999, 3(4)：204－206.

[45] A Hill. The flying object: a flight data management concept [J]. IEEE Aerospace and Electronic Systems Magazine, APRII, 2004：11－13.

[46] 孙智斌,王超. 波音飞机数据记录系统及其应用[J]. 中国民航学院学报,2002,(B07):25-27.

[47] 宋西民. 飞行数据记录器译码数据处理技术研究[J]. 西飞科技,1997(3):13-15.

[48] 以涛. 飞行数据分析及译码[J]. 航空工程与维修,2000,1:15-18.

[49] Mike NCbylowisthc. Developing flight data monitoring system [R]. Royal Astronautical Society 9735906. 1997.

[50] 孙同江. 飞行数据的应用研究[D]. 南京:南京航空航天大学,2003.

[51] 舒平. 舱音记录器译码系统的改进方法[J]. 航空工程与维修,2005(2):43-45.

[52] 罗帆,平芸. 民航飞行品质监控及预警管理探索[J]. 交通运输工程学报,2002,2(3):108-111.

[53] AC-121/135-FS-2012-45121. 飞行品质监控(FOQA)实施与管理[S]. 北京:中国民用航空局飞行标准司,2012.

[54] 曹海鹏. B737重着陆诊断技术研究[D]. 南京:南京航空航天大学,2008.

[55] 吴瑞. 航空发动机状态预测与健康管理中的气路数据挖掘方法研究[D]. 广汉:中国民用航空飞行学院,2015.

[56] 王行仁. 飞行仿真技术[J]. 测控技术,1994,13(2):47-50. 童中翔,王晓东. 飞行仿真技术的发展与展望[J]. 飞行力学,2002,20(3):5-8.

[57] 王冠宇. 面向对象的飞行仿真动力学建模技术研究[D]. 南京:南京航空航天大学,2007.

[58] OpenGL体系结构审核委员会. OpenGL编程指南[M]. 第四版. 邓郑祥,译. 北京:人民邮电出版社,2005:147-172

[59] 王乘,李利军,周均清. Vega实时三维视景仿真技术[M]. 武汉:华中科技大学出版社,2005.

[60] 龚卓蓉. Vega程序设计[M]. 北京:国防工业出版社,2002.

[61] 龚卓蓉. Lynx图形界面[M]. 北京:国防工业出版社,2002.

[62] 国际民航公约附件13,航空器事故和事故征候调查[S]. 北京:中国民用航空局飞行标准司,2016.

[63] 国际民航组织 ICAO DOC9756 Part III,航空器事故和事故征候调查手册[S]. 加拿大蒙特利尔:国际民航组织,2012.

[64] 中国民航规章395部. 民用航空器事故和飞行事故征候调查规定[S]. 北京:中国民用航空局飞行标准司,2007.

[65] 武维新,等. 飞行事故调查与分析导论[M]. 北京:国防工业出版社,2008.

[66] 谢燕生. 飞行事故调查的现状与发展[J]. 国际航空,1994,(4):47-48.

[67] 张玲,陈国华. 事故调查分析方法与技术评述[J]. 中国安全科学学报,2009:169-176.

[68] 陈列. 国外飞行事故调查[M]. 北京:国防工业出版社,2011.

[69] 潘跃晨. 建立中国民航安全管理体系的理性选择[J]. 中国民航大学学报,2008(6):39-42.

[70] 中国民用航空咨询通告 AC-121/135-2008-26,关于航空运营人安全管理体系的要求[S]. 北京:中国民用航空局飞行标准司,2014.

[71] ICAO DOC 9859,安全管理手册(SMM)(第三版)[S]. 加拿大蒙特利尔:国际民航组织,2012.

[72] 李洋. 我国民航安全管理系统研究[D]. 青岛:中国海洋大学,2013.

[73] 朱雪飞. 航空公司安全管理系统(SMS)项目的建设与应用研究[D]. 济南:山东大学,2013.

[74] 中国民用航空管理局 AC-121/135-2008-26,关于航空运营人安全管理体系的要求[S]. 北京:中国民用航空局飞行标准司,2008.

索　引

大飞机出版工程
书　目

一期书目（已出版）

《超声速飞机空气动力学和飞行力学》（译著）

《大型客机计算流体力学应用与发展》

《民用飞机总体设计》

《飞机飞行手册》（译著）

《运输类飞机的空气动力设计》（译著）

《雅克-42M 和雅克-242 飞机草图设计》（译著）

《飞机气动弹性力学和载荷导论》（译著）

《飞机推进》（译著）

《飞机燃油系统》（译著）

《全球航空业》（译著）

《航空发展的历程与真相》（译著）

二期书目（已出版）

《大型客机设计制造与使用经济性研究》

《飞机电气和电子系统——原理、维护和使用》（译著）

《民用飞机航空电子系统》

《非线性有限元及其在飞机结构设计中的应用》

《民用飞机复合材料结构设计与验证》

《飞机复合材料结构设计与分析》（译著）

《飞机复合材料结构强度分析》

《复合材料飞机结构强度设计与验证概论》

《复合材料连接》

《飞机结构设计与强度计算》

三期书目（已出版）

《适航理念与原则》

《适航性：航空器合格审定导论》（译著）

《民用飞机系统安全性设计与评估技术概论》

《民用航空器噪声合格审定概论》

《机载软件研制流程最佳实践》

《民用飞机金属结构耐久性与损伤容限设计》

《机载软件适航标准 DO－178B/C 研究》

《运输类飞机合格审定飞行试验指南》（编译）

《民用飞机复合材料结构适航验证概论》

《民用运输类飞机驾驶舱人为因素设计原则》

四期书目（已出版）

《航空燃气涡轮发动机工作原理及性能》

《航空发动机结构强度设计问题》

《航空燃气轮机涡轮气体动力学：流动机理及气动设计》

《先进燃气轮机燃烧室设计研发》

《航空燃气涡轮发动机控制》

《航空涡轮风扇发动机试验技术与方法》

《航空压气机气动热力学理论与应用》

《燃气涡轮发动机性能》（译著）

《航空发动机进排气系统气动热力学》

《燃气涡轮推进系统》（译著）

《燃气涡轮发动机的传热和空气系统》

五期书目（已出版）

《民机飞行控制系统设计的理论与方法》

《民机导航系统》

《民机液压系统》（英文版）

《民机供电系统》

《民机传感器系统》

《飞行仿真技术》

《民机飞控系统适航性设计与验证》

《大型运输机飞行控制系统试验技术》

《飞行控制系统设计和实现中的问题》（译著）

《现代飞机飞行控制系统工程》

六期书目（已出版）

《民用飞机构件先进成形技术》

《民用飞机热表特种工艺技术》

《航空发动机高温合金大型铸件精密成型技术》

《飞机材料与结构检测技术》

《民用飞机构件数控加工技术》

《民用飞机复合材料结构制造技术》

《民用飞机自动化装配系统与装备》

《复合材料连接技术》

《先进复合材料的制造工艺》(译著)

七期书目(已出版)

《支线飞机设计流程与关键技术管理》

《支线飞机验证试飞技术》

《支线飞机电传飞行控制系统研发及验证》

《支线飞机适航符合性设计与验证》

《支线飞机市场研究技术与方法》

《支线飞机设计技术实践与创新》

《支线飞机项目管理》

《支线飞机自动飞行与飞行管理设计与验证》

《支线飞机电磁环境设计与验证》

《支线飞机动力装置与防火系统设计与验证》

《支线飞机强度设计与验证》

《支线飞机结构设计、制造与验证》

《支线飞机环控与防冰系统研发与验证》

《支线飞机运行支持体系技术》

《ARJ21-700新支线飞机项目发展历程、探索与创新》

《飞机运行安全与事故调查技术》

《基于可靠性的飞机维修优化》

《民用飞机实时监控与健康管理》

《民用飞机工业设计的理论与实践》

《民用运输类飞机驾驶舱人为因素设计原则》

国际版

《动态工程系统的可靠性分析:快速分析法和航空航天应用》(英文版)

《商用飞机液压系统》(英文版)

《涡量空气动力学原理》(英文版)

《基于可靠性的飞机维修优化和应用》(英文版)

复合材料手册系列

《聚合物基复合材料——结构材料表征指南》（译著）

《聚合物基复合材料——材料性能》（译著）

《聚合物基复合材料——材料应用、设计和分析》（译著）

《复合材料夹层性能》（译著）

《夹层结构手册》（译著）

《金属基复合材料》（译著）

民机系统工程与项目管理

《商用飞机系统工程》（译著）

《中国商用飞机有限责任公司系统工程手册》

航空市场及运营管理研究系列

《民用飞机设计及飞行计划理论》

《民用飞机销售支援与客户价值》

《商用飞机经济性》

《民用飞机选型与客户化》

《民用飞机销售支援定性与定量模型》

其他

《民机空气动力设计先进技术》

《飞机客舱舒适性设计》

《上海民用航空产业发展研究》

《政策法规对民用飞机产业发展的影响》

《特殊场务条件下的民机飞行试验概论》

《国际航空法》（译著）

《民用飞机飞行试验风险评估指南》

《现代飞机飞行动力学与控制》

《英汉航空技术缩略语词典》

《运输类飞机驾驶舱人为因素设计评估指南》

《推进原理与设计》

《工程师用空气动力学》

《飞机喷管的理论与实践》（译著）

《大飞机飞行控制律的原理与应用》（译著）

论文集

《航空公司运营经济性分析与飞行设计》

《民用驾驶舱人机工效综合仿真理论与方法研究》

《民用飞机设计与运营经济性及成本指数》

《商用飞机技术经济性》